北京老城官式建筑材料的技艺与记忆

北京市文物局　北京市考古研究院
北京建筑大学建筑学院课题组　编
马全宝　赵　星　陈玉龙　等著

中国建筑工业出版社

编委会

序言

以往研究传统建筑的主流文章多喜欢建筑文化或建筑艺术的宏大叙事，对建筑材料情有独钟者寥寥，而实际上建筑材料之于建筑、建筑历史、建筑技术、建筑艺术等等都有着及其重要的影响乃至决定性的作用。毋庸置疑，建筑物首先是由建筑材料构筑而成的，或木构，或石构，或砖构，或使用钢材、玻璃、混凝土、高分子材料、人工合成材料等现代材料，材料的选择决定了不同类型的建筑结构技术的应用，如梁柱结构、拱券结构、网架结构、悬索结构等。历史上建筑材料及其建筑结构的进步往往是推动建筑革命的重要因素，如砖石材料之于穹顶结构、混凝土材料之于框架结构等，都划时代地开创了新篇章，因此研究各时代、各地区的建筑材料变化与发展是研究相关建筑史及建筑文化的重要内容。北京市考古研究院、北京建筑大学的青年学者们撰写的《北京老城官式建筑材料的技艺与记忆》一书，以北京地区传统建筑材料为对象，研究北京传统建筑材料的构成、特点以及生产加工工艺，其对北京地区的建筑历史研究及建筑艺术研究自然是有着重要意义的。

材料的应用不但反映了社会生产力发展的时代水平，也构成了建筑风格变化的基础，而这是中西建筑文化迥异的一个重要因素。材料美是建筑与生俱来的品质，诸如重量、质感、色泽、温度、亮度等等。中国古代传统建筑由于使用木、石、土（延展至砖、瓦、陶等）、竹、草等天然材料而普遍具有自然美、朴素美的特征。

对材料的选择、应用、加工需要建立在对材料本身的了解和认识的基础上，如材料的强度、质地、肌理以及经济性等。基于对材料性能、加工方式的了解和掌握，而分化出木匠、瓦匠、石匠等不同的工种和匠人，工匠们经过长期的探索和经验积累，将每种材料的特性和表现力发掘到极致，并利用自己的智慧展示给人们。由于木材易于采伐和便于加工，我们祖先优先选择了木材作为建筑主材，木材天然的材质特性使得中国传统建筑洋溢着轻盈和亲人的气息。由于木材会腐朽和遭遇虫害而影响建筑的安全，木匠又多选用质地坚硬且有特殊味道的树种，如铁力木、楠木、椂木（东京木）、臭樟、红椿、酸枝、杉木等，这是人们基于对木材的认知和长期经验积累的结果，如北京故宫用材多为楠木、东北松、柚木等，其中梁架多用楠木、黄松；椽檩望板多用杉木；角梁、门窗、台框多用樟木；脊檩及相邻构件多用柏木。为了保护木构件免受病虫害，皇家建筑多施用油漆彩绘，由于油漆本身来源于植物，与木材有着天然的亲和性，故而木与漆的结合互为表里，不但不影响木材本身的质感，反而彰显了木材的柔和、细腻、温润的一面，使宫廷建筑显得富丽堂皇，府邸宅舍则更加温馨宜居。也有一些纪念性建筑如寺庙、祠堂，为表现肃穆、沉静的气氛而不施彩绘，以木材本色和肌理作为表现手段，创造独特的空间气氛和视觉体验，如明长陵的楠木殿，通体采用楠木建造，质地坚实，色泽沉着，表现了纪念建筑应有的性格。

石材是最原始的建筑材料之一，其坚固耐久、防火防腐的特性使它的应用范围极为广泛，石材辅之以石结构技术和打磨雕刻等装饰手段，具有极强的造型能力和艺术表现力，常被用于受力最大、易于磨损碰撞或视线最集中的位置，如台基、栏杆、柱础、抱鼓石、墙体中的重要部位，最大限度地发挥石材应有的作用，或起到画龙点睛的效果，如柱础是构件与地面交接部位，也是视觉的焦点，采用石制的柱础符合石材材质稳固、负重的逻辑，而通过雕饰，也将石材的表现力发挥到了极致。也有一些建筑作品是全石材构筑的，如明十三陵和清东、西陵的石牌坊、石碑、石幢、石塔、石桥等，它们虽然在形制上多模仿木质结构，但由于石材自身的材质特点，加工后形成了室外环境特有的艺术品。由于石质本身的差异，石材也有不同的性格和表现力，以北京故宫为代表的皇家建筑多使用北京房山产的汉白玉，洁白无瑕，晶莹如玉，平添宫廷建筑高贵圣洁的气象。

砖瓦是人类运用智慧创造出来的最早的人工材料，因为它们是以土为原材料烧结加工而成的，保留了质朴与平实的品质，与自然材料的木、石十分融合，使用起来又轻巧灵便。砖的平整和砌筑感、瓦的轻盈和铺装的条理性都给建筑带来了尺度感和美感，表现手工时代风格特征。瓦有灰瓦、琉璃瓦之分，砖也有青砖和琉璃砖之分，由于琉璃砖瓦制作工艺复杂，成本昂贵，过去只被用于宫廷建筑及较重要的寺院、坛庙之中，成为等级和身份的象征。若登临故宫北侧的景山，在山顶万春亭鸟瞰南面的宫城，一片片金光闪闪的黄色琉璃屋面，衬托在老北京四合院民居的灰砖灰瓦中，皇权的至上和神圣毕现无余。

《北京老城官式建筑材料的技艺与记忆》也是一部着力于抢救和挖掘古建筑材料遗产的专著，作者通过对传统建筑材料生产厂家的调研、古建专家的走访，梳理了北京旧城官式建筑材料的发展历史和现状，并结合官式古建八大作传统技艺对木、石、砖瓦、琉璃、灰浆、油漆等传统材料的加工工艺进行了细致的分析，对北京地区传统建筑材料生产加工技艺的传承保护和产业的可持续发展提出了对策性的建议。总之，该书是一部在田野调研基础上，对传统建筑材料进行针对性研究的学术性、实践性著作，相信它的出版会对北京古建筑研究及传统营造技艺传承保护起到积极的作用。

中国艺术研究院建筑艺术研究所名誉所长、研究员　刘　托
2022 年 8 月 6 日

目录

第一章 绪论

第一节　北京老城官式建筑材料的发展历程

一、北京老城建筑“八大作”

北京老城的建筑多为明清之际遗留下来的官式建筑。所谓官式建筑，在清代颁布的清工部《工程做法》中对官式建筑的形制等级做了明确的要求。将官式大木建筑分为大木大式建筑和大木小式建筑。其中，大式建筑包括宫殿、王府、衙署、坛庙、庙宇等高等级建筑，在这些建筑中，一般设置有斗栱和围廊，并且可以使用琉璃瓦，屋顶可以用歇山和庑殿顶，建筑尺度以斗口为模数。而小式建筑一般为较低等级的建筑，用于上述高等级建筑中的次要建筑或者民居，面阔三至五间，屋顶多用硬山和悬山，不用琉璃瓦和筒瓦，建筑尺度以明间面阔或者檐柱径为模数。所以，现今北京老城所遗留的官式建筑不仅包括高等级的宫殿、坛庙建筑，还包括大部分的胡同民居建筑。

清工部《工程做法》除了对官式建筑的形制等级做了要求，还针对官式建筑各作的具体相关做法和实施标准做了规定。比如针对大木作中各种规格的木材怎样铺瓦；搭材作中各种木料的操作方法；瓦作中砌墙、墁地、抹灰的操作方法以及土作中地基的夯筑方法等都做了规定。可见，清代在技术层面，形成了较为完整的土木建筑的具体营造体系。

以故宫为例，早在营建明南京故宫时，曾征集工匠20余万户，多为吴匠（江南一地的工匠）。由此形成了以苏浙地区建筑传统为基础的官式建筑做法。尔后，营造北京皇宫，复用北匠，同时“凡天下绝艺皆征”，并在全国征集约30万工匠及百万各地民工为役作，大批吴匠亦在征募范围内，这使得北京故宫的营造在秉承江南传统官式建筑做法的基础上吸纳北方地区建筑传统的特点，成为融南北建筑做法为一身的北方官式建筑。北方官式建筑基本模式也因此被确定下来，其营造技艺亦成为北京故宫官式古建筑营造技艺的初始。

这时期官式建筑营造技艺所涉及的专业工种，据《大明会典》载，洪武时期定制的有60余种，与建筑营造有关的约20余种，并各有定数，如“木匠三万三千九百二十八名，锯匠九千六百七十九名，瓦匠七千五百九十名，油漆匠五千一百二十七名，竹匠一万二千七百八名，黑窑匠二千二百七十二名，削藤匠四十八名，雕銮匠五百二名，搭材匠一千一百一十二名，土瓦匠一千二百七十六名，芦蓬匠二十二名，石匠六千十七名，镟匠四十六名，琉璃匠一千七百一十四名，裱褙匠二百一十二名……”（《大明会典目录》，卷189《工部九·工匠二》），反映出当时工种分工细致，工匠众多。

随着明正统、嘉靖、万历，清顺治、康熙、雍正各朝对紫禁城的不断重建、重修，故宫的官式古建筑营造技艺在实践中逐渐成熟完善，各部位做法和施工工序都逐渐形成定式，进而形成了一套完整的、形制严格的宫室营造技艺。[①] 清雍正十二年（1734年），由工部颁布的《工程做法》中，对清代各种房屋工程的规矩，按照十一大项，几十个专业，分别从名称、做法、用工、用料等方面作了详细规定。由此可知，此时官式建筑营造技艺体系已经相当完备，并且形成较为成熟的规矩定式。虽然清中后期仍有《内廷工程做法》《工部简明做法》《物料价值则例》等官刊出现，但大多互通表里，相辅而行，甚至依据清工部《工程做法》而成。

清工部《工程做法》中专业分工包括大木作、装修作（门窗隔扇即小木作）、石作、瓦作、土作（土工）、搭彩作（架子工、扎彩、棚匠）、铜作、铁作、油作（油漆作）、画作（彩画作）、裱糊作11个专业。按专业工种细分，又有雕銮匠（木雕花活）、菱花匠（门窗隔扇雕作菱花心）、锯匠（解锯大木）、锭铰匠（铜、铁活安装）、砍凿匠（雕砖、花匠）、镟花匠（裱糊作、墙面贴络、顶隔上顶花、镟花岔角、中心团花）、夯、硪（木夯、铁硪）、耒（土功夯筑、下地丁、打桩）、窑匠（琉璃窑匠于施工时，配合瓦工查点修饰琉璃脊瓦料）等工，连以上各作的工匠总约二十多个工种。从记载可知，这一时期官式建筑营造技艺中专业工种分类精细，并呈现出以工作程序为标准划分建筑技术工种的趋势。

清中、后期，由于大量营造活动的开展，尤其是乾隆时期，对紫禁城大规模的添建、改建、重修，以及后期的维修等，官式建筑营造技艺在实践中不断融合、发展，原有的一些小工种渐渐变成某一工种的一道工序，各工种工作范围稍有扩大，工种类别相对集中。到了清代晚期，营造业形成了八大作：瓦作、木作、石作、搭材（彩）作、土作、油漆作、彩画作和裱糊作，简称为“瓦木扎石土、油漆彩画糊”，这种类似工种的分类一直沿用至今。北京故宫官式古建筑营造技艺也是以这“八大作”的内容为主要代表。

（一）木作

木作分为大木作和小木作，大木作主要指木构建筑最基本的构造体系，紫禁城宫殿主要采用抬梁式构造。大木作的构建规格多样，大部分都是预先加工制作，再运到现场组装，所有构件之间通过榫卯连接，十分牢固。

① 刘志松．清“冒破物料”律与工程管理制度[D]．天津：南开大学，2010.

榫卯，简单说是一种凹凸部位相结合的一种连接方式，凸出是榫，凹进是卯。在宫殿建筑木构架中，最引人注目的就是屋檐下的斗栱。它最初是梁、柱之间的过渡层，用来把屋顶的荷载均匀地传到立柱上，但后期力学作用逐渐削弱，装饰作用逐渐增强。

小木作主要负责室内外装修，就是那些制作精美的落地花罩，槅扇门窗。紫禁城皇家宫殿的室内装修采用的材料极为丰富，工艺也更加复杂、细腻。

木作是建筑营造中最重要的一个种类，它成就了中国古建筑在世界建筑中独树一帜的地位。① 木工更有“百艺之首”的称誉。精巧的斗栱，深远的出檐，绝妙的榫卯，无不诉说着木作技艺的精妙。规矩和口诀是木作的精髓。只要确定斗口宽，就可以根据口诀推算出各个构件甚至房屋的尺寸。可以说，木作技术不仅在匠人手上，更在他们心里（图 1–1）。

图 1–1　木作

（二）瓦作

瓦作工艺主要体现在古建筑的地面、墙面、屋顶这三个部分。大体内容分为砌砖基础，砌砖墙，屋顶苫背，墁砖地面，墙垣抹饰，刷浆以及调制灰泥浆，砍磨细砖，雕砖和工前的抄平放线等。其中最令人称道和迷惑的是金砖铺地。金砖并非由黄金制成，属于钦工物料，民间不得使用，明清时主要产自苏州，通常铺墁在等级较高的殿宇内。由于其质地坚硬，敲击有金属之声，并且制作程序复杂，要经过选土，掘、运、晒、推、舂、磨、筛七道工序；经三级水池的澄清、沉淀、过滤、晾干；经人足踩踏，使其成泥；再用托板、木框、石轮等工具使其成型，再置于阴凉处阴干；每日搅动，8 个月后始得其泥；还要经

① 刘生雨. 颐和园后山遗址保护与展示研究 [D]. 天津：天津大学，2020.

过长途运输，其价值巨贵堪比黄金，所以史称金砖。

而不起眼的要数“灰”的使用。瓦作中，处处用灰、处处不同。虽然主要材料都是石灰，却在瓦作的口诀中总结出“九浆十八灰”，细致区别了各种灰、浆的配制和适用范围，足以道明用灰技艺的复杂（图 1–2、图 1–3）。

图 1–2　砖瓦作

图 1–3　砖瓦用灰

（三）搭彩作

搭彩作主要包含架木搭设、扎彩、棚匠的工作内容。清光绪十四年（1888 年）十二月十五日夜，紫禁城内发生火灾，太和门、贞度门、昭德门等多处化为灰烬。正值光绪大婚之际（大婚定于光绪十五年正月二十七日举行），原样重建根本来不及，于是决定由扎彩工匠临时在太和门基址上搭设了一座彩棚应急。《清宫述闻》中对彩棚记载：“高卑广狭无少差至，榱桷之花、鸱吻之雕镂、瓦沟之广狭，无不克肖，虽久执事内廷者，不能辨其真伪。而且高踰十丈，栗冽之风不少动摇”。

目前传统的搭彩作中扎彩棚工艺已经基本在建筑业消失。架木搭设也从传统的杉槁、竹槁、连绳、标棍换为铁管、铁扣件；绑搭脚手架、人力吊装被大型起重机械替代，提高了工效，很大程度上适应现代社会需求，致使传统工艺减少使用，濒临失传（图 1–4）。

图 1–4　搭彩作

（四）石作

石作工艺是古代土本建筑营造中的一个重要组成部分，自西汉中期以后石作逐步从采石、石料的分割、石料的平整等方面形成了一套比较完整的工序，与近世所见基本接近。

现存故宫保和殿后的御路上（图 1-5），名曰“云龙阶石”的白玉石雕是明清石作官式工艺的重要代表，形象生动，雕饰精美，距今已有近 600 年。目前石作工艺已经受到机械自动化的严重冲击，技艺正在逐渐衰落。

图 1-5　御路

（五）土作

传统土作内容包括夯、硪（本夯、铁硪）、耒（土工夯筑、打地丁、打桩等），现代解释就是地基，其工艺就是地基处理的工艺。古建筑地基灰土技术的推广、普及时期是在明代，成熟完善是在清代。故宫的基础是土作技术的优秀代表。但随着机械化进程，土作逐步衰落，目前土作工艺已濒临失传。

据资料，硪古同“硊”，硪的出现是新石器时代晚期古人的一种创造，为最早的旋转工具，其质地上古时为石、骨、木等制作，夏商周三代用铜，战国末至汉代后用铁。

（六）油漆作

宋《营造法式》中油漆与彩画同为油彩作，清工部《工程做法》始将其分成油漆与彩画两作。油漆作主要内容分为地仗和油皮两项。传统的地仗做法有一麻五灰，用发制的血料、熬制的桐油、灰料等材料，配以线麻或苎布经过十三道工序而成，对木结构进行修饰与保护。油皮则在地仗上搓制而成，通常为红色樟丹，颜色光亮均匀（图 1–6）。

图 1–6　工人正在披麻

（七）彩画作

彩画通常包裹在木结构表面，按位置不同分为外檐和内檐。彩画的种类大体分为三种，和玺彩画（等级最高）、旋子彩画和苏式彩画（主要用于园林建筑中）。但无论哪种彩画，其工序基本相似，有起谱子、落墨、扎孔、打谱子、沥粉、贴金、刷色、细部等。在相似的工序下展现不同风貌的彩画，其关键就在工匠手上。目前传统清代彩画的制作工艺被较完整地保留下来，并且运用到故宫大修中，如太和殿重做的外檐金龙和玺彩画（图 1–7、图 1–8）。

图 1–7　彩画作

图 1–8　斗栱彩画

（八）裱糊作

裱糊作根据工作内容的不同分为两方面，一是室内顶棚、墙面的裱糊；二是扎糊各种冥器（也称纸扎）。室内顶棚、墙面的裱糊工艺属于古建筑营造技艺范畴。新中国成立后由于社会需求少，裱糊行业萎缩，工艺濒临失传。21世纪初，在故宫大修背景下，特别注重挖掘整理了裱糊的部分材料及工艺，并成功实施在工程中，如倦勤斋保护工程的室内裱糊（图1–9）。

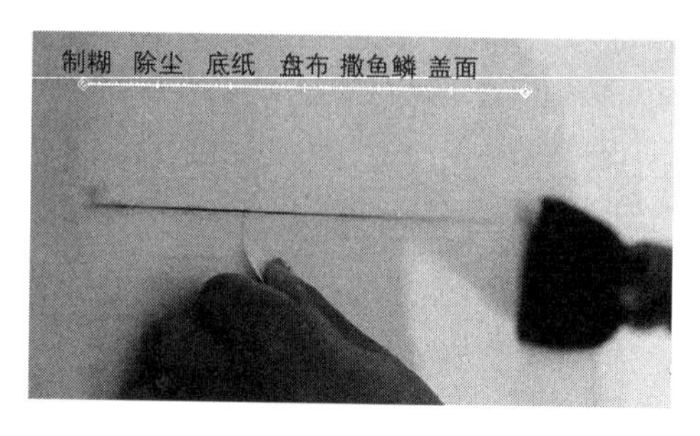

图1–9　裱糊作

二、北京老城官式建筑材料的发展

随着北京城的建设，传统建筑材料的生产也应运而生，在上文中提到的“八大作”中，与之相关的建筑材料包括了木材、石材、砖瓦、琉璃、地仗、油漆彩画等材料，其中木材、石材、琉璃以及砖瓦这几种材料由于供应量比较大，历史也比较悠久，在北京地区能够找到相应的集中的产地，并且在相关的历史文献中也可以窥探其历史面貌，并且有的生产加工的场地遗址延续到近当代。故而，在本小节中，将重点对于北京地区木材、石材、琉璃、砖瓦这几种材料的发展历史做简单的陈述。

（一）木材

自明代开始营建北京城之始，北京地区的宫殿庙宇、皇家陵寝及皇家园囿陆陆续续地修建了起来，对于木材的需求大大增加。给皇家用的木材称之为皇木，主要用来建造一些皇家工程，比如皇家宫殿、皇家陵墓、皇家园林的修建均用皇木，除此之外，皇木还可做一些家具。运送过来的皇木需要放在皇木厂储存，然后再根据京城各项工程的需要运送至各地。[①]

关于皇木的具体采购地点，在一些文献记载上也有相关记载，并且前人也做了相关的研究。例如，在李志坚的《明代皇木采办研究》一文中，对于明代皇木的采购进行了较为系统的研究，根据相关记载可以知道，明清时期皇木的主要采购地点包括了贵州、四川、广东、山西等地，一些比较珍贵的木材（比

① 孙雪，李爽，李莉．明清时期北京地区皇木厂初探[J]．北京林业大学学报（社会科学版），2019（05）．

如楠木）则多在贵州和广东等地采购。由此可以推测，明清时期对于皇木的采购地点和存贮地点均有较为严格的控制。

木材从原材料的生产地到北京，一般多是走漕运，进入北京后，则直接放到北京周边的木材厂进行一定的干燥处理，然后再根据需要运往京城各地。

北京城的木材厂在城外和城内均有设置，通州作为明清时期漕运的中心，在此设置了通州和张家湾两处木材厂，这两处木材厂离北京城比较远，在这里设置木材厂作为木材转运的临时停靠点，木材经由此处再运送至京城内的工程实施处或者离京城较近的木材厂。根据史料记载，离京城比较近的木材厂，有朝阳门外的木材厂、崇文门外的木材厂以及北京内城附近的台基厂和山西大木厂。其中，崇文门外的大木厂位于今东城区，又被称之为“神木厂”，和大木厂在存放木料的规格方面略有不同，在大木厂中存放的皇木直径一般在 1.9 ~ 3 米，而在神木厂中存放的木料直径一般在 3 米以上。内城的台基厂实际上不仅仅是作为存放皇木的地方，其主要作用是作为加工基座的地方，由于距离紫禁城非常近，木料运来此处加工，可以很方便地就近运往紫禁城。这几处木厂中，设立于明代的有朝阳门外大木厂、崇文门外神木厂、台基厂、山西大木厂；而通州和张家湾的两处木材厂则是设立于清代，主要是用来接收水运的木材。

明清以降，到民国时期，原来的官家木材厂基本沿用。到了新中国成立之后，一方面，木材的供应随着工业化的步伐，数量急剧减少，古建筑上所使用的木材多是来自东北大兴安岭和小兴安岭地区。再到后来，东北地区的木材的砍伐也受到了一定程度的限制，木材的供应多是从国外进口了。而在木材加工的厂家方面，新中国成立之后，原来的木材厂公私合营，按照计划经济统购统销，北京地区还存在一定数量的木材加工厂商。到改革开放之后，福建莆田的木材厂商进入北京地区，渐渐地从原材料采购到木材加工，几乎垄断了北京地区的木材市场。

（二）石材

北京城自辽金时期作为陪都之始，经历元明清三个朝代，均定都于此，在这几百年间，北京城大兴土木，建造了大量的宫殿、陵墓、坛庙建筑，这些重大工程对于石头的耗用巨大，而自元代开始，北京地区大型建筑的石材供应大多来自房山大石窝。

明代相较于元代，其建造的规模远远超过了前代，因此对于石材的使用量也是非常巨大的，在建造过程中，使用了很多的汉白玉与青白石。以明十三陵为例，其中的裕陵、永陵、昭陵、定陵营建用的白石料均采自大石窝，这不仅在历史文献中能够找到相关的记载，并且近年来还在房山石窝村东北石经山下发现一座明朝正统六年倪太监墓，其中出土的“内官监倪太监寿藏记”中特别记述到：“正统元年丙辰，今上皇帝命公于独树石厂督采天寿山碑、象、驼、马等石，戊午完工”。这就在实物方面证明了大石窝作为北京城石材的提供地的悠久的历史，同时也为研究大石窝地区的汉白玉和青白石开采的历史提供了重要的论证。

在石料运输方面，对于运输巨大的石料，古代的先民在生产力和技术条件的限制下，展现了巨大的智慧。明代，限于当时的技术条件，运送巨大的石料多靠畜力和人力，明嘉靖年间，当时北京城的许多大型建筑都进行了重修和重建工作，需要大量的石材，当时石材的搬运就动用了包括北京地区及其附近河北顺天、保定、真定、河间、广平、顺德、大名等八府农民两万人，其运送方式，主要是利用在冰雪天行走的旱船进行拖拽，但即使是动用了巨大的劳力，载满石头的旱船每日也只能拖拽 5 里左右，而且耗费巨大，从大石窝运送至紫禁城就要耗费白银十一万两之多。当然，古代先民们也发挥了他们的智慧，除了旱船之外，他们还建造了多轮大车运输石材，据传，最大的有十六个轮子，用一千八百头骡子拉运，每日行走六里半，但是费用比旱船省银十五倍，总的来说效果良好。

（三）琉璃

北京地区烧制琉璃瓦最为有名、历史最为悠久的当属门头沟地区的琉璃渠村了。琉璃渠村的琉璃烧制历史可以追溯到元代，并且其历史在文献中有相关的记载。据《元史・百官志》载：“大都四窑场，秩从六品，提领、大使、副使各一员，领匠夫三百余户，营造素白琉璃瓦，隶少府监，至元十三年（1276 年）置，其属三：南窑场，大使，副使各一员，中统四年（1263 年）置；西窑场，大使、副使各一员，至元四年（1267 年）置；琉璃局，大使、副使各一员，中统四年（1263 年）置。”另外，由于琉璃渠村一直供应京城的大型宫殿、园林等建筑物的建造，所以清代营建的绝大部分皇家园林，琉璃渠村都曾供应琉璃，并且与当时京城皇家的“建筑设计师”样式雷合作，承担一些大型的皇家建筑，例如，号称“万园之园”的圆明园，万寿山、玉泉山、承德避暑山庄以及嘉庆皇帝的陵寝，都是他们共同合作的作品。

琉璃渠村自元代开始一直和皇家建筑的营造保持了密切的联系，但是清朝覆灭之后，琉璃渠村经过多次更迭，仍然一直延续到了现在。1911 年辛亥革命爆发之后，琉璃渠村的琉璃烧制改为民办，京城琉璃的供应量减少，琉璃瓦的生产几乎处于停滞状态，直到 1924 年，南京中山陵的营建，琉璃渠村才专门为其生产了一批琉璃构件，不过随后继续陷入了停滞状态。新中国成立之后，琉璃渠村的琉璃烧制转为国营。1959 年，为了庆祝中华人民共和国成立 10 周年，北京城兴建了著名的“十大建筑”，对于琉璃瓦的需求大量增加，由此，琉璃渠村便迎来了新中国成立之后琉璃瓦生产的第一波高潮。不过从 1966 年开始，受到了“文化大革命”的冲击，产量需求再次遭到压缩。琉璃烧制产业再一次陷入了低潮。改革开放之后，随着古建筑保护与修缮逐渐受到政府和社会的重视，古建筑的琉璃构件琉璃瓦的需求又再次扩大，2001 年，随着北京申奥成功，陆陆续续地开启了北京故宫、天坛以及颐和园等世界文化遗产的大修工作，而这些古建筑的琉璃屋面的修缮和更换，仍然使用的是琉璃渠村烧制的琉璃构件。并在 2007 年，琉璃渠村琉璃烧造技艺成功被认定为国家级非物质文化遗产。①

（四）砖瓦

北京地区的砖瓦厂历史在文献中有记载得不多，除去故宫中使用的青砖来自于山东临清，金砖来自于苏州御窑之外，北京地区其他的官式建筑的用砖多是来自北京地区附近的砖瓦厂。

新中国成立之初，北京地区比较大型的砖瓦厂中，以西六砖瓦厂为代表。国有北京市西六砖瓦厂，生产黏土砖制品已有 40 多年的历史，曾经是北京市重点工程地方材料定点生产企业。这个厂由 1989 年开始又恢复了传统青砖灰瓦的生产，且日趋系列化。现该厂可生产 8 大类 70 多个品种 100 多种规格的青、灰砖瓦及饰品、走兽、脊件。年产量，砖为 400 多万块，瓦 115 万块和相配套的饰品、配件，基本上满足北方传统建筑屋面、墙身、地面的各种需要。特殊需用亦可专门设计，加工生产。通过北京天安门管理处、北海公园工程队、北京市第二房屋修建工程公司第一分公司等单位在各项工程中使用，一致认为是合格满意的产品。②

第二节　北京老城官式建筑材料研究现状

对于中国官式建筑最早的研究始于 20 世纪 30 年代的中国营造学社，学术

① 方晨．琉璃渠琉璃烧造技艺和大石窝石作工艺生产性保护研究．2012 北京文化论坛——首都非物质文化遗产保护文集．

② 本刊通讯员．国营大型建材企业西六砖瓦厂恢复生产传统砖瓦 [J]．古建园林技术，1992（01）．

界开始借助西方建筑学的研究方法对中国传统的建筑进行研究，主要从中国建筑的建筑形制方面展开。在此基础上，关于中国建筑的研究开始从多方面展开，其中就包括具有非物质文化遗产特性的营造技艺的研究。而关于官式建筑材料的研究，也是在前面建筑史以及营造技艺研究的基础上展开的，主要涉及建筑材料的生产、建筑材料的加工以及传统建筑生产技艺的传承等方面展开。

一、官式建筑研究回顾

对于官式建筑的研究，自20世纪30年代中期梁思成先生编著的《清式营造则例》出版以来，对已有研究的反思，始终伴随着清代官式建筑研究的各个领域，散见于各相关论文中。①

清工部《工程做法》是雍正十二年颁布的官方刻本，共74卷，内容比较丰富，但是书中的图表比较少，而且很简单，这使得阅读起来比较吃力。1931年，梁思成开始了《营造算例》的整理、编订工作，并且相关的编修内容也陆续在《中国营造学社汇刊》中发表，经过学社成员和社会同行的努力，书籍很快校对完成。并且很快成为“料估专门匠家的根本大法”。后来，梁思成先生编著的《清式营造则例》又对原书中的许多建筑术语做出了解释，并附有详实的图例，一经刊出，就成为建筑学科的教科书②。

清工部《工程做法》作为明清官式建筑重要的文法著作，近年来，越来越多的学者也陆陆续续投入到了清代官式建筑的研究中。从既有的研究来看，研究成果主要涉及了三个方面。一是把《工程做法》作为直接研究对象的成果；二是对《工程做法》中的内容进行概括的成果；三是与《工程做法》相关联的一些成果。

二、官式建筑营造技艺的研究回顾

2004年，我国批准加入联合国《非物质文化遗产保护公约》，2009年，“中国传统木结构营造技艺”（Chinese Traditional Architectural Craftsman-ship for Timber-framed Structures）被列入“人类非物质文化遗产代表作名录”，成为非物质文化遗产概念下传统营造技艺保护研究的重要节点。中国艺术研究院建筑艺术研究所作为申报单位，十几年来在探寻传统营造技艺概念、源流的基础上，着力于各级非物质文化遗产代表性项目名录中的传统营造技艺研究，形成了丰硕的研究成果。如由刘托研究员组织编写的《中国传统建筑营造技艺丛书（第一辑）（第二辑）》分类型分地区选取了20个具有代表性的传统营造技艺项目，

---

① 常清华.清代官式建筑研究史初探[D].天津：天津大学，2012.
② 落常明.探析清代官式建筑研究史[J].城市开发，2015（16）.

对其历史源流、建筑形式、工具材料、技艺流程、仪式民俗及传承人、传承方式等内容进行了系统的诠释，奠定了学界对于建筑营造技艺的研究。后续，全国各大建筑院校迎来了一股研究建筑营造技艺的热潮，并且呈现出了一定的地域性。如东南大学的朱光亚教授及其团队承担了教育部博士点基金项目“南方发达地区传统建筑工艺抢救性研究”（2005 年）；[①] 浙江省古建筑设计研究院在 2012 年联合东南大学、中国美术学院、浙江大学等高校，承担了“古代建筑营造传统工艺科学化研究”的课题，对香山帮、东阳帮的营造技艺进行科学化的分析和总结，重点关注构架设计和营造工序等核心问题；中国艺术研究院马全宝的博士论文《江南木构架营造技艺比较研究》对于江南地区的营造技艺进行了系统的总结和研究；北京交通大学的薛林平副教授及其团队则是立足山西，对于其家乡山西地区传统民居的营造技艺进行了系统研究；除此之外，还有山东建筑大学建筑文化遗产保护研究所在 2015 年启动的“山东地域民间传统营造技艺研究”课题，针对鲁中、鲁西北、鲁西南地区和胶东半岛的传统建筑营造技艺进行了深入研究。[②]

北京地区官式建筑的营造技艺，则是以北京的“八大作”为主，从明清时期一直传承至今。“八大作”包括瓦作、木作、石作、搭材（彩）作、土作、油漆作、彩画作和裱糊作，[③] 随着对于建筑营造技艺研究的热潮，对于北京八大作的研究陆续产生了一定的研究成果。其中古建筑专家刘大可曾经在 1988 年于《古建园林技术》期刊上连续发表《明、清古建筑土作技术》《明、清官式建筑石作技术》等文章，拉开了对于北京地区官式建筑营造技艺研究的序幕；东南大学孙晓倩的博士论文《明初官式建筑石作营造研究》，不仅关注了明清官式建筑石作的加工、表现、样式，还对石材的种类、石材的开采等方面进行了一定的论述；中央美术学院段牛斗的硕士论文《清代官式建筑油漆彩画技艺传承研究》，以故宫慈宁宫修缮工程为例证，将传统技艺置于当代建筑工程制度的背景下进行研究，[④] 对于油漆作以及彩画作进行了研究，并对其技艺传承进行了关注，论述了相关内容。这种类型的文章大多从每种材料的具体的施工层面展开，通过对匠人的采访，关注具体的营造技艺与传承，其中不乏与官式建筑材料的相关内容，但相对来讲内容还是比较少。

三、关于官式建筑材料的研究

如前文所述，对于官式建筑的研究多运用建筑学的研究方法，从建筑形制

① 程小武．刀走龙蛇天地情——徽州传统建筑三雕工艺研究 [D]. 南京：东南大学，2005.
② 王颢霖．中国传统营造技艺保护体系研究 [D]. 北京：中国艺术研究院，2021.
③ 朱钢．泰山关帝庙建筑空间及环境研究 [D]. 济南：山东农业大学，2018.
④ 段牛斗．清代官式建筑油漆彩画技艺传承研究 [D]. 北京：中央美术学院，2010.

入手。对于官式建筑营造技艺的研究，则是关注建筑具体营造过程中涉及的“八大作”的传统技艺的研究。不同于上述两者，官式建筑材料的研究，则是直接以官式建筑材料的生产、加工以及生产加工技艺的传承作为主要的研究内容。以北京地区的石材和琉璃为例，由于建筑材料的生产加工技艺往往由匠人口传心授，所以获取资料需要进行深入的调研和访谈，故学界对此领域目前尚关注较少，相关的论述也多以口述史为主。北京地区的官式建筑材料涉及木材、石材、砖瓦、琉璃、地仗、油漆彩画等材料，故笔者将分类型对现有的一些著作进行简单论述和整理。

木材方面，汤崇平在《中国传统建筑木作知识入门》一书的第三章中介绍了中国传统建筑用材的基本知识，其中涉及木材的特性、分类、品种、应用、识别和构造等。石材方面，刘大可在《中国古建筑瓦石营法》一书中，在第六章石作方面，对石材的加工、开采、运输和相应的工具进行了一定篇幅的描写。除此之外，大石窝作为重要的史料生产地，对其进行研究的专著也有一些，苑焕乔的《北京石作文化研究》一书，重点关注北京地区的石作，对北京地区石作行业及其传统技艺、石作技艺传承方式、石作行业的民俗、石作技艺的继承人进行了论述，并关注了北京当代石作产业的发展。琉璃方面，由琉璃烧制技艺传承人蒋建国口述，王延娜整理的《琉璃烧制技艺》一书重点关注北京门头沟地区的琉璃烧制技艺，涉及琉璃烧制的具体技艺和变化。同样，由杜昕所著的《北京琉璃烧制》也是以北京门头沟的琉璃渠村为对象，从北京琉璃烧制的历史、琉璃烧制的技艺与发展等方面展开论述，是一本介绍琉璃烧制的全面著作。中国建筑工业出版社出版的《中国古建筑琉璃技术》，以明、清两代官式建筑的做法为标准，系统地记载琉璃构件从制压、配料到烧制的全部工艺过程，详细地介绍了琉璃构件的组合和施工方法，并以琉璃建筑实例，讲解各种琉璃构件的使用部位和施工注意事项。书中还附有详细的琉璃构件规格、尺寸、重量对照表。除了上述对于某一种材料的专著之外，《古建筑营造技术细部图解》和《中国传统建筑形制与工艺》是论述古建筑材料生产制作的综合性专著。《古建筑营造技术细部图解》由筑龙网组织编写，书中有专门章节对于土作、石作、木作、瓦作等工艺进行了详细介绍，并配有清晰的图片。同济大学出版社出版，李浈编著的《中国传统建筑形制与工艺》以木作、土作、石作、砖瓦作等主要结构性匠作为重点，系统地论述了传统建筑匠作工艺的发展概况、建筑材料的利用和加工工艺、传统的营造工艺流程等，并关注南、北方传统建筑工艺的异同，是一本涉及多种材料的生产加工工艺、营造工艺的综合性著作。

第二章

北京老城官式建筑材料调研访谈

通过专家采访和古建筑修缮单位走访，笔者收集到一部分古建筑修缮中建筑材料供应企业的信息。据此，笔者选取了北京及周边地区最具代表性的八家长期供应官式建筑建造与修缮材料的建材厂家，对各个厂家进行实地调研，与企业负责人访谈，收集和整理企业的发展沿革与工艺传承，了解现在的生产经营情况，同时聚焦未来，探讨企业今后的发展期待与发展路径。

调研采访对象表 **表 2-1**

姓名	职务	从业时间	公司名称	地址	材料种类
宋永田	厂长	1983 年至今	北京石窝精艺雕刻公司	北京市房山区大石窝镇	石材：汉白玉、青白石等
蔡志兴	厂长	—	河北省遵化市东旗仿古构件有限公司	河北省遵化市堡子店镇新寨村	砖瓦
孙宏利	厂长	—	国华琉璃厂	北京市门头沟区龙泉务村西	琉璃制品
蒋建国	非遗传承人	—	国华琉璃厂	北京市门头沟区龙泉务村西	琉璃制品
高雨云	厂长	—	京西石府雕刻工艺品（北京）有限公司	北京市石景山区五里坨上石府水乐沟	石材：主营石府青石等
俞忠华	厂长	—	北京力达顺石灰厂	北京市门头沟区潭柘寺镇鲁家滩村	石灰：生石灰、泼灰、浆灰等
刘英德	厂长	1978 年至今	北京集贤丰泰古建筑材料有限公司	北京市大兴区旧官镇万聚庄万德街	油饰彩画颜料
庄金清	厂长	—	北京庄臻豪贸易有限公司如飞木材经销部	北京市朝阳区黑庄户乡双树北村	木材
石友	厂长	—	北京石窝石友雕刻厂	北京市房山区南尚乐镇石窝村	石材：主营小青石、汉白玉等

如表 2-1 所示，调研所选取的 8 家企业，分别是北京石窝精艺雕刻公司、东旗仿古构件有限公司、国华琉璃厂、京西石府雕刻工艺品（北京）有限公司、北京力达顺石灰厂、北京集贤丰泰古建筑材料有限公司、北京庄臻豪贸易有限公司如飞木材经销部和北京石窝石友雕刻厂（按照调研时间排序）。以上企业经营范围包括木材、石材、砖瓦、琉璃、血料、石灰等，基本涵盖了古建筑传统建筑修缮建设的主要建材。调研访谈如实记录当下古建材料行业经营发展的真实情况，并对未来发展提出适宜建议与展望（图 2-1）。

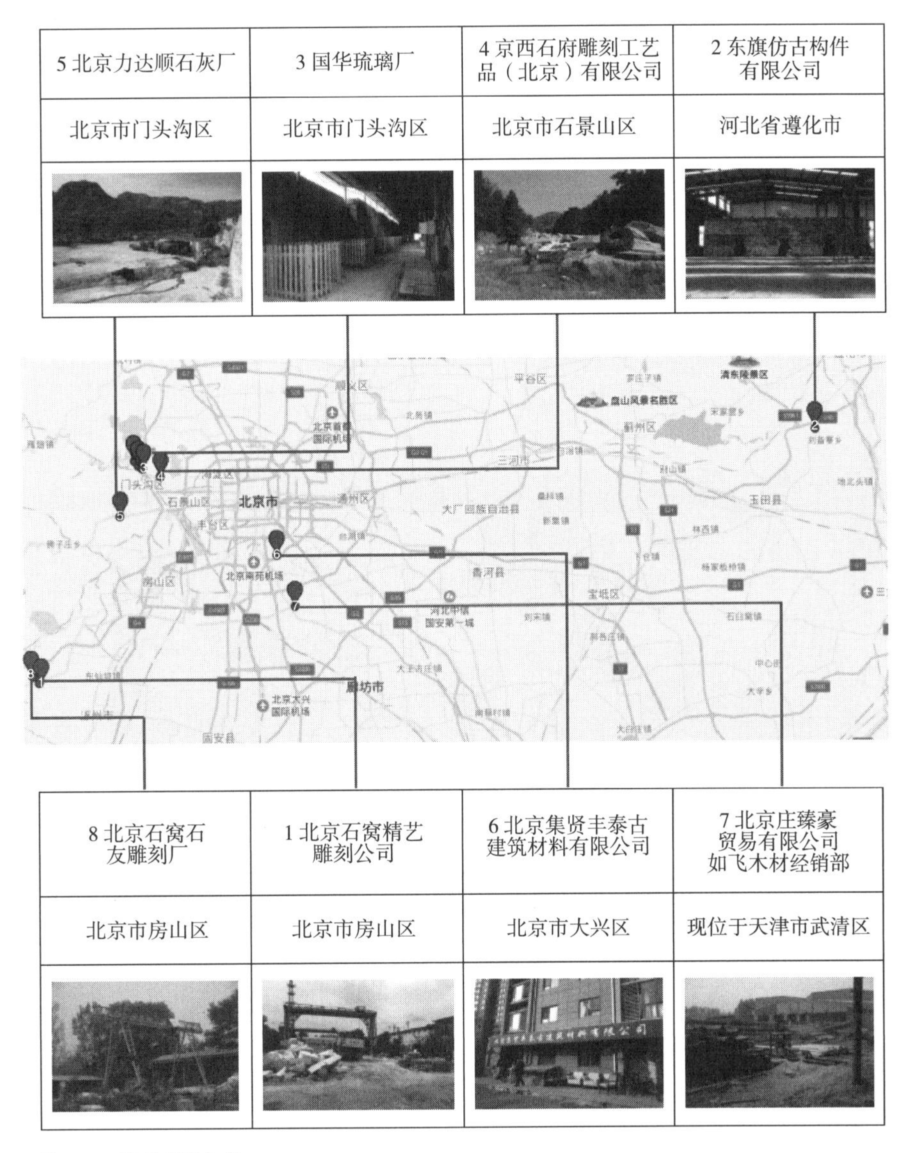

图 2-1 调研厂家分布

第一节 北京石窝精艺雕刻公司：宋永田

访谈对象：宋永田（厂长）

访谈时间：2019 年 9 月 11 日

一、历史沿革

北京地区有句俗语：“先有大石窝，后有北京城。”这里的“大石窝”正是有着上千年历史的北京汉白玉之乡——房山区大石窝镇，大石窝的汉白玉堆砌出了“北京城”。从汉白玉的开采到加工雕饰，至今已有 2000 年历史。大石窝镇也是华北地区唯一出产汉白玉的地方。相传自汉代开始，宫殿中的石阶和护栏均采用大石窝的石材，所谓“玉砌雕栏”，洁白如玉，称之为——汉白玉。因其清润素雅、富丽庄重、宜于雕琢而被当作吉祥的象征。游历北京城，四处可见大石窝的汉白玉。从天安门前的华表、故宫的太和殿云龙御路到人民英雄纪念碑浮雕；从毛主席纪念堂内的毛主席坐像到钓鱼台国宾馆、明十三陵，所用的石料和石雕技艺均出自大石窝。2006 年，大石窝镇汉白玉被列入北京市非物质文化遗产名录。特色的产业使得大石窝很多人世代以石头为生，也一直延续着石作传统，有很多出色的石作匠人，宋永田厂长便是其中之一（图 2–2）。

图 2–2　宋永田（右）采访现场

根据宋永田厂长的介绍，他 1983 年毕业便进入石材行业，在开山、加工、安装、雕刻这些工种之间辗转数十年，积累了丰富的经验。凭借在石作技艺方面的钻研与经验，宋厂长也曾参与北海小西天的石料安装工作和紫竹院外墙的安装工作。

受父亲的影响，宋厂长十几岁便开始接触石雕技艺，到现在已经三十余年。宋厂长的父亲曾经是一位副业队队长，全大队有 97 个人，参与过天坛、北海等修缮工程。据宋厂长回忆，在农业合作化时期，普通百姓需要通过挣工分以维持生计，属于按劳计酬的时代。在副业队以外的其他地方工作，每人平均工资大约在几毛钱左右。而副业队的工作虽然比较辛苦，但在这里不仅可以拿到工分，还能学习技术，所以大家都想去副业队干活。在集体经济的年代，是由集体来管理山场，在政府的统一规划管理下进行开采。那个时期大石窝主要是负责开山、供料，而本地没有加工组，大部分的加工雕刻工作由北京建筑艺术雕刻厂来完成。后来，大石窝开始参与到建设修缮工作中，从而也有了自己的加工组，开始加工栏板、望柱、阶条、垂带等构件，之后便有了雕刻厂。

1979年左右，雕刻厂经营困难，正逢经营承包制在全国的推广，宋厂长的父亲便将雕刻厂接管过来，希望再次振兴雕刻厂。为了将传统的石作匠艺传承保留下来，宋厂长的父亲挨家挨户去找曾经的匠人。为了拓展销售渠道，宋厂长的父亲又通过联络外贸等方式寻找机会。经过一番努力，雕刻厂的毛利润也从刚刚接手时的五千元升到了第二年的一万七千元。后来，雕刻厂经历改革实行了厂长承包制，宋厂长的父亲便承包了加工厂和雕刻厂，原来的业务也变成了个人承包，也就是现在所谓的民企。后来，山场也变成了承包制，个人承包需要每年向大队交钱，而在20世纪80年代初，承包一年的山场需要缴纳18万元。

如今，宋厂长也拥有了自己的石雕厂，在现代化机械作业的冲击下，他的雕刻厂中仍然有一部分匠师和作品能够保持纯手工雕刻，用自己的实际行动坚守着匠心。

二、工艺传承

据宋厂长回忆，在他的师傅那一辈，从石材开采到加工，全是纯手工完成。在开采时先挖一条窄沟，再用大楔子把石头打开。经验丰富的老师傅，会顺着石头的纹理，在合适的地方打入楔子。如果技术不熟练，眼光不准确，楔子有的时候就崩飞了，能飞出几里地。再比如石材的加工，把石头劈开之后，刷道、剁斧，两边再用架子绑上砂石打磨。过去刻字没有合金钢都是使用铁錾子，而现在使用合金钢刻出来的字太生硬，没有錾子刻出来的字好看。以那时的工艺，打一对石狮子，上下误差不能超过四厘米，而石料加工中，是用纯手工去刷一个大面，刷完后石材表面非常平整，丝毫不逊色于今天的机器切割，并且还保留有手工加工的独特韵味。现在厂区门口有一对石狮子，据宋厂长介绍是厂里的镇厂之宝，由厂内的石雕师傅纯手工雕刻，从神态到工艺，都是现在机器加工难以比拟的（图2-3）。

图2-3　雕刻厂门口“镇厂之宝”狮子（右一、右二）

改革开放之后，随着经营承包制的落地，许多石材经营厂家由集体所有转为个人承包，石作匠师的工作方式也从挣工分发展到了计件。收入突然从一天挣一元到一天挣二十多元。现在工时短了，产量变多，但是按照传统的石作加工，都是慢工出细活，突然的转变让传统石作匠人感到不安。宋厂长说，过去人比较实在，手艺不行领导也不会愿意，工匠在石作加工上更加追求高质量。而现在的石作加工基本上都是机械化加工，相比于之前的手工加工与雕刻，尽管效率一直在提高，加工变得又快又省事，但是做出来的作品却失去了味道。不过，机器也有好的方面，比如在传统工具的方面，用于石作开采与加工的工具非常繁多，师傅出工都会携带沉沉一箱的工具，而现在只需要角磨机和云石机就可以了。宋厂长认为，要把传统技术和现代工艺进行结合才是更重要的事情，而现在石作技艺面临的问题是老的技艺失传了，新的工艺达不到要求（图 2–4）。

据了解，大石窝现有的石作匠人，平均年龄都是在 50 岁上下，缺乏新鲜血液的注入，传统的石作技艺面临失传的危机。随着社会的进步，再加上许多新职业的产生，工匠职业似乎对于年轻人来讲很难有足够的吸引力。此外，随着市场的改变，石材的市场需求也在进一步缩减，行业规模的萎缩使得传统石作工艺面临失传的困境（图 2–5）。

图 2–4　石雕作品

图 2–5　采访现场

三、运营现状

目前，不仅是宋永田厂长的雕刻厂，大石窝地区的大部分石料加工厂，都面临着一系列的困境。在石料的开采方面，主要受到政策的限制。在国家环保政策的影响下，出于对山体生态保护与恢复的需要，山体已经不允许继续开采，曾经的采石大坑都纷纷回填。其中最深的一批矿坑如高庄矿坑与南大坑，在早期便已掩埋或回填不再开采。另外，从 2019 年底起，锯石料用的大锯也在统一安排下纷纷拆除。同时期，环保部门的管理也非常严格，对传统制造企业也提出了升级改造的要求，对于宋厂长这种靠原材料进行加工的厂家很难一下子完成转型，摆在企业面前的到最后只有腾退一条路可以走。

但宋厂长对我们讲，就目前来讲，在原材料方面还没有到非常紧张的程度。当前的传统建筑材料市场中的供需关系变化不大，但是质量、工艺的下降造成材料的浪费很大。以石雕栏板为例，市场上充斥着大量的 10 厘米厚栏板，在以前的市场交易中，这种栏板根本无法达到要求，最低也得 15 厘米才能被市场认可。宋厂长认为，这是因为在发布禁令之前石料开采太过容易了，导致部分厂商太不珍惜原材料，同时也缺少对匠心工艺的执着追求。现在制作栏板的产量是过去的几倍，但这种低质量的产品放在以前实际上不会有人愿意接受（图 2–6）。

图 2–6　石雕厂运营现状

四、未来展望

近几年的材料市场中，石材的价格普遍很高，现行的政策难以倾向传统建材行业，缺少财政拨款的支持，这也造成市场上石材加工产品的价格虚高。对于资源利用，他认为文物修缮所消耗的原材料，在可能的情况下最好做到专项专用，这样既保护了材料，又保护了工艺（图 2–7、图 2–8）。

图 2–7　采石场现状

图 2–8　采石场调研

在石雕厂的发展与技艺传承方面，宋永田厂长认为，我们有那么多的世界文化遗产和非遗传承人，这些东西只靠国家的财政补贴是保不住的，一定要有一个能让这个行业运作起来的大系统，并最终形成产业链得到良性循环。而其中质量和信誉的保证同样重要，相关部门应该建立一个摘牌机制，撤销粗制滥造的厂家，保证产品质量，避免原材料的浪费。同时不能造成行业内全竞争的形式，对产品要有要求、有标准、有国标，等到面临石雕技艺灭失、传统文化存亡问题的时候，就不再仅仅是市场经济的问题了。

最后，宋永田厂长对我们说："一个雕塑，如果想要打出味道来，就不能直接定出最后的样子，这绝不是工匠工艺的问题，而是需要不停地琢磨，比如雕刻毛主席雕塑。就像我师傅那一代人，做事很有责任感，也需要我们的工匠永远保持敬畏之心、延续匠人精神。"

第二节　河北省遵化市东旗仿古构件有限公司：蔡志兴

访谈对象：蔡志兴（厂长）

访谈时间：2019 年 9 月 18 日

一、历史沿革

河北省遵化市东旗仿古构件有限公司位于河北省遵化市堡子店镇新寨村，主要经营古建构件、古建材料、砖雕、仿古门窗家具等材料的加工和销售，目前该厂的负责人是蔡志兴厂长。经过调研发现，砖厂目前还可以稳定供应传统工艺制作的砖瓦。北京地区此前有很多砖瓦厂，由于后来出台了较为严格的环保政策，为响应政府号召，众多传统建材厂家纷纷从北京地区外迁。

关于砖瓦厂的选址，首先要看当地土壤的种类和质量。在厂区原址——北京房山地区，便有着砖瓦厂建厂需要的优质土质资源。同时当地也分布着许多传统砖瓦制作厂家，原有的砖瓦厂大多规模较小，只有北京西六砖瓦厂和窦店砖瓦厂两家规模较大、生产质量较好，但现在也已经关停或者迁出。

选择厂址的指标，需要考虑到取土质量，用看、闻、尝土腥等方式，综合判断该地土质是否适合砖瓦生产，才能决定是否可以在此建厂。建厂选址一般都会紧跟原材料产地，要先有好的资源，才能制作出好砖。制砖需要用到良田土，该类土对土地破坏比较大，同时传统砖瓦也有不同的尺寸，需要不同类型的砖瓦厂。砖瓦厂厂址一般会选在雪山附近，以蔡厂长的建厂经历为例，1989 年在昌平西关环岛的雪山附近开场，在此之前也在大东柳附近建厂，都是为了给附近大型古建修缮工程供砖。再如 1990 年十三陵和长城的修缮需十万块砖，蔡厂长也选择在附近雪山旁建厂。

在供料方面，据蔡厂长介绍，北京三环内 90% 以上的古建修缮工程的砖瓦都是他们来供应。中南海的怀仁堂在修缮讨论时，专家最初建议是不进行拆迁，只在外部勾缝打点、进行修补便可，但最后的修缮方案还是决定全拆重砌。在该工程中，尽管已经提供了当时最好的砖，但是修缮后的效果还是不如原来好。蔡厂长认为，老砖不一定是质量有多好，而是因为其岁月感让它看起来更富有历史意义（图 2–9）。

图 2–9　采访蔡志兴厂长现场

20 世纪 90 年代初国家针对红机砖推行了一个政策，每块红机砖的销售价格中需额外添加一部分钱，称为土地资源恢复金，在此之后各类相关政策逐渐收紧。在这样的大环境下，虽然蔡厂长的砖瓦厂在北京市质量技术监督局备案且各类政策要求均能达标，位于房山的厂房本可以不关停，但经多方考虑，最终决定搬离房山地区，迁往河北。

二、工艺传承

蔡厂长的砖瓦厂不仅可以烧制传统建筑中普通的砖瓦，而且还可以烧制工艺要求相对比较高的金砖。手工砖、瓦的烧制在工艺上是完全不同的：砖坯以木模成型，首先根据砖的大小厚薄进而采用不同的木制模具，而后将砖泥压入模具，并使用铁线弓刮平泥面，使之成型，最后脱坯阴干、入窑烧造；瓦片种类繁多，成型工艺较砖坯更为复杂，其中小片瓦采用泥皮拉割、包桶、脱桶、晒干及拍片的方式成型。

手工砖坯的制作分为以下几个步骤：泥墩堆好以后，根据所要烧制的砖型准备好木模，根据木模的大小，用泥弓割下较木模容积稍大一点的泥块，塞进木模盘中，用比木模稍大一点的泥弓将上面拉平，去掉多余的泥料；再用木滚子在上层泥面上先推后拉，将坯面打磨光滑，而后将光滑的一面翻转过来，落在之前已经准备好的坯板上面，再用木滚子在翻转过来的泥坯表面用上述方法打平滑。坯板在落坯以前要先用草木灰刷一遍，以防止砖坯在晒干的过程中粘板。两面抹光以后，就可以脱模，脱模时，先将两端固结绳索解开，然后抽出两端闸板，整个框架散开，砖坯脱于坯板上，最后将手端坯板放在户外码好，在晾干的过程中，要在码好的砖坯顶端及四周用草帘严实遮盖，既要防止日晒，又要避免直接的风吹雨打。大致三天后，观察到整个砖坯颜色发白、没有黑心，便可将坯板抽出，送到窑房里，等待入窑烧制。

手工瓦坯的制作分为以下几个步骤：

刮平泥层表面：先将第一层泥皮的表面去掉，用长木片刮平，同时将泥层表面杂质摘除，以泥填平。

推出泥皮：手握推剃木柄用力前推，利用推剃前端钢丝，将泥墩上层均匀推出四片 1.1 厘米厚、20 厘米宽的泥皮；

包泥皮：首先在模骨圆桶的外面罩一自制布袋，将无底圆桶套在轮桫上，桶底圆周部分紧贴轮盘；然后用右手抓一把草木灰涂抹于布袋外面，以防泥坯粘连；最后用双手从两端揭起一片泥皮，包裹于圆桶外面的布袋上面，接头部分以手捺紧，连接成一个圆桶状。

抹光滑：右手握软刷沾少许水，左手旋转圆桶，将水均匀刷在泥皮表面；右手持抹镓，上下快速抹光滑泥皮表面。

割泥皮，加装饰线：右手持割板紧贴泥皮，左手旋转圆桶，利用割板上端铁钉，将泥皮顶端多余部分割掉，同时利用割板下端的间距 1 厘米的三根铅丝，使瓦片底端外侧形成三道凹槽，以增加美感。

瓦坯脱桶：首先用右手将桶柄提至空旷的晾晒场上，再在干净平坦的位置顺次放下圆桶；然后将桶身向内收缩，从袋中抽出小桶，再顺势将布袋从内里底端向上提起，整个圆形的砖坯稳当地放置在地面上。

晒瓦与拍瓦：若天气晴朗，瓦坯晒一天就可以一拍四。一拍四是指干燥的瓦片用手轻轻一拍，就能够裂成四片。这其中的技巧来自模骨圆桶的外表层设计：模骨圆桶外层有四道突起的木棱，在泥皮包好以后，通过抹光与割泥皮的工艺手法，将泥皮里层紧贴小桶棱角的地方形成四道很深的凹槽，干燥以后的泥坯，用手轻轻一拍，凹槽部分就会自然断开，使圆桶状泥坯自然裂开成四片带有一定弧度的小片瓦，然后将拍开的瓦片排放整齐，送至窑房待烧。

烧窑：待砖瓦坯装入窑中以后，便可开始烧窑。烧窑时间的长短、烧窑火力的大小、加薪还是减薪，都直接关系砖瓦烧制的质量。火候的把控集中体现在烧窑这一工艺环节中。在烧窑的七八天时间中，要根据窑内砖瓦的状态而调整火力的大小、温度的高低，并有专门的师傅把窑。把握火候在烧窑乃至在制作砖瓦工艺的所有环节中是最为重要的一环，为了避免烧成的砖瓦出现过嫩或过老的状态，烧窑过程中要注意控制火量的大小：先小火，慢慢炖两天两夜，再大火烧两天两夜，再来3~4天的慢火期。如果是大窑，烧窑周期的各个环节都要相应延长。火候的把握，可以通过烘门上端的望火口及烟囱下面的三个烟道折射光进行判断，通过燃料的加量与减量来控制火量的大小。

揽烟：火基本烧足了以后，进行揽烟。揽烟是指在缺氧的条件下，燃料的不充分燃烧使窑炉里产生了大量黑色烟雾，黑色烟就黏附在砖瓦坯的表面，在窑温降到700摄氏度以下时，析出的炭黑就会渗透到坯体内约3毫米的厚度。在窑温降至900摄氏度时，因窑内有还原气体，红色高价氧化铁还原为青色低价铁，再加上后来炭黑的渗入，使砖瓦呈现出青灰色。揽烟的过程除了要将砖瓦染黑以外，还有另一个功能：就是通过窑中尚有的小火慢慢烧，通过砖与砖之间的热传导，将业内称之为牛根谭位置的砖瓦坯，放在窑炉边几层台阶上、排放在窑中最底部分慢慢烧透。由以上过程可知，揽烟有三个目的：一是染黑；二是产生大量的一氧化碳，为高价铁的还原反应创造条件；三是通过揽烟过程中窑温较高的条件，将尚未烧透的底层砖瓦继续烧透。充足的燃料与缺氧环境是揽烟必不可少的两个条件：为了使窑内缺氧，揽烟之前要将出烟口全部封住；在炉膛燃料烧尽以后闭窑，从上面冲道口观察冲道底端的回火，如果冲道中有淡淡的、蓝蓝的火喷出来，就再继续烧一会，然后闭窑。闭窑的时候，把砖一块块从底下接上去，将灶、炉膛一起封在里面，再将土、泥浆、柴、稻草和在一起，一块块向上甩并用手搂至平整光滑。由于窑内温度很高，虽有较为柔软的草如筋脉一样和在其中，但干燥以后仍会开裂，这时可以用泥浆将缝隙里糊起来，若再开裂就再封，通常要如此封上几遍，然后再一层层抹平，将有缝隙的地方全部抹住、封牢，以阻止氧气进入。

浇水转锈：浇水转锈是青砖、青瓦在闭窑后烧制的一项技术，为了使窑内既保持无氧的状态，又能够快速降温到低价铁有可能发生二次氧化的温度下（500~600摄氏度），其具体做法是：天脐用砖盖好后用湿土粘住，再用蓬松的土盖上。如最终需要灌水，便在旁边垒一个像锅底一样的圈，并将边上加高。圈垒好以后将黏土做的泥浆拖上去，再用草木灰拍结实，用以阻隔水直接灌进去，业内人将这一泥塘称为河塘。水打好后，有专门的浇水师傅手拿一根细细长长的钢钎子，慢慢地凿几个很浅的洞，水就通过草木灰破皮的地方，慢慢地往下渗，并挂在窑炉顶上，形成欲滴而不能滴的状态。在窑内的高温下，水马上化成了水蒸气，大量的水蒸气产生以后，窑炉里面就形成了无氧的环境。后来经过改良，浇水转锈时在窑的上方挖一圈小沟，然后用钎子往内部打水，水便会沿着窑壁渗下去，避免了与砖瓦坯料的直接接触，同时加快了水蒸气的形成。

开窑：窨水量是否充足、什么情况下可以开窑，有两种观察方法：一种是观察从封闭的窑门裂缝中冲出的水蒸气，看里面是否有烟灰飘出来，如有黑的烟灰样物质飘出来，其颜色越深，说明里面砖瓦坯料的颜色就越深，这种情况说明窨水量已足够；另一种方式是看冲火，在闭窑的时候将几块小砖搁在端口，在不知道窑里的情况前不能随意拿下砖块。在开窑以前，可以通过观察稻草在这一位置的烧焦程度来决定是否可以开窑。其工艺过程如下：拉开一块砖缝，拿几根稻草并把干的稻草塞进缝里，用砖重新挤紧、挤密，过了几分钟后再拿出来查看稻草状态：如果稻草只是有点发黄，说明窑内没有问题；如果稻草烧焦，甚至快要烧断，就说明窑内水蒸气不够，不但不能开窑，还需要继续往下窨水。通过细致的观测，若符合以上两个特征，就可以开窑。开窑的顺序是先将池塘水放干，然后打开天脐，将冲道的砖拿开，将水蒸气放掉以后，再将底下窑门打开。两天以后窑内砖瓦完全冷却，再组织人力将里面的砖瓦搬出。

金砖的烧制工艺，相比于砖瓦也是有所不同的。首先需要把土泡透，大约需要 3~4 个月；而后将土弄成浆并用脚扭踩使泥变劲道；最后在这个环境进行阴干，把土一把把、一层层地放到模具里，放入一层之后再放进去第二层，并用手将里面搅拌开。机械化不能取代前面这些手工艺活，准确来说一块砖需要烧三次，三年才能出砖（图 2–10~ 图 2–18）。

图 2–10　砖坯制作

图 2–11　工人师傅制作瓦坯

图 2–12　制砖工艺

图 2–13　生产加工厂房

图 2-14　沿袭传统的造瓦、脱坯、造砖手工艺

图 2-15　烧砖窑

图 2-16　烧砖窑内部

图 2-17　烧砖用土

图 2-18　砖厂囤积的原材料尾矿泥

三、运营现状

目前，由于一系列管理政策的收紧，蔡厂长的砖瓦厂已搬迁至河北。将北京地区的砖瓦厂关停的原因主要有以下几点：第一，砖瓦厂存在安全隐患。砖瓦厂会对当地造成污染，如露天的扬尘污染等，烧造时使用的能源虽然也可以用燃气，但确实存在安全隐患。第二，砖瓦厂存在生态污染。制作砖瓦需要在当地取土，这会造成生态的污染。以前生产时，本地的土壤资源也是在开采一段时间后便不再允许开采了，只能去周边买土，买土前往往还需要关注附近是否有土方开挖工程，借着机会前去购土。第三，砖瓦厂开始运营的年代较早，过去的手续不全且早前也没有补齐各类手续的意识。在政策收紧的大背景下，最终选择迁往河北。第四，传统砖瓦的生产加工企业大多规模不大，大部分属于小微企业，再加上被归为落后产能，难以在北京地区继续开展生产加工活动。

但从另一个角度看，蔡厂长认为，砖瓦的生产其实对于环保影响并不大，生产加工过程对土地的影响是可控的。比如说 1 立方米的城砖大约是 65 块，需要 2 立方米的土，造成了很多的浪费。但现在制砖很多都是借用生产砂石的副产品泥浆，加入当地的土壤来制作砖坯。砂石生产的副产品泥浆以往都直接排放，会对土地造成比较大的影响，排放泥浆的区域会有大面积的土地板结，不能种田。但是对砖厂来说这些材料都是好的原材料。所以，使用替代性原材料减少对土地的消耗、尝试不同的烧制能源来升级窑厂，在活态传承中保证传统砖瓦制作工艺能够完整保留，从这些方面来看，传统砖瓦制作行业其实不属于污染行业（图 2-19、图 2-20）。

图 2-19　泥坯

图 2-20　工厂现状

四、未来展望

最后，蔡厂长提到了对于今后传统砖瓦产业发展的看法。蔡厂长认为，位于房山的砖瓦厂如果想要恢复至少需要 3 年时间，并且当地土质相对来说比较粗糙。所以，未来的发展方向其实也不用局限在北京，河北地区砖的质量不错，当地土质甚至比房山还强一些。如果今后条件允许，建议北京地区的文物修缮工程可以指定生产厂家，根据修缮工程需要的砖瓦品类和数量，给予一定的资金专项生产。

现今建筑业整体较为低迷，传统古建行业也较为低迷。在这个行业的低谷期中，传统建筑修缮工程的上游厂家——传统建材厂家很多迁出了北京地区，未来跨地域的供给建材会较为困难，但北京地区又需要传统建筑材料，所以建议根据材料的使用量，采取补贴的形式给予一定的扶持。在文物保护项目上，更有针对性地研究相关机制，尽量减少漏洞。这是一件需要认真研究的工作。

第三节　国华琉璃厂：孙宏利、蒋建国

访谈对象：孙宏利（厂长）
　　　　　蒋建国（非遗传承人）
访谈时间：2019 年 9 月 27 日

一、历史沿革

国华琉璃厂位于北京市门头沟区龙泉务村西，公司主要经营范围包括生产建筑所用的琉璃制品，琉璃工艺品、辽三彩、建筑陶瓷等。其产品主要供应北京地区文物保护单位工程修缮，如故宫、中南海紫光阁、北京火车站、军事博物馆、国家博物馆等。

北京门头沟琉璃渠琉璃烧制技艺，自元建都以来薪火不断，延续了700余年，为元大都至清皇宫烧制琉璃，一直被视为传统琉璃之正宗，形成了中国标准的官式做法。一般琉璃制品从原料到成品需要数月的时间，包括原料的粉碎、淘洗、配料、炼泥、制坯、修整成型、烘干、素烧、施釉、二次入窑烧釉、出窑等数十道工序。经过这些工序出炉的琉璃通体挂釉，即使日晒雨淋、冰霜雾雪，依然能保持艳丽的色泽。且远观有势，近看有形，线条优雅，装饰大气，色彩纯正，寓意深刻，堪称中华一绝。2009 年，门头沟的琉璃烧制技艺被列入“第三批国家级非物质文化遗产名录”。

蒋建国师傅 1958 年生于北京，初中毕业后到延庆插队，1976 年回城，随后被分配到位于门头沟琉璃渠村的北京市琉璃瓦厂，成为一名琉璃匠人。蒋师傅所从事的是琉璃行中最有技术含量的“上三作”，他最拿手的就是琉璃的半成品制作，即“吻作”。琉璃瓦厂在蒋师傅工作的 41 年间几经更名，但蒋师傅始终如一地坚守在琉璃制作的岗位上，从学徒工到技术质量科副科长，再到技术质量科科长，他从未离开过生产第一线。

在从事琉璃制作的四十多年中，蒋师傅先后参与了多个全国重点建筑的修复和复建工程，如故宫太和殿、故宫神武门、沈阳故宫、北京西客站、武汉黄鹤楼、五台山琉璃塔、武当山玉虚宫、南京阅江楼、宣化九龙壁、北京火车站、国家博物馆等，主要负责对这些建筑上的琉璃构件进行修缮和制作。除了参与过这些修复和复建的工程外，他还参与了毛主席纪念堂等著名建筑的建设，设计并制作了多个难度极大的琉璃作品，如出口日本的九龙壁、宁夏回族自治区同心县九凤壁等。2009 年，蒋师傅被评为琉璃烧制技艺国家级非物质文化遗产项目的代表性传承人。

据孙宏利、蒋建国两位师傅介绍，京西琉璃局自元代在北京建都时就已成立，清代时，琉璃厂附近又成立了一个东厂，原来的琉璃厂便称之为西厂。据传，清代某日早朝时，皇帝和百官从皇宫内看到南边有黑烟冒出，便让琉璃厂从原址迁出，迁到了今天琉璃渠的位置。从新中国成立初期到 20 世纪 80 年代，该厂几经更名，从建筑材料厂到故宫琉璃砖瓦厂，再到北京市琉璃制品厂。20 世纪 90 年代，厂内老员工响应体制改革，逐渐走出去创办新厂。2000 年，国华琉璃厂正式开始经营，初始投资仅几千万。琉璃厂内最早的师傅都来自山西洪洞，手艺也从家乡传承了过来，现在的国华琉璃厂传承了之前老厂所有的技术和人才（图 2–21、图 2–22）。

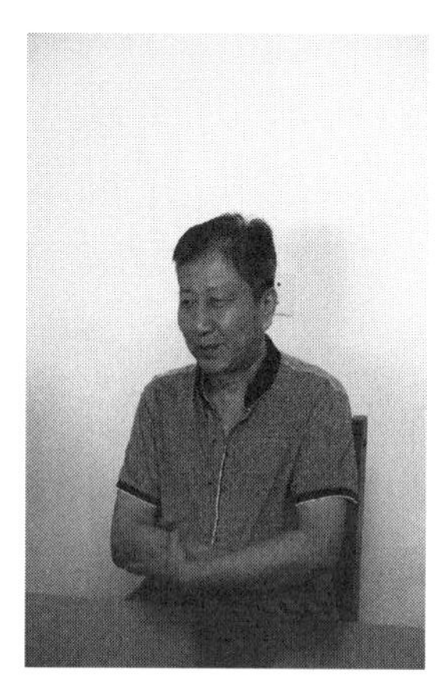

图 2–21　孙宏利厂长

图 2–22　国华琉璃厂访谈

二、工艺传承

在琉璃的制作流程中，选土这一步至关重要。全国有多种适合烧制琉璃的土料，但以北京门头沟地区的矸土和青灰为最佳。门头沟地区的土料主要是煤矸土加一些青灰，黏稠度等指标条件比较好。而与之相对，山西瓷土的土质就与门头沟地区的不同。山西瓷土密度比较大、过于细腻、含水量少，在烧制的时候会出现爆釉的情况，烧大件容易炸。一般琉璃烧制需要的土是 40 目，而山西瓷土最粗的也高达 90 目，所以抗冻融性差。在原材料方面，国华琉璃厂目前在山西朔州还留存有不少矸土。这些存留的原材料，大部分来源于门头沟潭柘寺附近，小部分是当年绿化动土时购买。若要继续生产，按照公司发展最好时原材料的消耗速度计算，存料还可以用 15 年，但是在 15 年之后，可能会出现原料短缺的问题（图 2–23、图 2–24）。

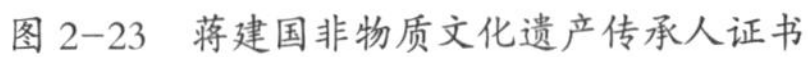
图 2–23　蒋建国非物质文化遗产传承人证书

在琉璃窑方面，国华琉璃厂用的依旧是传统的倒焰窑（燃料燃烧的火焰从燃烧室进入窑室后向上冲向拱顶，受到拱顶的阻挡和窑底烟道的抽力而折向下运动，流经坯体或承载坯体的窑具的料垛，并将热能传递给坯体，使坯体在加热时发生物理化学反应而最终烧结，火焰则通过窑底的吸火孔汇集到烟道，由烟囱排出。由于火焰在窑内流动过程是向上至拱顶后又向下流动，故称之为倒焰窑），区别于其他窑厂采用的梭式窑（梭式窑是间歇烧成的窑，跟火柴盒的结构类似，窑车推进窑内烧成，烧完后再往相反的方向拉出来，卸下烧好的陶瓷，窑车如同梭子，故而称为梭式窑）。倒焰窑的温度曲线比较好，更适合琉璃制品的烧制。

图 2–24　琉璃厂所藏煤矸土

三、运营现状

近年来，烧窑的燃烧方式已经由最初的炉子烧火改为了燃气。采用燃气进行烧窑必然会使成本升高，几近翻倍，但烧气的成品率却高于烧火。在山西地区，使用天然气烧窑的厂家很多，生产过程中的稳定性、控制性都比较好，升温曲线也比较好控制。另外，也有许多方法可以降低成本。比如对于所需的干燥条件，就可以对余热进行综合利用。冬季生产的时候需要的暖气，就是利用余热的一种方式。余热的合理利用对节省成本降低能耗有很好的作用。

目前国华琉璃厂由于加工过程中出现的环保问题已经停工。但据孙宏利厂长介绍，琉璃厂现如今在环保措施上已经进行了大量的准备，20多名技术骨干仍都待命，各种手续和证件方面也准备齐全，待政策允许后便可恢复生产。2017年时，整个琉璃渠地区有包括国华琉璃厂在内的三家厂子在进行生产，但目前仍在生产的只有一家。除国华琉璃厂外，另外两家规模小，厂子在有订单时才会进行生产。而西山的厂家基本上都已经关闭（图2-25、图2-26）。

图2-25　琉璃厂运营现状

图2-26　琉璃厂调研

第四节　京西石府雕刻工艺品（北京）有限公司：高雨云

访谈对象：高雨云（厂长）

访谈时间：2019年9月27日

一、历史沿革

京西石府雕刻工艺品（北京）有限公司位于石景山区五里坨上石府水乐沟，

主要经营凝灰岩露天开采，石料和金属制品加工，工艺品和收藏品销售，曾给恭王府和香山勤政殿等文保项目供应石府石。

现任厂长高雨云1957年出生，14岁开始上山采石，跟老石匠学艺。1973年，高雨云拜石府村的牛连贵为师，学习石作雕刻技艺。1982年，高雨云在石府村成立"雨云石料加工厂"，正式领工参与北京市古建筑修缮工程。此后的三十余年，高雨云带领工厂的工人参与卢沟桥、香山勤政殿、历代帝王庙、承恩寺、慈善寺等工程的修缮，做过阶条石、腰线石、石桥栏板、石桌石凳、石狮子、门墩和石磨等。2007年，"石府石料开采和加工技艺"正式列入北京市石景山区非物质文化遗产名录，高雨云也成为石景山区石作技艺传承人。高雨云心灵手巧，加上名师指点和多年实践经验，掌握了开山采石、石料加工、雕刻、古建石材的制作等多方面的技术，尤其擅长的是摩崖刻石技艺和石碑雕刻。例如香山公园内的乾隆石碑和"蟾蜍峰"三个大字的补刻和修复，都出自他手。著名古建专家罗哲文和杜仙洲对高雨云的石作技艺极为欣赏，曾为其题写厂名和赋诗。

1983年，高雨云的儿子高阳出生。高阳自小随父学习石作技艺，并参加过多项北京古建筑修缮工程，目前能够独立领工完成石材制作和安装的整套工作。2011年初，高阳开始在全国唯一的一所雕刻艺术学院（河北曲阳）深造学习。

早年，大多数村民以种山坡地和"吃"石头为生，靠开山采石、加工、雕刻石材养活自己。村里原有的两个石塘（"牛家石塘"和"高家石塘"），曾为官府和民用采石，周围不少山坡碎石累累，是数百年来石府人开山采石的"实物记录"。目前根据北京市西部生态发展带定位以及非煤矿山关闭产业政策，北京市国土资源局于2011年11月22日发布公告，对石场和石料加工厂进行集中的整顿并注销了69家企业的采矿许可证，其中就包括石景山区唯一的一家石料加工厂——雨云石料加工厂。

之后加工厂进行运营改革，继续保留着20世纪50年代从事石料开采至今的老师傅，并更名为京西石府石厂，经北京市国土资源局验收合格，后将开采的石场改造成政府要求的阶梯式。京西石府石厂用15万元进行投资，用来剥离和清理石场范围内的山皮和渣土，便于石料开采活动。石厂在供给恭王府和香山勤政殿的修缮工程结束后，便因为政策及环保要求停止了开采活动（图2-27）。

图 2-27　石府村调研照片（左起：高雨云之子、包佳良、王倩、刘宏超、高雨云妻子、刘大可、赵星、高雨云、万彩林、李永革、葛怀忠、薛玉宝、马全宝、石场工作人员）

二、工艺传承

高雨云厂长强调工艺传承的必要性和可能性。石料和传承人两者缺一不可，石料要是断了，传承人也没法做，工艺传承自然也就断了，相反也是。尽管开采受到限制，但是目前京西石府石厂还留有一千多方的石料，其中小料居多。石景山和大石窝两个地区从事石作活动的厂家较多，但是其中从事青石的厂家已所剩无几。现在的石作工匠年龄普遍为 25 ~ 40 岁，到现在这辈也就剩下的是高雨云和他的儿子高阳，还有一百多个在曲阳的学徒。即使石料开采没被限制，活累钱少的石作行业也让大多人不愿意从事。

同时高厂长也强调修缮古建筑要准确把握原材料、原工艺、原形制的原则。青石的开采比其他石材困难，再加上现在的人们更喜欢成色比较通透的石材，例如四川的雪花白、汉白玉，修缮过程会出现白石等其他石材代替青石的现象，如修缮后的卢沟桥，有白石甚至还有瓷砖与青石混用。但是从原材料、原工艺、原形制的原则来看，北京古建筑的使用材料是离不开青石的，修缮古建筑还是要用原来的材料，保护原真性，不能混用乱用，但是由于青石的原材料供给短缺，这样的传承也就自然中断了。

三、运营现状

北京地区的多处古建筑都能见到京西石府石厂的青石，例如双泉寺、西山寺庙的台明等位置都采用了石府青石；近期昭庙修缮工程中的几根大横梁，也是石府青石，就靠青石的横担力才不会折断；卢沟桥使用的是青石材料，下面是花岗岩，桥上一狮两色的狮子，也是石府青石。石府开采和别处不一样，石料是从一个沟里出来的普山开采，石料的大小不受限制。现在的山里存着两块大料，一块是一米多厚，长宽都有七八米左右，可以用来做个大影壁，比“为人民服务”用到的石料都大；另外一块石料，长约 10 米，宽约 7 米，厚约 6 米，后来劈开加工成四块。京西石府的石料珍贵异常，保存在临近北京的地方便于运输（图 2–28）。而且京西石府开采出的石头里包含着红色的石皮，质地硬，如果不注意看就会看不出来。后来石府石厂做了一个石料雕刻样本，是两个颜色的石鼓，能体现出石府石的这种特性。

图 2–28　采石场存料

图 2–29　恭王府所用小青子

清华大学的郭黛恒老师主持设计的恭亲王府、香山勤政殿的修缮工程也是由京西石府石厂供应青石（图 2–29）。文化部造价处为了满足两个修缮工程的石料需求，做了一个所需石料的补充定额，那时青石价格为每立方米 6000 元。现在石料价格高涨，是因为在 2011 年以后，不再允许开采石场了，只能用现有石料进行加工。2015 年环保政策出台，石府石厂开始阶段性停产，之后因为政府的三清清退政策，工厂的大型机械和修建的加工厂房就都被关停拆除。在此期间也把香山的修缮工程完成。修缮工程结束后遣散全厂 130 多位工人，每年春节工人们还会询问复工的事宜。目前的石料只能去河北曲阳加工，运输成本相对变高，像 7 米长的石头，要租 16 米长的卡车，否则吨位不够。同时曲阳工厂近期也给冬奥会的外宾做了两套工艺品，还有另一套送给区政府。

高雨云厂长表示京西石府石厂处于暂停生产的状态，如果采矿许可证再次通过审批后，前期购置机械和厂房，石场简单清理便可以进行开采。50 亩的石场处于适宜开采的状况，没有直接露天，而是表面覆盖着部分水土，也没有受到植被破坏。因为表面的薄土层下都是石砟，植物也无法生长。除石料开采外，石料的加工、雕刻、安装等也有工匠可以随时投入工作（图 2–30 ~ 图 2–33）。

图 2-30　采石场现状

图 2-31　采石场调研照片 1

图 2-32　采石场调研照片 2

图 2-33　石府石雕刻展品

四、未来展望

高雨云厂长表示，为了保障古建筑修缮使用原材料，有关部门要确定恢复工厂生产的依据，在满足环保政策等的要求下，石场能够在有规划的条件下进行开采生产。在石料开采方面，山皮已经剥离，却一直荒废闲置。现在也不再使用开炮采石的方式，用炮的话对石料也有损伤，更多的是使用膨胀水泥或者带轨道开山锯等常用方法。在环境污染方面，对于开采石料造成的扬尘，采取用水降尘。废水再放进澄清池中进行循环使用，沉淀出的是石青，可以用作颜料。

第五节　北京力达顺石灰厂：俞忠华

访谈对象：俞忠华（厂长）

访谈时间：2019 年 10 月 15 日

一、历史沿革

北京力达顺石灰厂位于北京市门头沟区潭柘寺镇鲁家滩村，是一家生产石灰及相关制品的公司。其产品主要供应北京地区各行业的用灰需求，包括文物保护建筑和历史古迹的修缮，如2015年为天安门皇城墙和故宫建筑修缮提供的红山土和泼灰混合材料。

北京地区石灰的产地主要有海淀区、丰台区等，曾经位于丰台区的大灰厂一直在供给北京地区各行业的用灰需求。北方官式建筑的营造离不开石灰（白灰）的参与，古建筑上所用的灰料虽然取材容易，但是在烧结上比较复杂。原始的石灰烧制通常采取窑烧法，即选取土坡位置挖洞（洞深10米、宽6～7米），用砖料或者块石在洞中垒砌一个炉，上面做堆料池。燃料最早用木炭，后来也开始用散煤。石灰窑做好之后，将石料装入窑内，反复添加燃料煅烧，等到料池中的石块基本灰化时停火，待其冷却之后卸出窑外，最后将烧制成的粗灰倒上灰筛，筛去大颗粒物，便得到洁白如雪，细腻如粉的成品石灰。这种传统的露天式石灰窑，工艺原始粗放、耗能高。在此基础上，传统石灰窑经历了一系列的演进和发展，修建时多选取依山或靠崖的位置，同时还在火焰走向和热量利用等方面不断改进。发展至今，传统的石灰窑已经由直筒窑发展为套管窑、旋烧窑等，从换热形式、供热能源和形式等方面都有了极大的发展和进步，而且更为环保。旋烧窑的成本比较高，套管窑各方面比较平衡。窑体发展的过程就是提高能源使用效率、提升环境保护水平的过程（图2–34、图2–36）。

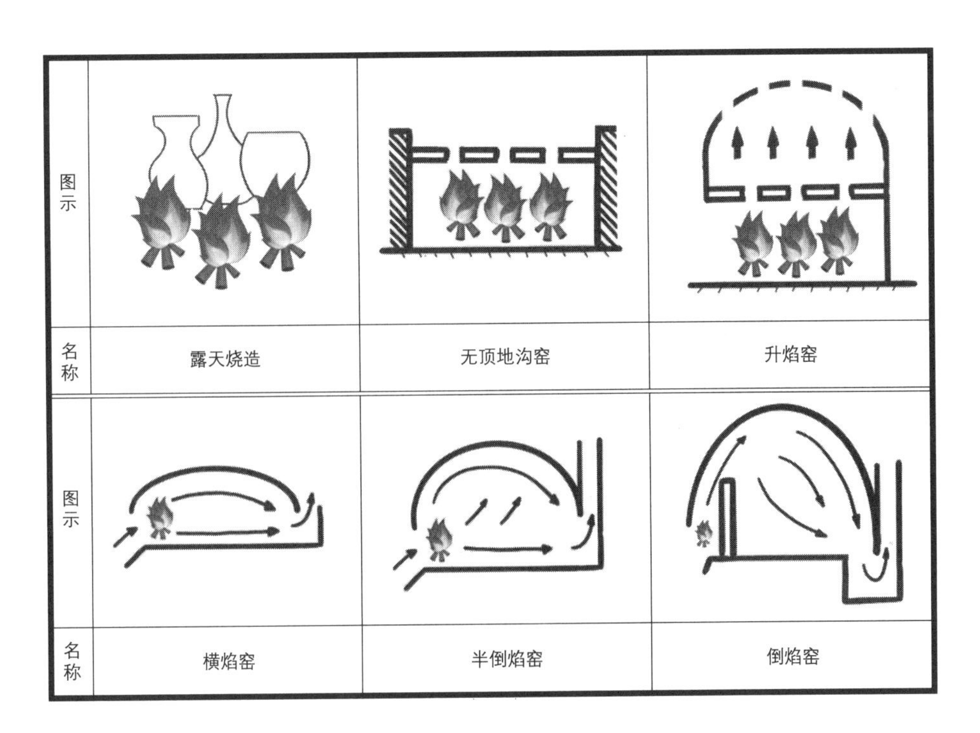

图2–34 窑体形态演进图

图 2-35　白灰厂调研

图 2-36　清代窑体

二、工艺传承

石灰烧制完成后一般是先做泼灰。泼灰是指泼水消解的粉状石灰，将出窑的生石灰块批量摊开后，适量将水反复均匀地泼洒其上，与此同时用三尺子（一种安有木把的三齿灰耙）反复搂动，然后将其重叠堆放，闷发成粉状的灰面后过筛。石灰筛完后开始做青灰，青灰本身是一种矿产，和矸土复合在一起。石灰是做青灰的基础原料，把青灰用水消解开，一层白灰，压一层青灰，每层大概 5 厘米，堆叠至两三米高熟化待用。灰土的熟化时间一般是一到两天，最多不超过七八天。熟化时间的长短决定使用部位的不同，熟化时间短的灰用来砌筑，熟化时间长的灰用来加颜色上墙。除了这种常规的灰之外，还有一种反应时间较久的慢性灰，慢性灰需要和水汽慢慢反应，大概需要 30 天，其颜色通常是黄色，遇水之时不会立刻散开，而是等水分干了之后才成粉块，从大颗粒到小颗粒慢慢改变形态。原材料方面，现在使用较多的是石灰岩，煅烧生石灰用的石灰石一定要质量上乘，因为如果石块的质量不好，碳酸钙含量低，铁质矿物含量高，烧制之后便会出现局部颜色发蓝发黑的现象。为了避免这个问题，需要在前面选矿石之时就要选质量好的原材料。过去选取矿石经常依靠经验判断，现在可以借助科学仪器设备进行化验选料，这就大大增加了选料的科学程度和质量标准。除了选矿石之外，后续其他各个环节也需要仔细把关。比如之前泼灰的制作，关键在于一个“泼”字，即泼灰时的水一定是泼出去的，而不能用水管漫灌、淋洒，泼水耙散之后，一定要过筛。通过筛网过滤出来的大颗粒的灰块，即便在当下不能使用，也要储存起来，这些灰快有的是慢性灰，隔一段时间再次使用还能出灰。

烧灰的传统操作手法是直接架火高温煅烧，制作、衍生出的产品种类很多，常称作“九浆十八灰”，分别用在不同的地方，其使用方法和功能也各不相同，正是这些形态各异的灰浆，共同组成了古建筑营造过程中不可或缺的重要部分。

三、运营现状

现今北京地区只有潭柘寺和房山还能出烧石灰的矿，并且产能的数量也可以得到保证。因其特性原因，白灰的生产容易出扬尘，但是可以通过改进生产方式等手段进行控制，例如生产进厂房，泼灰不接地等。就其储存来说，做好的备灰如果不和氧气接触，一般不会发生变质，但是如果长时间存放，还是会影响其质量，如泼灰等产品，存放时间愈久，品质就愈低，最后会像水泥过期一般强度降低。古建修缮需要的石灰制品要求较高，最好还是根据修缮工程的使用时间来生产。泼灰的保存使用时间最好 100 天左右，如果放置半年氧化，表面就钙化了。所以备料时要堆高 2 ～ 3 米，尽量减少氧化量。

在原材料的生产与供应方面，现在只有一些规模较大的企业可以从事开采与加工矿石的工作，首钢就是其中之一。首钢的鲁家山矿，采用的是悬烧窑，煤粉在电脑控制下投入燃烧，余热用来温石头，这样既能节约能源，还可减轻污染，通常可用于炼钢、脱硫等工序。大企业生产的矿石去向主要有两个，一个是外运，一个是给搅拌站，俞忠华厂长的灰厂现在也是需要从大企业处买进灰石进行生产加工。石灰本身属于绿色建材，但是开采的过程会产生一些污染，针对这一问题，现在已经有成熟的环保方案来解决，并已经完成了实验检测和设备配备。力达顺石灰厂和河南的设备厂家合作，采用机械化电脑配水、选灰，余料的灰渣也在二次加工后用于其他建设使用，基本上已经达到了很高的环保水平。

在加工方面，现在有了新型的泼灰，制作过程更为环保。在烧窑的能源方面，已经由污染较严重的传统柴火窑转变为新兴能源供能的现代石灰窑，对环境的污染已经降到了最低。河北易县八里庄有一个灰窑，采用了新型的固体窑技术。除此之外，还有煤油窑、煤气窑、电气窑等，但是这几种窑体建造的成本较高。通过这些现状可以发现，未来为古建修缮工程生产泼灰和泼浆灰仍然存在一些困难（图 2-37 ～图 2-40）。

图 2-37　北京力达顺石灰厂

图 2-38　石灰厂泼灰现场

图 2-39　洗灰装袋

图 2-40　洗灰封袋

第六节　北京集贤丰泰古建筑材料有限公司：刘英德

访谈对象：刘英德（厂长）
访谈时间：2019 年 10 月 23 日

一、历史沿革

北京集贤丰泰古建筑材料有限公司位于大兴区旧官镇万聚庄万德街，公司主要经营产品包括加工血料、砖灰、灰油、生桐油、光油。其产品主要供应北京地区重大文物保护单位的工程修缮，如中南海、天安门和香山公园，材料供应稳定，且满足文物修缮要求。

公司前身为血料厂，创办始自 1937 年日军侵华战争之时。当时刘英德厂长的师傅石学来还是一名学徒，白天捡砖灰，晚上提木桶发血料。新中国成立之后，公私合营，血料场被并入北京生化制药厂，后来生化制药厂南迁并入生产大队，所有设备留给刘厂长等人。从 1978 年开始，刘厂长继续负责血料厂的工作，并在村中置办了几间房子，就这样一直坚持着（图 2-41）。

图 2-41　刘英德厂长

随着北京逐渐城市化，缺少加工生产的地方。大约 2008 年北京奥运会前后是血料厂的一个高峰，而血料厂真正困难的也是那两年。当时环保抓得特别严，尽管血料厂各方面都能达到环保标准，但由于北京地区所有加工企业都在落后产能清退的范围中，只有一些服务型的企业留下来，因此血料厂无地方加工，也无法审批立项。

二、工艺传承

20 世纪 80 年代，由于市区不让宰猪，刘厂长在顺义找到屠宰场解决了这个问题。如今血料供得上，灰油、光油也不存在原料资源问题，河南孟县的麻，江西的纱布，广西、贵州凯里、四川广元的桐油也都能供得上。如今最主要的问题还是在于加工场地。

具体制作工艺上，首先是血料方面，先从屠宰场装袋拉回血料厂，回来后进行发酵，再以烧好的生石灰水混合血料（生石灰水是生石灰块加水煮沸，过滤石块所得）。其次，砖灰方面，血料厂所用砖灰是老砖粉碎而来，几十年前用的老砖都是几百年前的，但是现在北京地区的老房子不让拆，大部分老砖是一百多年的；面对这种情况，刘厂长从 20 年前开始囤砖，至于为什么非要用老砖，刘厂长做出解释，相较于新砖，老砖经历了一段时间，因此性质不会产生变化。但现在问题在于，或许存砖的地方都没有（图 2–42、图 2–43）。

图 2–42　血料厂生产的血料

图 2–43　库存血料

三、运营现状

在原材料方面，目前每年产砖灰 1000 多吨（以前年产 2000 多吨）、灰油 2000 吨、血料 100 来吨，基本能够满足北京地区古建修缮工程的需要。

在加工方面，由于北京地区无法进行，刘厂长便选择在河北加工，但是也并不固定。供料的过程同样存在困难，如之前桐油由工人熬制，现在乡村城市化导致没有地方进行加工。尽管刘厂长的工厂在环保方面能够达标，但还是因政策受到一定的限制。首先是熬油，过去熬油分季节，支大锅、生火，如今在北京范围内不允许这类操作，因此刘厂长采购大电锅，锅上扣罩，配备油烟处理机（内有活性炭可吸附油烟）。血料加工对场地的要求并不是很高，只要小片场地即可，血料买回后掺入石灰水也不会造成污染。砖灰加工过程略有灰尘，但只要砖不太干，稍加湿润，在粉碎时加点喷雾，几乎无粉尘产生。

在制作工艺方面，刘厂长说一定要采用传统的工艺，有时材料置办刘厂长不放心，便亲自看工人做。比如，假如桐油有问题，用勺子舀起来，若掺水过多就会起沫。对各类材料的质量把控，刘厂长有一套自己的标准和心得。在这样的严格把控下，制作不仅能保证原工艺，技术传承也没有大的问题。目前刘厂长的徒弟都在河北，一起共事 20 多年，发血料、熬油、制砖灰，各人分工明确（图 2-44 ~ 图 2-46）。

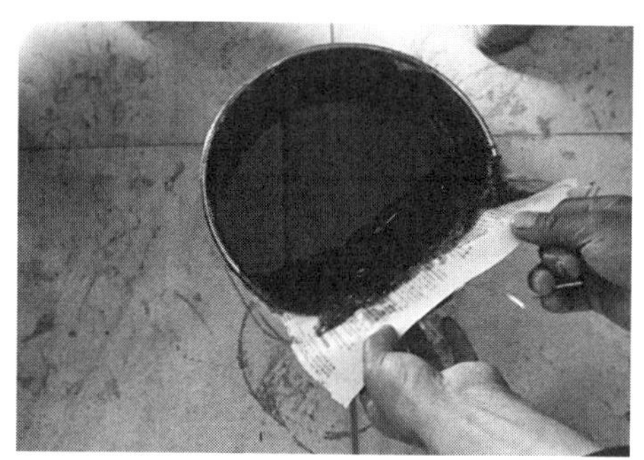

图 2-44　光油

图 2-45　库存光油

图 2-46　库存麻

第七节　北京庄臻豪贸易有限公司：庄金清

访谈对象：庄金清（厂长）

访谈时间：2019 年 10 月 23 日

一、历史沿革

北京庄臻豪贸易有限公司如飞木材经销部位于朝阳区黑庄户乡双树北村，主要经营木材和建材，木材产品主要包括樟木、柏木、落叶松等。公司规模较大，日常会为北京地区的重大文物保护单位修缮工程供应材料，公司内也有进行传统手工艺加工的师傅。

庄金清厂长是莆田人。作为福建省面积最小的地级市，莆田人多地少、资源贫乏、“无木生财”。莆田远离森林，不是木材生产地，却被誉为“中国木材之城”“中国木雕之城”和“中国古典工艺家具之都”。莆田人做木材在全国都是出名的，从 20 世纪 80 年代开始，莆田人挑着木蒸笼闯荡东北做起木材生意，从单枪匹马发展到合伙经营，莆田人的足迹遍布北京、上海、济南、南京、武汉、昆明等地，把木材生意做遍全国。“莆田帮”也在全国木材行业声名鹊起。据介绍，莆田人在外地从事木材经营的约有 16 万人，经营企业 8 万多家，中型规模以上企业有 800 多家，年创产值 100 亿元。[①] 莆田人自然也没有放过需要大量木材的古建筑行业，可以说，目前北京地区的古建筑木材的生意已经被莆田人垄断。木材质量好，价格实惠，服务好也逐渐成为莆田木材商的标签。

万事开头难，庄金清厂长刚开始做木材生意的时候也很困难，每单生意都需要他一家家公司的跑，去跟客户介绍自己产品的优点，中饭往往只能啃个馒头，因为下午还要继续跑生意，公司就是这样一点点做出成绩的。目前木材厂供应的材料有樟木、柏木、落叶松等，古建产品做得比较多，新建商品例如木质门窗也会做。现在庄厂长的公司不仅仅提供木材，还提供加工的场地，甚至还能为客户提供住宿，文物修缮人员可以直接在厂里加工木材（图 2–47）。

① 张娟娟，陈杰．莆田欲借“海峡西岸经济区”实现后发 [J]. 中国经济周刊，2005（47）.

图 2-47　庄金清厂长

图 2-48　风干的木料

二、工艺传承

目前公司的木材在加工方面已经实现了完全的机械化。厂内也囤积一些木料，木料自俄罗斯拉回，古建公司挑选剩下的材料就会囤起来，囤料的时间不宜过长，否则木材容易开裂。囤料的时间一般是三年左右，为了避免木料断裂使用自然风干，风干后板材的含水率大约是 7% ~ 8%，风干料和新料的价格也不一样，每年风干料的供应量可达 6000 多立方米，主要用于文物修缮（图 2–48）。

三、运营现状

目前北京庄臻豪贸易有限公司面临的较大问题是木材厂没有固定的加工场所，时常在转移。出于环境保护的考虑，木材厂的地址几经转变，现在位于北京、天津、河北几地的交接地带。

需要正视的还有木材厂的污染问题，主要包括噪声污染和粉尘污染。噪声包括加工木材时的、叉车和柴油车运作时的噪声；加工木料产生的大量粉尘，每周都需要清理一次。

庄金清厂长表示，选择厂址的问题他们一直在考虑。如果未来北京市给予一定的控制指标和要求，木材厂会尽力达到环保要求，并在政府扶持下按要求建厂，在政府给予一定的补贴的前提下专供文物修缮，或者 60% 用于文物修缮，40% 用于仿古建筑，集中加工场地，进行严格管控，这种情况下，他们还是愿意回北京建厂加工生产（图 2–49、图 2–50）。

图 2-49　加工好的枋木

图 2-50　加工好的柱子

第八节　北京石窝石友雕刻厂：石友

访谈对象：石友（厂长）

访谈时间：2019 年 10 月 24 日

一、历史沿革

北京石窝石友雕刻厂位于房山区大石窝镇石窝村，主要经营大理石工艺雕刻、大理石板材加工、建筑材料、古建园林、园林绿化。雕刻厂还曾供应人民英雄纪念碑、王府井主教堂等重点单位的石材。

据石友厂长回忆，雕刻厂旁边有座青山，过去工人早上升旗以示意开工，石料生产场面热闹非凡。最近几年，为了响应国家环保号召，矿山因开采造成环境污染而停掉。工厂主要生产小青石、青白石、汉白玉、花岗石。其中花岗石除了用于古建筑中的桥梁，还有一些现代建筑也在使用。以前石料都是用冰上运输的方式从房山运往北京，17 米的大青石要先进北京故宫，才能开始建北京城，以至于有“先有大石窝，后有北京城”的说法。坊间还传有“大青不动二青摇、三青落在卢沟桥”的顺口溜，说的就是房山上方山三块神石的传说，这些在县志里都有记载。大石窝的石料有十三弦，即大石窝石料的十三个品种：汉白玉、明柳、砖碴、大六面、小六面、芝麻花、大弦、小弦、黑大石、黄大石、青白石、艾叶青、螺丝转（图 2-51）。

图 2-51　石友厂长

二、工艺传承

矿山现已关停四五年，过去的矿场都已经有了别的模样。曾经的汉白玉矿坑最深可以到 40 余米，现今有的变成水池，而大部分都已填平，有些汉白玉矿场则成了公园。位于豹儿沟的石料厂已经关停十几年，石友厂长介绍说，之前常去购买石料的南豹沟矿场也因环保关停，曾经买料的厂大多都已经联系不上。这里的厂子其实已经开了二三十年，父辈们修建人民英雄纪念碑便是用的这里的石材。现今由于环保要求，北京市内都不能加工石材，所以现在都拉原材料去河北、天津去加工，石厂长在河北曲阳也还有别的工厂。

三、运营现状

石友的石厂为个人承包，需要有开采许可证，现在几乎难以办下来，因而许多曾经的石材厂家都已纷纷转业。剩下的场地主要处理存料，并且越卖越贵。现在加工好的小青石可以卖到五万每立方米，而以前只要五六千每立方米。现在汉白玉可以卖到一万多每立方米，以前则是一千多每立方米。除此之外，石厂在环保要求、场地、政策支持等方面都面临问题。

现今古建筑修缮中如若使用石材，应和政府请示，得到文物局特许，在固定点由专人开采。石材厂在过去为北京市建材局下属单位，以前建毛主席纪念堂的时候，汉白玉的开采是国家投资。现在只能是政府批准可以经营，和以前有了本质差别（图 2-52、图 2-53）。

图 2-52　工厂运营现状

图 2-53　石友雕刻厂采访合照（左起：刘宏超、赵星、葛怀忠、刘大可、石友、刘姿君）

煤餅燒石成灰
燒蠣房法

第三章

北京官式古建筑修缮专家访谈

在本章，我们通过总结“北京市文物局2008 ~ 2017年文物保护工程专项经费执行情况基础信息采集”课题的研究成果，梳理出十年间参与文物保护工程较多的单位，针对参与文物保护工程设计、施工、监理较多的单位，联系到包括马炳坚、刘大可在内的多位专家学者，根据主要传统建材的生产、采购到使用的各个环节提出问题进行访谈。在访谈过程中，各位专家学者讨论了对古建筑常用材料的现状认识和供应情况变化，并从文物建筑保护的原则出发，分析了传统建材现存的问题、技艺传承的问题以及对传统建筑保护的影响，并结合今后传统建筑材料的发展给予一定的对策和建议。

第一节　马炳坚老师访谈

访谈对象：马炳坚

访谈时间：2019年5月7日

马炳坚简介

马炳坚，高级工程师，资深古建专家，《古建园林技术》杂志主编，北京首开房地古建专家顾问，北京市历史文化名城保护专家委员会委员，中国勘察设计协会传统建筑分会顾问等。从事中国古建筑施工、研究、设计、教学、办刊等工作50余年。代表性著作：《中国古建筑木作营造技术》《北京四合院建筑》《五十年传承与思考——马炳坚传统建筑设计作品集》等。曾参与天安门城楼的修缮，北海公园、中山公园等的大修，设计项目包括美国华盛顿中国城牌楼、澳门渔人码头中国城方案、武汉归元寺圆通阁等50余项，为中国古建事业做出了突出贡献（图3-1 ~图3-3）。

图3-1　马炳坚老师（右）访谈1

（访谈人：包佳良）

图3-2　马炳坚老师（右）访谈2

（访谈人：刘宏超）

图 3-3 马炳坚老师（右）访谈 3
（访谈人：景廉洁）

一、传统建筑材料现状问题

（一）砖瓦

北京地区几种传统建筑材料的生产目前的情况都存在一些问题。首先以砖瓦为例，首当其冲的就是烧制砖瓦的场地问题。砖瓦厂选址一般要先看选址位置的土的种类和质量。北京房山地区原来有一些砖瓦厂，大多规模很小，现在都已经搬走了。同时，传统砖瓦有不同的尺寸和不同的种类，制作不同的砖瓦需要的模具和窑体也不同。

其次，从烧制成型的砖瓦质量方面来看，现在砖瓦越做质量越差，究其原因，一是传统工艺没有得到很好传承，二是市场需求量大，工艺要求高会造成产量降低，影响经济效益和销售。比如说，现在砖瓦都改为了机器制砖，而以前烧制砖瓦所需的土要放置一年，在制坯之前，还要人工踩到密实，再经过筛，才能达到手工制砖所需要的用土标准。

过去卖砖，尤其是城砖，都会在砖上盖戳标明生产厂家和生产日期，也就是现在的岗位责任制。而且过去卖砖都会按分量卖，一定规格尺寸的不够一定的分量，就属于不合格的产品。反观现在卖砖都按块卖，质量、大小都有一些缩水的问题。另外，厂家常常为追求经济效益缩短工期，并且缺乏监管制度，所以产品质量比较差的砖同样大批量地卖出去。

虽然现在已经出台很多规范，对产品质量的要求也逐渐增多，但是行业内仍然存在一定的问题。有要求没检查，有规范没惩罚，违法成本很低，种种原因导致存在的问题很难得到有效治理。

（二）木材

木材作为建筑结构主要构件，关键的一步就是干燥，否则就容易产生开裂，砌筑在墙里不通风则会造成腐朽。修缮天安门城楼的进口原木直径在一米五左右，十一二米长。北京房管局木材加工厂进行加工制作时非常潮湿，然而木材干燥时间不过只有半年，总共 7 个月时间便组装起来。像这样木材没有完全干燥便使用，是现今古建修缮中一直存在的问题。

木材有以下特性，凡是做结构构件的，不能用烘干、烤、煮等人工的方法去干燥，因为这样做会大大降低木材强度，对于木材是一种极大的损坏，也就无法作为建筑的主要结构构件。木材里面有天然的有机质和无机质，阴干后会成为结晶体，组成了结构的一部分，对木材强度起到加强的作用。买毛料进行构件制作需要考虑木材的出材率，如天安门城楼这样体量的建筑，需要该体量所占体积的 2/3 体积的木头，做梁枋大料出材率 70%，做斗栱一类的木料出材率 50%，做门窗的木料出材率 30%。

在木材供应方面，现在经营的木材厂商国内外都有，但主要是民营企业。由于中国目前不允许大规模砍伐树木，所以木材主要来自国外，多来自俄罗斯、加拿大、澳大利亚等国家。同时考虑木材运输的因素，木材厂多设在水运比较方便的地方，比如江苏的张家港。另外，北京的环保相关法规对于木材厂的选址也产生较大影响。

现行市场上的传统主材与历史上的主材存在哪些差异是值得研究的一个问题。在建造应县木塔的时候，为了所需木材周边的山都伐光了，而当时采用的木料有红杉木、老黄松等，含油脂非常高。从明代开始，建造宫殿和北京城用到了大量的楠木，修建造城一共 18 年，其中购置木材就花了 10 多年时间，所需的楠木主要是从云贵川地区运来的。从明晚期到清中期，房屋建造所用木料主要改为了老黄松木。到了清后期，改为了用红白松。而到近代，红白松都没有了，只好改用落叶松等木料，其质量也就存在一些问题：变形严重，粗糙，爱扎刺等。而其他种类的木料，如老榆木在农村可以盖房也可以做家具，杨、柳木不适合建房，樟子松比较脆，也不宜用来作梁、枋、檩类构件。

（三）彩画油漆

说到彩画和油漆的颜料，过去使用的颜料大多是石头磨出来的矿物质颜料，颜色非常稳定，基本不褪色，而现在的彩画大多使用化学颜料，两三年时间褪色就很严重。产生这样情况的原因是优质的原材料比较贵，而且厂家比较少。

再看现在唐卡的颜料，还依然保持着最原始的做法和材料，依然使用的是矿物质颜料，国画中矿物质颜料和植物颜料也使用的很多。彩画使用的多是化工原料，颜色不柔和，也格外的鲜艳刺眼（图 3-4）。

图 3-4　彩画颜料

二、技艺传承问题

文物修缮和别的建造工程甚至仿古建筑都不一样。文物修缮，应该作为国家的一项事业来做。但是现在的很多行业现象，如职业资格挂靠、价格最低中标、向五一献礼等都使文物修缮这项事业变得太市场化，在修复国宝这件事上如果过于追求经济效益，很容易适得其反，不能从制度根源上很好地保护古建筑。

日本和欧洲国家在古建筑修缮方面就做得很好。比如日本的一个大殿修了十年，不规定工期，把文物修缮当作考古工作来做，格外细致和认真。所以，文物修缮，不应该是一个急活。

马炳坚老师说到，如果真要说建议的话，他觉得应该改变当前文物修缮的机制，解决材料储备和技艺传承的问题。一个省或一个地区，文物部门应该有自己的文物建筑修缮队伍，保证修缮工程的质量。现在包工队的工人水平参差不齐，工艺传承、工程质量、材料供应等方面都是问题（图 3-5、图 3-6）。

图 3-5　访谈地点：北京房地集团古建工作室

图 3-6　参观北京房地集团古建工作室

第二节　张克贵老师访谈

访谈对象：张克贵

访谈时间：2019 年 5 月 20 日

张克贵简介

张克贵，故宫博物院研究馆员、高级工程师，故宫博物院学术委员会委员，国家文物局古建筑、近现代重要史迹及代表性建筑专家组成员，国家文物局消防、技防、雷击防护专家组成员，北京工业大学研究生兼职指导教师，《古建园林技术》期刊编委，北京市文物工程质量监督站常务顾问等。

中国紫禁城学会创始人之一，曾任紫禁城学会副会长兼秘书长，曾为中国艺术研究院研究生导师，曾担任全国安全技术标准化技术委员会委员，全国雷击防护专业委员会委员等。

主持编写并出版了《紫禁城建筑装饰——内檐装修图典》一书，先后出版了专著《紫禁城建筑——思想与时空的节点》《太和殿三百年》，主编出版了《紫禁城建筑保护与研究论文集》，先后发表文物建筑维修保护方面的论文多篇（图 3–7、图 3–8）。

图 3–7　张克贵老师（右一）访谈

图 3–8　访谈合影（左起：刘宏超、包佳良、张克贵、景廉洁、刘姿君、王阳）

一、传统建筑材料现状问题

北京地区的传统建筑材料，主要分为七八个大类，包括琉璃材料、青砖材料、青瓦材料、石材、灰、砂、土、木料、油、染料等，即常说的瓦木油石灰，再加上砂、土等。北方地区我们讨论相对近一些的时代，也就是元代、明代、清代、民国及新中国成立后的情况。

（一）砖瓦

北京地区的砖、瓦和琉璃构件用量都比较大。青砖在北京地区有两种情况：一种是官式建筑、官修构筑物，如长城之类的城墙，包括北京城和宫城的城墙，宫殿建筑以及寺庙和陵寝建筑；另外一种是小式建筑。高档的砖基本都用于官式建筑，而且不用于室外地面，大多用于室内，比如金砖。金砖现在还能见到且没有失传，但是制造难度很大，市场价格和定额价格也有一些矛盾。金砖唯一的生产地是苏州御窑镇金砖，当年是由康熙提名。明代如果也用金砖的话也是这个地方来的。现在很多地方见到的不是传统意义上的金砖，广场用的金砖其实应该叫苏州砖，仅仅是选取土质比较好的土，烧好后比较坚硬。之所以只能在室内，是因为砖越硬，冻融性越差，容易开裂，用在室外和话，温度一冷一热更容易炸裂。而且这种砖没法再加工，只能用机器切。所以，金砖应该还是用到该用的地方去。

如何恢复之前的工艺，体现当时的工艺价值？目前存在的困难表现在两个方面：一是土质问题，在20世纪八九十年代，包括21世纪初期的时候，故宫博物院的专家去苏州做过考察，将包括御窑在内的周围好几个厂子的砖都找来，质量其实差别很大。由于地理因素，如长江弯道等原因，使得只有这个地方的土质适合做金砖。制作御窑金砖的土是长江沉积下来的土，只存在于这个地方，现在面临的原材料问题是原来的土质已经没有了。2016年前后，御窑的原厂迁走，为了保存原有材料，和当地商量后取了两大山的土做预备材料暂时解决这个问题。二是工艺问题，工艺虽然没有失传，但是太多年不这么做了，不过如果用心寻找老的工艺还是可以找到。2001年前后，故宫曾经有过这样的做法，希望按照原有手艺方法烧制一些金砖。在定额上每块砖的价格大约在300元，当时给出了500元一块的价格去烧制。最后等到七八月坯子应该成了要进窑时，厂家来电话说不行了，这批砖全没法要了，砖坯都塌了。为什么呢？是没有晾坯子，环境有变化吗？还是取土和之前有变化吗？厂家解释说应该比之前淋得更细，土放到池子里，让杂质沉下来，把水抽出去，让好泥出来，但是淋太多次也不行，把土的劲道劲儿淋没了。因而工艺的传承的确存在很大困难。实际上在迁厂的时候砖厂留了两个窑，建了苏州御窑金砖博物馆，真正按照老办法立了一个老窑，按照老手艺还在烧。现在金砖的烧制更多的是演示，目的是不丢掉自己的工艺。而工艺不仅仅是失传的问题，还受包括价格等很多问题限制。如果有可能，故宫要在那里做一个材料基地，一年取土，二年制坯，三年烧制，3 年的时间能够烧制一批，那么一块价格要 5 万元。御窑曾经以半送的性质送给故宫一些砖，1 万元一块，质量还是比较好的。

环保问题对砖的生产也是很大的一个制约。过去在北京之外还有一个买砖的渠道是山东临清砖，但是在实地调研的时候发现，好多厂家遇到同样的问题，即砖厂离开临清后，土质不行了，烧制的砖也就不行了。随着土质衰落，清代后期各种砖厂规模越来越小，到了民国基本上已经没有，只有一些老百姓用的窑还在使用。1998 年前后调研时还能看到六七口砖窑，不过周围都是耕地，砖窑已经成为当地的一个历史遗迹。后来政府在整理传统文化遗产的时候想起来了这些砖厂，之后起土烧砖的厂就更少了。

以前北京地区用在院落里的大多不是临清砖，附近的一些寺庙、城里的老四合院，基本上是北京郊区或河北一带的砖厂供砖。现在还能查到一些历史痕迹的有房山、窦店等地的砖厂，易县、蓟县还有一些砖厂变化很大，同样，他们在采购渠道和质量方面都存在一些问题。受政策影响，可以采购砖的地方越来越倒退。21 世纪初北京地区还有几个砖场，窦店、蓟县等可以烧手工砖瓦，而现在北京地区已基本没有。这几年，北京地区用的多是河北的砖。河北任丘，由于离大城市远被封杀的慢，断断续续烧过砖。任丘砖唯一的好处是还在用手工做，颜色好。如果青砖呈蓝色且比较均匀，那大多是产自任丘。河北易县，则是做了土坯子到山西去烧。河北定州的一座砖厂得到了文物局支持，烧制的砖的质量还不错，结果现在也已停工。

而其他地方的砖，去辽宁都买不到砖，去山西买砖，但是山西的砖只能用在山西，当地土质发白，砂性大，黏性小。砖的颜色都是泼水泼出来，不泼水红色，泼水蓝色，然而山西的砖怎么泼水都泼不出来。

如今砖的质量一年不如一年，烧砖工艺也越来越差，越来越简单，有两个原因。首先是烧砖用的土取回来之后应该隔一年，不能当年用，一是静静性子，不能用熟土，应该用生土，经过一年风吹雨打晾熟；二是把酸碱物质去掉，现在经常可以见到的返碱，就是使用了当年土的原因。其次，现在是机器搅动替代人工来把土弄熟。当年取土会大量运用机器以节省人力，但是头一遍可以机器，后面还是要人工来做。究其根本原因，是受政策、造价以及环保一票否决权的限制。环保方面，苏州的砖厂在消尘方面就做得比较好，所以要在材料生产链条中所有的环节上找问题，既有市场问题，也有政策问题，而政策问题影响较大。所以政策如果只是倾斜于环境等，原材料等各方面条件都在后退，文物修缮保护便都是空话。

文物修缮还是需要一些扶持的政策，只要达到环境要求就可以予以通过。建筑材料问题需要文物部门有敢于担当的人，国家文物局需要自己的一个文物材料定额，要把自己的定额做出来。现在有的定额还是没有脱离原来房屋修建的定额，文物建筑的定额应该不一样，最重要的是抽工程量，比如修一根椽子，根据定额修十根 15 元，而实际价格是修一根椽子 100 多元。

关于北京地区的瓦，门头沟曾经被称为北京第一瓦厂，现在的厂子便是过渡于那个时候。瓦的需求量不稳定，没法储存，用量也不是很确定。同时，由于政策与修缮工程情况不配套，衍生了诸多问题。从材料采购来说，比如工程今年定下来，材料因其特殊性明年才能置备齐全开工，资金该如何审批，材料采购也就不能正常进行。从工期限制来说，现在是项目、计划、方案的程序，本应该是明年开工，但方案如果今年通过不了，那么工程遥遥无期，而且工期定下还不能往下拖。所以应当根据自己所属单位，可能会有多少工程，需要多少材料，有计划之后出去订。瓦的情况和砖相类似，但是问题可能更严重。真正手工瓦越来越少，北京修一些故居都得去河北省找瓦，蓟县、易县分别还烧一些，还有临清也烧一些青砖青瓦。工艺问题其实很少是本身的问题，大多是别的问题引来的，硬件条件不支持带来的工艺问题。

机制的砖瓦除了观感还存在其他一些问题。如机制瓦一定是压的而不是自然成型的。比如苏州的砖都是自然干的。当地土好在哪里呢，土成型后，五成干就可以立起来，然后不断翻面，来自然压实。手工的砖在加工的时候能成活，机制砖成不了活儿。手工砖可以砍斜面，7.5 公斤的强度，密实度，肯定都均匀的做到。机制砖要做斜面，只能切割机来切了。

机制瓦和手工瓦相比，容水率也不一样。手工瓦有一定的空隙，吸收雨水，挥发很快。越是结实的瓦，挥发得越慢。压的机制瓦看起来结实，寿命其实还短；手工瓦有吸收性、柔性，寿命还长。部分礓礤用到的砖石，经过冻融性测验，手工的砖石可以承受 15 次试验，比机制的要好很多。

（二）琉璃

琉璃厂，供琉璃构件，本来厂址是在市里，后来逐渐推到西山地区。琉璃局最早是附属于故宫，后来划归到建材局。故宫当时使用的材料来自两个琉璃厂，门头沟琉璃渠和海淀上庄。门头沟的琉璃厂主要也是原材料的问题，从土窑变为串窑，主要问题是所需的煤矸土是煤层和黄土之间的土，这种土已经逐渐没有。工艺上来看，那里的琉璃构件的烧制质量还是可以的。而制坯的流程也很重要，同样制坯不能用机器压。琉璃的配比手艺不太难，和镏金的道理是一样的，瓦坯子要先烧成型，再浇琉璃釉，看不出来流的便说明是洒上去的，有流淌印痕的就很好，有很舒服的渐变的颜色。如果是现有的北京地区的琉璃件、琉璃瓦，现在仍然还能供上。但如果只是供文物修缮，用量太少，工厂生产困难。北京很多文物建筑并不申报国保，如何能够把文物保护变成一种常态的事情，也是一个大的课题，这也能从一方面对原材料的保证更有益处。

（三）木材

就木材来说，北京本地基本上没有或很少出产，所以不管是结构还是装修木材，都是选用外地的较多，外地的名贵木材多用在家具上。我们不讨论家具用的木材，只谈论用在建筑上的。建筑用材也分为名贵木材和普通木材。名贵的木材多用在结构上，主要是楠木。从史料上来看，它们的产地和来源基本上都有记载。楠木多产自两湖地区、云贵地区、四川地区。能够采购到的楠木，在好多典籍上也都有提到，而唯一有文字证明的、标明产地的，是位于浙江宁波的慈溪市慈溪沟，嘉靖年代便在此地采购楠木。在古代为朝廷提供木材是一份荣誉，为纪念此地曾经为皇家供应木材，开采木材区的悬崖上题有一首诗，现在更是作为全国重点文物保护单位进行保护，而这也说明古时候有相当一部分木材是在那一带采购的。传统建筑的木材中杉木做檩条比较少，做椽子的比较多。再就是普通的木材红松和白松，红松大量用在梁檩，而白松大多是用在装修，部分椽子构件也用白松。

北京的官式建筑主要结构构件都是用的楠木，早期的建筑物比如明十三陵，留下的老建筑都是楠木。在楠木中实际上是没有“金丝楠木”这个种类的，所谓的“金丝楠木”是楠木里面的胶质保存得比较完整，随着时间的推移产生了一些物理变化，材质变硬了之后在木质里面保存了下来，因为在光照下很亮，使这种木材获得了“金丝楠木”的名称。明初修建故宫时，大木构架都用的楠木，清代之后则多用松木代替。比如清康熙年间修太和殿的时候还能采购到楠木，到了乾隆年间，楠木基本上就没有了。修缮、改建的时候还拆了一些十三陵的建筑，用了一些拆换的老木构件，由此可见当时楠木存量就不多。红松等松木在建筑中也有使用，清代之后渐渐多了起来。而北京地区的民间建筑及小式建筑各种木料都有使用，比如榆木、柳木、松木、杉木，这些木料一般是哪里有就去哪里采购，南方北方都有。到现在为止，名贵木材已经很难采购到了，慈溪沟据说还有 100 多棵楠木，官方不让砍伐。又因为气候或是其他的原因，也没有年轻的树，难以长起来。

从民国时期开始，尤其是新中国成立后的三四十年时间，北京地区用得好木料就是红白松、落叶松，基本上都是大兴安岭采来的。当时不管是市场的还是自行采购，砍伐都有计划，不能随便买卖木材。原始森林里官方已经不让砍伐，只有一些边缘地带靠近原始森林可能还有一些偷采的木材商。1987—1988 年，故宫曾到大兴安岭去采购木材，当时就已经很难买到。

现在市场到处可见的红松大多是来自俄罗斯和美国。曾经的东郊木材市场是主要的木材采购地，改革开放之后，东郊木材市场便解散了。这个时期，北京打工的众多福建人在市场放开后纷纷投入了这个行业。但是木材不是福建来的，还是东北大兴安岭等地区的木材。现在福建人几乎垄断了北京的木材市场。

北京地区需要普通的木料还可以去北京东郊木材市场等几个单位采购。特殊结构构件需要的较大的木材，如通天柱、大梁，则要去别的地方。故宫有一次需要 14 米通天柱，80 厘米直径，修的时候发现以前的柱子已经糟得差不多了，所需要的木料在北方市场找不到，最后去了江苏张家港，一个临近上海的大的木料市场。以前用的还是楠木，现在选用红松也买不到这么大的，如果选择替换的木料，材质也得接近一些，比如樟松，长得挺直，木质也比较接近。为了当时的工程，故宫一次买了四根，用了两根，20 米左右长，直径 1.1 米。

从文物保护维修的四原则即原形制、原结构、原材料、原工艺来看，在原材料这方面，想要完全做到就有些勉强了。清代的建筑还好一些，毕竟现在还有红松。但是，如果要修明代的建筑，会发现里面的构件都是楠木，而现在已经找不到楠木了。而一等红松在国内已经很难找到，原因是不让伐木。以后能保证原材质就很不错，现在都几乎很难做到。所以，在保护的原则方法上的说法可能要有一些变化，比如说采用原材质等。木材的原材料来源和政策的影响关系不大，纯粹是时代变化。比如名贵木材，包括楠木等，随着时代变化已经变少。唯一的政策产生的影响是大兴安岭的木材不让采伐。现在的修缮工程中大家还会采用一级红松、特等红松等，但是已经远远不是以前的要求。传统建筑要求的就是东北红松，而现在多一半都是国外进口的。

现在的木材质量相比之前存在的差异，例如，美国松和国内红松对比，区别就是美国松纤维粗，成形年代短；国内的木材，成形年代长，质量好；俄罗斯松，他们国内建设项目少，国土面积大，所以木材保存很多。在美国，离开大城市的大部分房子都是木结构的，木结构的房子本身没有什么放射性物质，而且安全健康；水泥总有放射性物质在里面，终归对健康不好。张克贵老师认为如果有条件还是盖木头房子好，美国的普通建筑使用木头架子，再用木板进行外包，和我们的老房子质量差不多。北方的建筑土墙多，而在南方使用的板壁墙还有一些。实际上，吊脚楼还是用木板修，从现在的木材市场上来看，能用到的材料的质量还是过得去的。根据现在木材检测的标准，都可以在软硬度、疤结、裂纹等方面达到要求。因为没有人检测过已经建起来的官式建筑的木材质量，从民用来说，质量还是可以过关。

现在各类建材都在逐步确立行业标准。有关木材、青砖、青瓦、石材等的质量标准，是工程处在做；琉璃的质量标准是科技协会在做；土、灰、砂、油料还没有标准。但是已经成型的、使用到建筑上的材料就没有办法再进行检测，一是若为了检测拆下来会破坏建筑，再者就是没有代表性。所以，这部分检测标准的指标，还是参照了普通建筑材料。

（四）彩画油漆

油料分为地仗和面饰两种。有的施工队比较强都是自己做地仗，也有的会买现成的灰料、油料。故宫准备在亦庄附近成立一个材料厂。故宫原来不需要材料厂，大多是买猪血和砖灰（用旧砖）自己做血料。现在主要是找不到老砖灰，猪血现在还能在顺义的屠宰场买到，买血料的话污染相对也比较少。

桐油来源主要是南方，以四川为主，是桐树子烧成的油，大部分都还是手工制作，基本上能采购到问题不大。也有油质量比较差的，一般还是可以使用，手工制作一般不会故意弄虚作假。取材仍然很丰富，四川、陕西交界，广元一带都可以采购到。南方也刷桐油，最后保护一层。北方所有的油，都是熟桐油勾兑出来的，而南方则是生桐油比较多。

彩画颜料方面，大约2000年，相关单位曾几次试图恢复使用矿物质颜料。但因为矿石不是特别充足，只有云南、西藏矿物质颜料多，砗磲等材料现在已经变成了名贵石料。张克贵老师曾前去西藏考察过好几次，但矿物质颜料却一次也没带回来过。云南有并且也曾想过调出来用，但是矿物质颜料要经过一定温度让里面的料发酵，有黏性才粘，温度还不能高不能低。有个日本的学生试图在研究室里做过但是不合格。矿物质颜料作画还可以，在建筑上一定程度上已经失传了。乾隆时期就开始用化工颜料，比如石绿石青、巴黎绿等。现在只有唐卡还完全是用矿物质的。所以，现在和清代的选材还是一致的，想要修复清中期以前的有一些困难，也不是太有必要。用得比较多的材料还有麻和布。麻这种材料下点功夫的话，还可以在南方找到合格的手工艺的麻，安徽采购的麻和布比较多。

对于制备血料用的砖灰，为什么不能用新砖灰呢，因为土性比较大。相较于新砖，老砖物化土性很小。而新砖灰黏稠度不行，老砖灰黏稠度才合格。猪血有黏性、药性，防虫。有时猪血采购不到也会用一些血粉，但是黏稠度就不行。有些施工队用的血粉，用勺子舀一勺就看出来质量不合格，但如果和上桐油后有的就看不出来。四川的广元市很多工艺是南方的工匠带来的，工艺和材料也和明都城在南京有关系。朱棣在建北京城的时候，把很多南方的工匠带到了北京。

关于技艺传承，最近几年还是有进步。技艺是根据实际需要来的，需要得越多，传承的越好，技艺也就越真实越完整。近几年找不到裱糊工，彩画也变少了，有几个地方要海墁纸顶棚。故宫在1974年配学徒工的时候，配了三个学徒工。手艺总还是可以找得到。1973—1974年的时候由于“文化大革命”的原因，故宫没怎么开放也没怎么修。1974年左右增加400多名工人，配工种配了17个画工。但是到了1999年画工还剩1个，原因是没钱没活儿干。那个时候，彩画掉了钉上就行了。

如今大量工程开展之后又有了很大的需求。古建园林有限公司彩画工保护的比较好，目前还留有20多个老彩画工。但是从全国范围来讲，彩画工缺失非常厉害，这种工艺要想做其实没有做不到的。比如木材装修，稍微细一点看很多都是机器加工，手工则是顺纹刨，更加强调手工工艺。现在一来，不是工艺不行，是没活儿；二来越过了手工工艺，机器使用太多；三来，工人对手工工艺不懂，容易闹笑话。

（五）石材

原材料保证比较好的是石材，北京地区目前有两个石材厂，一个是房山大石窝，另外一个是在门头沟的小青石厂，而据说小青石厂也要关停。大多数寺庙里的台阶等都使用的是这些地方的石料。如果厂子还能正常运营，北京地区沿用传统的石材没什么问题，或者可以一边开采一边做好环境保护，延长厂家生命力。北京以外地区所用的青白石都出自这个市场。大石窝的石材厂以前在人民公社时期由生产大队经营，现在是个人承包，由以前的大队采购员王富承包了石材厂。

（六）白灰

现在兴起了一些材料，比如水硬性石灰，据说可以用来代替灰，有质地好、坚固等优点。但是在坯子里烧后变成灰就会有空心，空洞多了砖就不合格。水硬性石灰有人说还可以修文物，其实不行，水硬性石灰本质还是水泥不是灰。

门头沟现在最后一个白灰厂也已封掉。曾经是京东、平谷、三河、门头沟的石灰厂供应北京地区的石灰，以前还有大望路、东岙村等厂，都逐渐地被淘汰。这些年大概仅剩门头沟的厂家，而最近也要取缔。现在易县附近还有一些相关的白灰厂，所以以后的石灰要到河北寻找采购。

石灰的质量没有太大影响，主要分用在什么位置，用于外墙抹灰的石灰含镁多的比较好，做墙体里面的用作灰浆、灰土的石灰含钙多比较好。京东的石灰含镁量大，京西的含钙量大。还要注意的是别用石灰粉，因它里面镁、钙含量低，容易爆裂，容易产生质量问题。

砂不能是海砂，海砂盐碱含量高，所以只能用河砂。而北京只有永定河可以采砂，然而现在也已经禁止。古建筑中砂可以用在砌筑夯土里的灌浆骨料；沙灰、白灰和砂子可以成浆抹墙；用来勾虎皮墙；做基础的时候，灌浆要砂子，砖瓦也离不开砂子来隔离。古建筑必须要用，但是量不是太大，民用的更多一些。官式建筑白灰多，寿命也长，含土量也要越低越好，一定是要黄砂，比白砂好，由于黄砂接近石材，白砂更接近土；还有粒径等问题。砂子方面没有更多质量等问题，尽量用黄砂和金砂。

二、技艺传承问题

在工艺方面，张克贵老师认为机器始终无法代替人工，用机器雕花就失去了意义。手工艺并不是处处都需要手工，但是仅存的部分手工也是应当根据需要予以保留。扒树皮类似的工作可以使用机器，成活儿还是应该看重手工艺。而手工的保留，就是保留传统工艺，保留传统文化。所以，传统工艺一定要强调手工。

提到故宫以前的古建队，张克贵老师回忆，20 世纪 50 年代初，北京有很多工人没活干，为了有组织地进行工程工作，文化部有一个维修队，有一个二队，其中老师傅多一点。后来文化部二队收编了施工一队并进入故宫，变成了故宫修缮队，队伍大概有百八十人。那时还是公私合营，转制转户都还比较方便，工人们纷纷把户口转到北京成为正式工人。队伍历经故宫工程队、修缮队，最后改成了工程队。

张克贵老师是在 1974 年工程队扩编的时候进入故宫的。当时受“破四旧”风气的影响，工人都被调到文化部的五七干校工作。1974 年故宫要恢复开放，于是重新面向社会招人，当时招来了 370 多个年轻人，大部分都是学徒工。张克贵老师就是在那年新加入工程队，加上转业军人、高中毕业生的身份，张克贵老师当时担任团总支书记，主要负责培训，做青年工作。同时故宫当时扩编给了 415 个编制，各种工种如八大作都配得非常齐全，年龄组合老中青三代都有也很合理，那时要是工程多的话，故宫工程队最有实力。

经过了十几年的辉煌，到了 20 世纪 90 年代工程量减少，人员也开始逐渐减少，到了 2000 年左右只剩下 100 多人，到现在只有 40 多人，工程也大多承包出去。后来的工程队改为修缮中心，本身在内部搞过企业管理。然而前些年审计署审查施工队伍，发现其经营方法存在问题，于是后来很多工程就被审计叫停。但是总还是需要有人把工艺给保留住，便成立了现在的修缮技艺部，多是负责办一些培训班，课程包括施工工艺、实际操作、考核等。

文物维修倘若回到计划经济时期的做法并不现实，毕竟历史是无法倒退的。按修缮要求来说，建筑材料应当是事先准备，但是考虑到成本问题，目前只有故宫能先准备，但是也产生了很多问题。我们只能吸取一些过去的做法，但是不要逆潮流。比如说，固定的工人维持五年还可以，后来工人逐渐不再想干，队伍的维持便也不能长久。做文物建筑工作，尤其是工匠，既要有经济利益的给予，也要其自身有爱国爱民族的精神。国家公益事业里应当给予一定力度，来帮扶照顾文物建筑行业，如故宫应该允许有投资砖厂这类的开支，这样，才真正能够使文物保护工程多一些动力。市场经济规律是无法打破的，但可以在管理上有一定创新，来弥补市场经济给文物建筑行业带来的一些问题。

第三节　薛玉宝老师访谈

访谈对象：薛玉宝

访谈时间：2019 年 5 月 22 日

薛玉宝简介

薛玉宝，高级工程师，一级注册工程师，国家文物局文物工程方案审核专家库专家，现就职于北京国文琰园林古建筑工程有限公司，任公司总工程师。1978 年就职于北京市园林古建工程公司，2013 年底调入北京国文琰园林古建筑工程有限公司。1985 年开始主持参与了大量园林古建工程、文物古建筑修缮和复建工程的施工管理，其中多项工程获得住房和城乡建设部专业协会及北京市古建工程金奖。在古建筑营造和修缮施工专业方面积累了丰富经验，并在《古建园林技术》专业期刊上发表了多篇专业技术论文。2006 年起，经多所专业院校和培训机构聘请及专家推荐，工作之余从事古建筑相关专业的教学工作。2011 年至 2012 年和专家刘大可老师一起，参加了北京市文物建筑修缮操作规程地方标准的编写（图 3-9、图 3-10）。

图 3-9　薛玉宝老师（中）访谈

图 3-10　访谈合影（左起：景廉洁、王紫琦、薛玉宝、刘姿君、刘宏超）

一、传统建筑材料现状问题

新中国成立后古建筑修缮的时间节点应该分为三段：新中国成立后至改革开放前为一段；改革开放后到 2008 年北京奥运会为一段；北京奥运会后再到现在为一段。薛老师走上这个行业，最早就职于北京市园林古建公司，当时很少有经费去大修，大多都是修修补补。在计划经济中，文物修缮基本上是一种停滞的状态。烧砖等行业当时多是集体所有制，不能自己干，只能烧一些农民自用的砖。那个时代，文物修缮使用的一些材料有时是通过“拆东墙补西墙”来解决。

（一）木材

基建需要“三材指标”，其中一个指标是木材。大约 1990 年之前，北京建材局的国有木材厂可以找到修缮和营建古建筑的所需木材。曾经复原木牌楼需要 12 米长的原木，便可以在国有木材厂采购，而且还可以采购到含水率很低的木料。早期时候需要指标才可以批材料，后来逐渐不再需要。

木材的原材料并不是在北京生产，以前多是在东北地区的林场采购调运，现在大多依赖进口，尤其大径级的原木。修大高玄殿的时候需要金丝楠木，但是当时的楠木已经十分匮乏，清中早期可能还有一些，现在早已没有。

（二）砖瓦

早些时候规格小的砖和小青瓦，都是由生产队体制下的砖瓦厂手工制作。国有的西六砖厂最早不生产手工黏土砖只出产蓝机砖，改革开放后，根据需要西六砖厂开始生产一些手工砖、机制瓦，但现在已不再生产古建砖瓦。京东蓟县和三河等地砖瓦厂的砖瓦质量比较好，规模比较大，后来京东的人又在房山的窦店等地区开设新的砖瓦厂。传统建筑材料多是地域传承和技艺传承，甚至是家族性的，比如现在的砖瓦厂（以前也叫窑厂）大多都是家族性传承。

以前传统建筑的砖瓦质量没有标准但质量也很好，如今市场化后却产生了一系列问题。从标准制定来说，虽然现在有了标准，但如果定得太死，就会产生一些使用上灵活性的问题，如砖的强度可能铺地面够用，砖雕就不行。实际上传统建筑修缮使用的砖瓦是不允许有机制的，制坯的生产还是需要通过传统手工工艺来把握。从建厂选址来说，以前砖瓦厂是根据原材料就近选址，现在只要能建厂，环保能批准就可以，原材料多是在别的地方拉土运过来用。如琉璃瓦厂，有人在门头沟地区存了大量的“矸儿土”，最后却是去山西建厂烧制琉璃瓦。薛老师认为，砖瓦烧制还是尽量就地取材为好。按照现在的环境、机制，门头沟不准许开山、挖煤，琉璃瓦所用的煤矸土就无法获取，传统琉璃瓦还能干多久令人担忧。同时，古建筑修缮常用的青灰也会断供。现在使用的青灰多来自山西，山西找来的青灰和门头沟的青灰在化学含量上不太一样，油性、黏度比本地青灰差。

对于生产工艺的特殊性，传统工艺也应该适应现代社会环境，把传统手工和机械结合起来。比如原材料的搅拌、制备，坯子制作及干燥，烧制时改用天然气替代煤。传统砖瓦的制作既要适应现代社会环境，也要在质量和观感上有一些必要的改进。

（三）石材

传统文物建筑和北京的一些古建筑都会用到石材。目前来说，北京地区的小青石产自石景山和门头沟，青白石和汉白玉都出自房山大石窝。汉白玉只要政府能够批准，还是能够开采出来，但对生态环境影响确实很大。如今出于环保、生态的需要，政府管理部门目前不允许开山采石，所以房山、门头沟、石景山等出产石材的山场都已经关闭，长期下去必然会对石材原材料产生极大的影响。

（四）白灰

北方官式建筑离不开石灰（白灰）。北京本地拥有一些产石灰的厂家，最好的石灰来自北京园博园附近的大灰厂，但是现在已经无存。石灰不只是传统古建筑用，炼钢也十分需要。自从首钢迁出北京，大灰厂的石灰也就渐渐不再生产，现在用灰大多产自河北。烧石灰需要开山采石，矿石还得符合一定的化学成分。而禁止开山采石后，也就断了烧制石灰的矿石原料，北京地区便不再烧制石灰。开采石灰矿石和烧制石灰对生态环境确有影响，因而环保背景下石灰生产必然受到限制。青灰也是传统建筑离不开的一种材料。原来有炉灶工搪炉子也需要用到青灰以及铁砂，当然，还是传统建筑青灰用量更大。随着门头沟地区的煤窑关闭，青灰产出逐渐减少，如今已很难找到门头沟的优质青灰。

传统古建筑灰浆的具体制备有泼灰、煮灰等环节，然而北京已经不允许现场泼灰，起码六环内很难做到。由于原材料获取困难，大多施工企业需要直接购买已经完成再加工的灰、浆材料。所以泼灰、泼浆灰等传统灰浆目前主要是靠外地厂家制作，但是这样采购的模式无法控制各种灰浆的质量，会直接影响传统文物建筑的修缮质量。

（五）琉璃

北京的琉璃瓦还处于正常水平，但也存在一些问题。比如有的坯子是机制的，强度有，截面厚度就薄了，维修的时候也能看出来不同时代添配的瓦件存在一定的差别。现在市场环境对砖瓦等传统建筑材料的生产确实带来一定影响。薛老师提到，我们经常提倡文化自信，仍在为我们服务的传统建筑是文化自信的来源，传统建筑的传统材料也是文化自信的来源，所以如果可能，政府能否对砖瓦厂等给予一些帮助，让这份自信继续传承下去。

最早制作琉璃的瓦厂不在琉璃渠，而是在现在的琉璃厂。我们原来的传统材料生产基本上离不开环境，取原材料一定是就近，也就是因地制宜、就地取材。北京、河北的很多传统砖瓦厂，无论国有的还是民营的都在材料产地附近，方便在当地取用原材料，否则运费太高。如今在生态环境保护的号召下，门头沟已经不再开采煤矸土。矸儿土是生产北京地区琉璃瓦件不可缺少的原料，山西的矸儿土和门头沟的矸儿土的矿物成分不一样，前者没有后者的品质好，一些省份甚至不出产矸儿土。所幸，门头沟琉璃渠的一些琉璃厂或多或少存了不少矸儿土。但薛老师也提出了疑问，现在的库存还能用个十年八年，可长期会怎样呢?

目前，因环保要求不许烧窑，北京的琉璃瓦厂都已转移到外地。实际上建材厂家的外迁，对北京传统建筑材料的传承以及文物保护工程的质量都存在一定的不利影响。北京还是应该保留一些传统建筑材料的生产加工基地，这也是文化层面的一种传承。所以，一些计划经济时期的特点在建材这类地域性和传承性较强的特殊领域，还是可以借鉴的。

（六）油漆彩画

随着生产环境的逐渐严格，特别是市场需求的减少，有些传统的材料生产加工厂家只能积极寻找产业转型，北京地区几乎已经找不到这些厂家。古建筑传统铜、铁饰件做的人越来越少，甚至还得到外地去找，但是找到的也都不是按传统工艺加工制作的。

在油料、血料方面，以前的血料厂在大红门屠宰场边上，现在屠宰场也已消失。据说现在制作血料要想收到新鲜的猪血也有一些难度。因环保等要求，有些制作血料的厂家用血粉代替猪血发制血料，但是胶结的性能就相差甚远，更是会影响地仗的施工质量。

在颜料方面，随着时代的发展，石青石绿等不是没有，比如国画还都在用，但是用在彩画上的话就相对价格太贵。很多我们常用的传统材料不只是我们这个行业用，比如桐油，军工、工业等等都在使用，原来日常生产生活中使用也挺多，像油纸伞、木船等等都需要桐油。但是现今许多传统材料在其他行业的都不再需要，只有我们传统建筑的修缮和营建行业还在使用。社会的整体用量少了，价格也就高了。

薛老师提到最近一个文保修缮项目中遇到的问题，红墙抹灰使用的颜料红灰应该用广红土，但这种材料现在很难找到，一是造价高，二是没有货。社会整体需求量少了，只有明清宫殿、坛庙、皇家敕建的宗教建筑使用，再加上生态环境保护因素，可能就很难找到这种原材料。这便是上面提到问题的典型实际反映。

二、技艺传承问题

按照目前的材料生产状况，文物修缮中如果要保持四原则已经很难。比如保持原工艺目前就不太可能，工艺一定是延续的，同时也在不断地改进和调整。现在的传统工艺基本是清末到民国初年的传承，对于清早期的工艺还怎么能找出来？所以一定要正确认识什么是原工艺，要看在使用的过程中有没有问题。传统建筑材料没有国标也是一个很大的问题。不过没有国标也符合国情，中国地域太大，地域性很强，国标并不适用。所以有些传统建筑材料的质量，参考现代建筑材料的相关技术指标，各种材料检测实验也是参考现代建筑材料的检测项目，在相关质量的标准数值上做了一些调整。

另外，目前的修缮定额很滞后。为了提高效率，施工中使用了很多机械，影响了文物古建筑修缮的质感和工艺的传承。解决这个问题的途径，一是希望政府重视起来，二是文物修缮整个行业应该有一定费用上的提高。作为施工企业，越是下游越难做，修缮项目的所有问题都体现在施工阶段。

文物修缮工程有别于一般的建筑工程，文物保护项目在社会环境的综合体系中，要做好、要传承，最关键的还是政府。政府有关部门应重视传统建筑材料的工匠传承工作，建立传统材料加工制作非遗传承人制度，并成立传统材料加工生产基地。相关政府人员可以和砖、瓦、琉璃厂家的经营人员、销售人员、工匠师傅都分别聊一聊，了解原材料的现状、工艺的传承、原材料价格、生产成本等等，才能更知晓传统建筑材料的现状。目前传统材料的生产上有一些协调也在讨论中，政府扶持确实也存在一定困难阻力。有一个思路是邀请各方坐下来，把传统建筑材料的加工生产的现状问题聊一聊，寻求更好的发展和传承，既要提供市场，也要保证监督，把专项资金投入到文物修缮项目中。

中国传统工艺的传承靠的是人的传承，而且是要师徒传承。聊起传承，一定要讲求活体传承，即人的传承。中国的传统建筑不像西方的石质建筑可以保留久，好传承。中国木结构建筑一定是有了人的传承，才可以真正地传承下去。我们应把工地中有一定手艺的人招收成为公司的员工，给农民工一些福利，留住我们的工匠，还要在公司中成立新的营造修缮部。

传统古建筑，除了要有质量好的建筑材料，更要有匠艺的传承！

第四节　汤崇平老师访谈

访谈对象：汤崇平

访谈时间：2019 年 7 月 9 日

汤崇平简介

汤崇平，中国园林古建技术名师，古建木作技师，北京四合院设计建造专家委员会专家，北京装饰协会古建装饰专家，《古建园林技术》杂志社编委会专家，北京市建筑教育协会文物古建园林分会专家，西城区政府顾问。

1974 年 9 月—1997 年 12 月在北京房修二公司任工人、班组长、技术员、技术组长、项目设计负责人、项目技术负责人。1997 年与同事合作创办北京同兴古建筑工程有限责任公司，担任监事、技术副经理、分公司经理、木作技术顾问。2005 年至今陆续在北京市文物建筑职业技术培训中心，北京建筑大学古建筑艺术系，北京西城区房地中心职业技术学校，人力资源和社会保障部教育培训中心，圆明园学会园林古建研究会和北京工业大学国家级专业技术人员继续教育基地，河南南阳理工大学，北京大学考古文博学院主讲古建筑木作技术。著有《中国传统建筑木作知识入门》1 ~ 4 册及多本操作工艺，操作规程（图 3-11）。

图 3-11　汤崇平老师（左）访谈（访谈人：刘姿君）

一、传统建筑材料现状问题

（一）石材

北京皇宫内苑常用的房山汉白玉早已封矿，王府等大户人家多用的青白石也仅剩屈指可数的矿可以开采，而老北京民居常用的小青石，一种颜色发绿产自京西一带的石材现在已经基本开采殆尽。所有这些在老北京建筑上主流使用的石材，都在靠多年前的存料和外地产的类似石材来周转代替，这对恢复北京文物建筑和老城风貌肯定会产生一定的影响。

（二）木材

现在真正的楠木已经非常之少，而大径级的更是凤毛麟角。如果一个明代的建筑，比如太庙的享殿、历代帝王庙的大殿和十三陵的祾恩殿这几个有数的楠木殿，一旦梁柱出现结构性问题需要更换，都不一定能找到能满足尺寸要求的楠木。而过去多使用的国产老黄松、红松，现在也已基本绝迹，替代它们的都是从俄罗斯等国外进口的红松、落叶松、花旗松、铁杉等。20 世纪 70 年代前，落叶松只是建筑模板上才用，因为这种木料的材质虽然强度好，但易变形、易开裂，尤其是轮裂，会给成品的外观带来很大的影响。可是，现在没有好的，便只能退而求其次。

现在还有一个新问题，现在市场上出现了速生林材，它材质与原生材差了许多，就像家养鸡一年才生的蛋和机械化两个月养的鸡下的蛋的营养、味道差别不同一样。而我们传统建筑上所有构件使用的权衡模数尺寸都相对是固定的，比如大梁，一根都是 300 毫米 ×400 毫米的梁，原生材与速生林材的承重荷载会相差很多。所以说，在木材的使用上一定要严格把关，对速生林材必须进行试验检测，以保证建筑结构的安全。这一点，在北京老城保护的相关规定中已作出了相关规定，可以借鉴。

再说一个木材的重要指标，含水率。因为官式建筑木构件都是要做地仗油饰的，所谓地仗就是在木构件表面缠上麻，并用砖灰、猪血、桐油等材料经多道工序做出来的一层壳，用以保护木材不受外界气候、人为的影响和损伤。但如果这木构件本身的含水率超标，被这层地仗包裹在里面，水分蒸发不出去，就极易使这件构件产生糟朽进而对结构的安全产生重大影响。这个问题以前通常的应对方法是，木料选用存放两年或两年以上的风干原木做成大木立架，屋顶、墙身完工后，过冬隔年再做油饰地仗，这样能保证木构件基本风干，成品完工后少有开裂。但现在，首先是原木的含水率就保证不了。因为现在市场上购买的木料都是从供应商手中购买的，而供应商受销路、价格、场地、资金周转等因素的影响不可能存有大批的木料，多是有了订单现去进货，这样购来的原木多数都不会存放很久，很难达到要求的含水率指标，这样就会有很大的质量隐患。汤崇平老师提到其之前供职的北京房修二公司，它的库房里存有很多木材，那个时候买木材是有指标的，每年买多少，不买就作废，也没有涨、落价一说，所以一买就上千方木材。那时规模大一些的古建队伍北京只有这一家，活儿很多，不愁用不完，原木在仓库一般都是存放三五年以上，每年买新料用存料，这样，含水率就都能保证，对工程质量就有一定的保证。

再一个现在有的修建项目是当年立项当年就要求完工，没有给足合理的施工周期，导致工程完工后发生构件开裂、糟朽等质量事故。

（三）青灰

近几年来，环保政策影响确实比较大，比如北京地区用的青灰，之前都是在门头沟地区采购，现在煤窑一停，真正的好青灰根本买不到。故宫还买到一些，但是价格非常高。以前的好青灰出油，现在都已经不行。青灰是做古建筑屋面防水层的原料，它是屋面防水的最后一道防线，所以说它的质量好坏对建筑物的影响非常大。

（四）砖瓦

砖的制作现在肯定和历史有一些区别，比如在精加工上，之前的土都需要闷很多年，现在已经没有这个环节，时间不够，质地不一样，肯定会对工程质量产生影响。汤崇平老师说之前他在河南少林寺看到塔林建筑上唐代的砖，质地就和我们现代用的细磨刀石一样非常细腻。如果不是表面上有少许风化，根本就看不出会是一千多年前的砖。现在市场上的砖质量和它相比差得太远。而在砖的生产制作方面，北京地区几乎十年前就开始逐渐不让砖瓦在北京地区生产，现在河北地区也被严格限制，砖瓦的生产都慢慢转移到山西。据了解，这两年山西也准备关闭砖瓦厂，只能往西部地区如甘肃等地转移。

（五）油漆地仗

油漆地仗用的血料遇到的问题，和前面所说的速生林一样，以前用的猪血都是从一年才长成一二百斤的猪身上取的，现在的猪三个月就长成二三百斤，猪血的黏稠度等指标能一样吗？以上这些材料上的问题都是影响现在传统建筑修建质量的不同因素。

二、技艺传承问题

传统加工技艺和修缮技艺不是简单的一个问题，而是一个综合的社会问题。老的工艺现在要复原其实完全没问题，但是问题出在钱上，定额上人工费远远与社会现实不符。另外，工程招标的制度用在古建上就不合理，文物古建筑修缮其实应该算是艺术了，不应该单纯以工程的角度决定。当然，政府也有政府的难处。如果按照以前老的工部做法、营造算例不太可能，因为现在的人和之前的人不能比，工作效率还有吃苦耐劳等都差得远。但是现在有现代化的工艺作为辅助，一些工具的机械化可以提高很大一部分生产效率，以前这些老的定额还可起到一定参考作用。

关于技艺的失传与否，还没有到太紧张的程度。如果未来的修缮工程不是因为价格中标，而是以质量好坏中标，那对文物建筑的保护和延续将会是一个福音。其实，低价修一座文物建筑使用周期为二三十年，和价格稍高修一座文物建筑使用周期为四五十年，哪个更合算谁都明白。

古建筑修缮的规模和面积通常都不大，基数小，管理费用又比较高，以往大的建筑公司便不太愿意承接。现在建筑市场不景气，大的建筑公司也开始涉足古建市场。大的建筑公司规模大，资质高且资金充足，远是古建专业公司所不能比的，按照现今执行的建筑工程招标办法有着极大的中标优势。虽说用的施工工人基本都是同样的人，但他们管理人员的专业知识水平远远低于专业的古建公司，毕竟专业公司经历得多，经验也相对更多。大家应该明白这样一个道理：光靠工人自觉自愿地做好每一道工序是不太现实的，谁都想“挣钱多、进度快、人工材料省”，如果没有一个在操作技术上过硬的管理团队在每道工序上精准要求、严格把关的话，要想做出一个对得起国家对得起前人后辈的精品工程那是不现实的。

关于工艺传承有一个关键的问题需要抓住，要特别注意从施工工人中培养各个工种的操作尖子，提拔他们担任专业管理人员，只有这样才不会无的放矢，才能抓住工程质量的根本所在。再一个就是需要国家特别重视起来，出资出面，成立一些不以盈利为目的的“传统操作技艺传承教习所”，寻访在世的老工匠，用各种方法把一些老的做法、手法记录下来，整理保存起来，传承下去，避免一旦遇到老的文物建筑必须用老做法修复时一无所知。

以上所说的材料问题和工艺传承问题只要是国家重视起来，加大投入，这两个问题是完成能够真正解决的。传统古建筑总体形势来说仍然向好，一方面，我们可以通过各种现代化的科学技术和操作机具，用当今的技术上的进步来弥补体力上的不足。另一方面，社会近年来更重视传统文化的回归，文物建筑受到政府、社会更多的重视。而之前的所谓政绩工程、献礼工程等情况也渐渐转好，工程工期也逐渐科学化、合理化，工程的质量也逐渐提到了新的高度。总之，相信传统古建行业道路是曲折的，前途必然是光明的（图 3-12）。

图 3-12　访谈合影（左起：汤崇平、刘姿君、刘宏超）

第五节　刘大可老师访谈

访谈对象：刘大可

访谈时间：2021 年 7 月 2 日

刘大可简介

刘大可，全国著名古建专家，享受国务院专家特殊津贴加称号。古建瓦石专业辟为独立分支学科的创始人和奠基人，被古建界领军人物罗哲文先生评价为“一代瓦石宗师”，被业内誉为古建瓦石泰斗。从业 50 多年，从事过古建筑、新建筑新建及修缮的设计、施工、管理、教学、科研等工程技术方面的所有工作。出版学术著作 18 种，发表论文 50 余篇。编订国家规范、定额等各种技术标准 14 种（全部为填补空白项目）。完成多项科研项目并获省部级以上奖项 16 项、国家专利 2 项（图 3–13）。

图 3–13　刘大可老师

一、传统建筑材料现状问题

访谈中，刘大可老师对传统建筑材料及生产制作工艺的变化和发展持比较开放的态度。从本质上来讲，材料的生产加工属于应用技术，应用技术的发展重在实践。以盖房子为例，只要有需求，盖房子这项技术就不会失传，古建筑也是一样。

针对传统建筑材料的变化，大可老师认为不能简单归结为某一个方面的原因，环保当然是一个因素，但更应注意到这是在多方因素共同影响下，是随着时代发展而发生的变化。以小青子为例，小青子和青白石实际上是一类石头，都是砂岩的一种，因为价格低廉，在建筑中多有使用。但石府石相较于小青子来讲，则是一种比较细腻的石头，过去多是用在石磨上，很少用于建筑。在早些年的某修缮工程中，却将原来的小青子都换成了石府石，这不仅是多花了钱，更重要的是改变了建筑的原状。总结来看这是认知不准确造成的问题，反观许多类似的情况，传统建筑材料的变化也不仅仅是由于原材料的变化引起的，可能是多方面因素导致的结果。

访谈中大可老师针对自己熟悉的传统建筑石材和砖瓦方面，具体谈了一些自己的感受和观点（图 3–14）。

图 3-14　刘大可老师（右）访谈（访谈人：侯振策）

（一）石材

石材方面，以门头沟地区的青白石和小青子为例，目前原材料相对充足，但受环保政策的限制材料地已经封山，不允许继续开采。以青白石为例，青白石实质是一种石灰岩，石料的颜色从白到青白、青灰、深灰不等，尽管颜色不同，但成分基本相同。作为传统建筑的材料，如等级较高的建筑多选用颜色偏白、花纹少的（目前故宫三大殿的白色须弥座所使用的石材并不是大家常说的汉白玉，实际就是颜色较白的青白石）。所以青白石的开采目前只是北京地区受到了一定限制，但全国其他地方还是允许的。面对具体的质量要求需要有一个具体的标准，只要按照标准选择，原材料并不存在特别大的问题。

（二）砖瓦

砖瓦方面，刘大可老师认为制式和尺度上的变化较少，主要还是质量的改变。质量的变化还是受市场经济发展的影响，在市场经济的作用下，砖瓦制作的周期发生了一定改变。传统的做法中对制造砖瓦的原材料，一般是选择最好的季节，筛选最好的土质，然后再经过长时间的晾晒，最终制作出的砖瓦质量才有一定的保证。但现在盖房子的越来越多，工期变得越来越短，有的时候土根本来不及醒，还是冻土的状态，所以质量很难有保证了。

此外，随着城市化的发展，烧造砖瓦的优质原材料也越来越难寻觅了。生产砖瓦的厂家知道哪里的土质比较好，但也不一定允许取土。有的砖瓦厂家为了寻找优质土，只要听说哪里开挖地基，发现是优质的土就立刻购买存放，但这些土用完了还是要面临生存难的问题。相对于黏土材质的砖瓦，北京地区琉璃瓦质量的保持还是比较好的，当然和过去比肯定还是有差距的（图 3-15）。

图 3-15 "守拙匠坊"团队和刘大可老师合影

（三）关于古建筑保持"原材料"原则的认识

关于目前古建筑修缮中所倡导的保持原材料的原则，大可老师认为要真正理解这个原则，应该追根溯源，也应该客观看待。罗哲文先生在 20 世纪六七十年代就曾主张古建筑修缮中使用原材料的原则，当时在文物建筑修缮方面，指导原则是"不改变文物原状"，但是实际上，后期对于"原状"的讨论和争议很多。比如"究竟什么才算原状呢？""原来的青绿山水画变黄了，还盖上了乾隆的章，这还算不算原状？""宋代的建筑清代复建，民国改建，原状又应该怎么区分？"，所以对于"原状"，定义的空间很大，也引发了诸多讨论的空间。在这种情况下，罗哲文先生将"原状"这个概念进一步具象化，分成了"原形制”“原材料”“原结构”“原工艺”四个方面，尽管现在这四个原则仍然有很多可讨论的空间，但如果丢掉整体去讨论小到构件的材料变化的话，大可老师认为这就曲解了罗先生最初的意愿了。

二、技艺传承问题

刘大可老师介绍，他曾粗略地统计过北京地区古建相关的工人，在20世纪80年代，北京市的古建工人大约不足500人，能够进行斗栱制作的可能不足5人。而当下随着古建筑修缮和仿古建筑的兴起，古建工人越来越多，能够制作斗栱的匠人也越来越多了。仅就北京地区而言，目前有古建筑工程资质的公司就超过了160多家。因此随着市场需求越来越大，技艺的传承也就不是难题，至少古建行业相比于20世纪的情况已经好了很多。但刘大可老师也谈到，尽管和过去相比从事古建筑的人员增多了，但相较于现代建筑的从业人员，古建筑还是比较少的，尤其是年轻人的占比。究其原因，很大一个因素是因为古建筑行业机械化程度还是比较低，人解放不出来。比如你在建筑公司，混凝土可以直接用机器打，一天下来不需要花费太多的人力。到了古建工地，多是人力活，很多机械是没有办法使用的。所以很多年轻人不愿意受这累。

具体的问题实质上是在加工的工艺传承方面，好的工匠越来越少，也越来越难找。以石材为例，过去石材的加工多是靠纯手工加工，现在多是采用机器加工，导致的问题就是产出的成品质量太差。在有的复建工程中，石构件上能够清晰地看到机器齿轮加工过的磨印，却没有得到纠正，也从侧面说明了技艺失传的严重。再如台阶的石材中，过去纯手工加工时需要进行手工剁斧、刷道等步骤，在北京天坛、故宫等建筑中都能看到之前石匠留下的剁斧和刷道痕迹，有的石料上面还有一条一条的斜道，这实际上是工匠为了将石材表面弄平整而留下的痕迹。剁斧和刷道都是石材加工中用到的两道工序，但是这两道工序并没有先后的顺序，既可以用在开始，也可以用在结束，最后谁结束表面就是谁的痕迹，不等于说在刷道之前不剁斧，也不等于说最后剁斧之前不刷道，这两种工艺是一个交替的过程。但是现在的手工工艺变得越来越少，有手工的大多也都是那种随便剁几下，或者直接用机器乱剁一气，完全失去了应有的样子。

刘大可老师对于传统建筑材料的加工工艺也持有比较开放的态度，认为从传统建筑材料质量的角度出发，在能够保证建筑材料各项质量标准的基础上，无论是传统的、现代的，或是手工的、机械的手法，只要产品没问题也都还是可行的。从理论上来讲，机械的不论是质量或是效率方面都应该高于手工的，只不过是目前来讲还不如手工，这应该是某些技术方面出了问题还没有解决，是对设备的研究还不够深入。因此对产品的认定，不能简单地从工具层面去进行评判，去直接否定机械的，而是应该从质量要求上进行评判，只要它能够制造出同等质量的砖瓦，那就是好的。时代总是在进步，有些东西必然会被淘汰，从效率方面来讲，机器一天能生产出1万块砖，手工只能生产出100块砖，却比机器生产的价格高，一定是没有竞争力的。再从社会发展的角度来讲，现在很多机械化的砖窑已经取代了原始的土窑，这是时代发展的必然，所以不仅应该提倡工业的现代化，还应该提倡手工业的现代化。

煤餅燒石成灰
燒蠣房法

第四章

北京老城官式建筑材料生产加工工艺

“工艺”一词多是指“将原材料或半成品加工成产品的工作、方法、技术等”，包含了加工工具、生产加工流程等多方面的内容。[①] 而“技艺”则是指工具和材料使用中的才智、技术或品质类手艺，富于技巧性；也指从事某一技术工种的人。对应到古建筑之上，工艺则是古建筑的石头、砖瓦、琉璃、血料等建筑材料的生产加工过程；而技艺则是指利用这些材料建造建筑的营造过程。过去，在对于传统建筑的研究中，我们常常多关注古建筑的营造技艺。

比如北京地区传统建筑的“八大作”营造技艺。对于建筑材料的生产加工工艺较少关注。但实际上，对于生产加工工艺的研究，是我们研究中国传统建筑，延续建筑文化的一把重要的钥匙。在本章节中，课题组将着眼于木材、石材、砖瓦、琉璃、灰浆、地仗、油漆彩画等建筑材料的生产加工工艺，从原材料的制备与获取、生产工具、生产加工工序等方面展开论述，以此对于北京老城官式建筑材料的生产加工工艺有一个较为全面的了解，有利于传统建筑材料的生产与传承，也有利于建筑文化遗产的保护和继承。

第一节　木材的生产加工

一、木材的分类

木材分类的标准有很多，在行业中通常是按木材材质的软硬来分，材质较软的归在软杂类，称软杂木，材质较硬的则归在硬杂类，称硬杂木。两者之间主要是按照树叶的形状进行划分的。软杂类树木的形状多为针叶状；而硬杂类树木的形状多为阔叶状。针叶树通常生长周期比较短，树干通直部分（称头根节、二根节）相对较长，出材率高，纹理直顺，材质均匀，质量较轻，强度较低，易加工，表观密度和浓缩变形相对较小，相对开裂较小，耐腐蚀性较强，价格相对低廉，是传统建筑工程较多用的结构、装修木材。阔叶树的生长周期长，出材率低，质量较重，强度高，不易加工，涨缩翘曲变形大，易开裂。

在硬杂木中根据我国的使用习惯又细分为硬木和硬杂木两种。硬木通常是指一些我国在内檐装修和家具中常用的传统珍贵木材，它除了具备硬杂木所具有的特性之外，还具有纹理美观，价格昂贵的特性。而其他种类的硬杂木，在传统建筑结构和装修中也有使用。除了这些以硬度、价值大致划分的材种外，

① 李浈．关于传统建筑工艺遗产保护的应用体系的思考 [J]. 同济大学学报（社会科学版），2008（09）．

近年来大量进口的东南亚、亚洲、南美等地的各类材种也暂时归纳到硬杂木种类之中。由于产地气候和树种的原因，一些品种的软杂木出材率相差无几，加之价格较为低廉，近年来在传统建筑结构和装修中也得到了大量的使用。

二、木材的应用

（一）结构用材

北方多用软杂木，如油松（老黄松）、红松（海松、朝鲜松）、鱼鳞云杉（鱼鳞松、白松、东北松）、樟子松（蒙古赤松）、马尾松（本松）、落叶松（黄花松）、杉木（川杉、广杉、建杉）、楠木（桢楠、香楠）、柏木等。

南方软、硬杂木均用，如柳桉、波罗格、坤甸木、山樟、香樟木、红松（海松、朝鲜松）、马尾松（本松）、落叶松（黄花松）、杉木（川杉、广杉、建杉）、柏木等。

民间常用白榆（山榆、钱榆）、槐树、落叶松（黄花松）等。

宫廷常用楠木（桢楠）、油松（老黄松）、红松（海松、朝鲜松）、落叶松（黄花松）、柏木、杉木等（表4-1）。

各类木材断面 **表4-1**

各类木材断面对比		
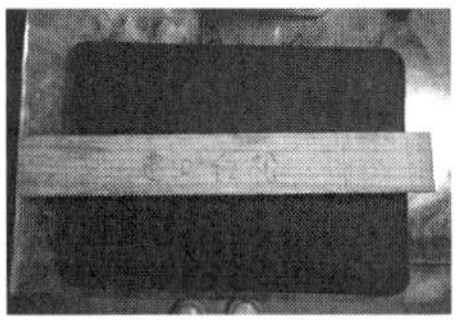	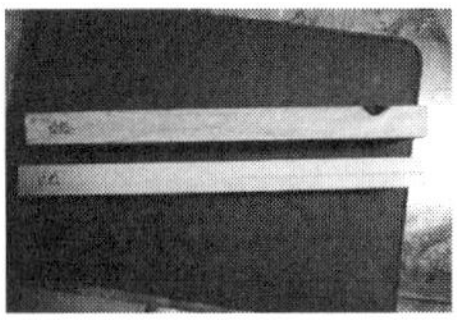	
进口红松	白松	花旗松
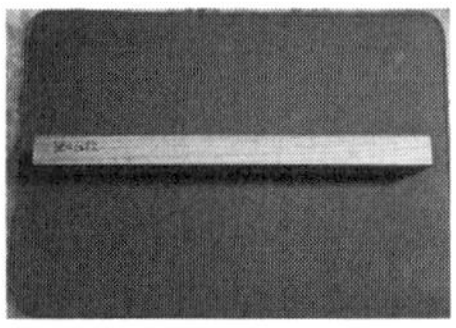	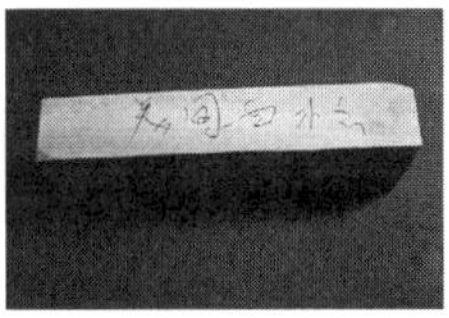	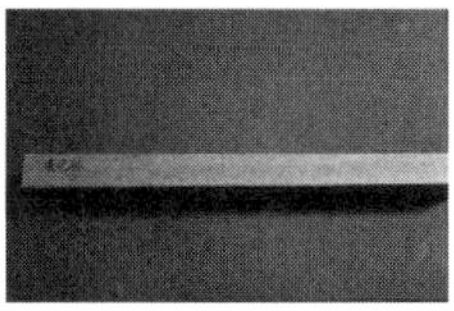
进口红松	美国白松	黄花松
	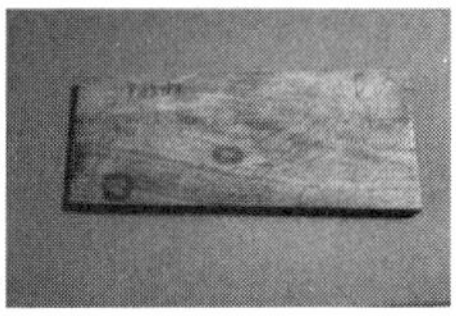	

续表

各类木材断面对比		
美国落叶松	尼泊尔檀木	俄罗斯白松
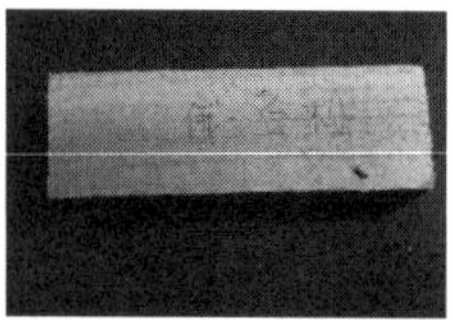	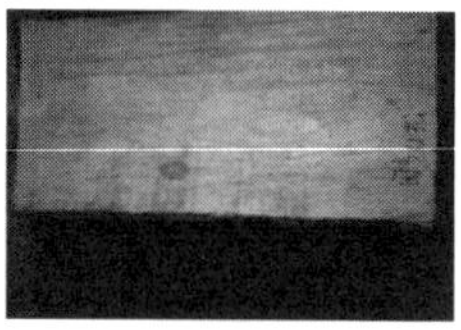	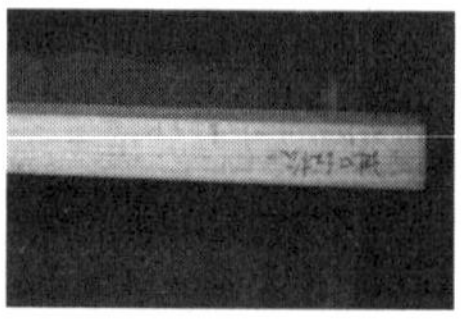
俄国白松	国产红松	进口红松
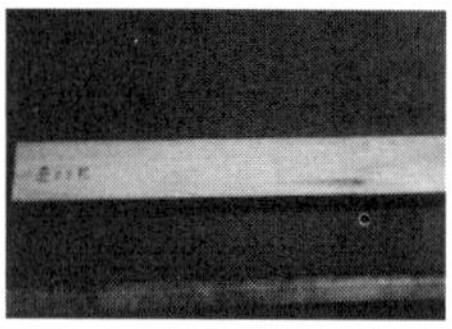		
进口白松	黄心楠木	美国铁杉

（二）装修用材

在北方，外檐装修多用软杂木，如红松（海松、朝鲜松）、楠木（桢楠、香楠）、白松、樟子松、杉木等。

内檐装修多用硬杂木，如核桃楸、柞木、紫椴、榆木、水曲柳、楠木（桢楠）、花梨、红木（大红酸枝）、紫檀等。

在南方，外檐装修软、硬杂木均用，如红松、楠木（桢楠）、山木、山樟、香樟等。

内檐装修多用硬杂木，如榉木、楠木（桢楠、香楠）、樟木、菠萝格、花梨、红木（大红酸枝）、紫檀等。

总的来说，北方以国产料居多，南方以进口料居多。

表4–2和表4–3分别对木材的分类及建筑工程常用木材树种的选用和材质要求做出了总结。

木材的分类　　表4–2

分类标准	分类名称	说明	主要用途
按构件分类	针叶树	树叶细长如针，多为常绿树，材质一般较软，有的含树脂，故又称软材。如红松、落叶松、云杉、冷杉、杉木、柏木等，都属此类	建筑工程、桥梁、家具制造、造船、电杆、坑木、枕木、桩木、机械模型等
	阔叶树	树叶宽大，叶脉成网状，大多为落叶树，材质较坚硬，故称硬材。如樟木、榉木、水曲柳、青冈、柚木、山毛榉、色木等，都属此类。也有少数质地较软的，如桦木、椴木、山杨、青杨等，属于此类	建筑工程、机械制造、造船、车辆、桥梁、枕木、家具制造、坑木及胶合板等

建筑工程常用木材树种的选用和材质要求　　表4-3

使用部位	材质要求	建议选用的树种
屋架（包括木梁、搁栅、桁条、柱）	要求纹理直，有适当的强度，耐久性好，钉着力强，干缩小的木材	黄杉、铁杉、云南铁杉、云杉、红皮云杉、细叶云杉、鱼鳞云杉、紫果云杉、冷杉、杉松冷杉、臭冷杉、油杉、云南油杉、兴安落叶松、四川红杉、红杉、长白落叶松、金钱松、华山松、白皮松、红松、广东松、黄山松、马尾松、樟子松、油松、云南松、水杉、柳杉、杉木、福建杉、侧柏、柏木、桧木、响叶杨、青杨、辽杨、小叶杨、毛白杨、山杨、樟木、红楠、楠木、木荷、西南木荷、大叶桉等
墙板、镶板、顶棚	要求具有一定强度、质较轻和有装饰价值花纹的木材	除以上树种外，还有异叶罗汉松、红豆杉、野核桃、核桃楸、胡桃、山核桃、长柄山毛榉、栗、珍珠栗、木储、红椎、栲树、苦槠、包栎树、铁槠、面槠、槲栎、白栎、柞栎、麻栎、小叶栎、白克木、悬铃木、皂角、香椿、刺楸，蚬木、金丝李、水曲柳、榉楸树、红楠、楠木等
门窗	要求木材容易干燥、干燥后不变形、材质较轻、易加工、油漆、胶粘性质良好，并具有一定花纹和材色的木材	异叶罗汉松、黄杉、铁杉、云南铁杉、云杉、红皮云杉、细叶云杉、鱼鳞云杉，紫果云杉、冷杉、杉松冷杉、臭冷杉、油杉、云南油杉、杉木、柏木、华山松、白皮松、红松、广东松、七裂槭、色木槭、青榨槭、满州槭、紫樱、极木、大叶桉、水曲柳、野核桃、核桃楸、胡桃、山核桃、枫杨、枫桦、红桦、黑桦、亮叶桦、香桦、白桦、长柄山毛样、珍珠栗、红楠、楠木等
地板	要求耐腐、耐磨、质硬和具有装饰花纹的木材	黄杉、铁杉、云南铁杉、油杉、云南油杉、兴安落叶松、四川红杉、长白落叶松、红杉、黄山松、马尾松、樟子松、油松、云南松、柏木、山核桃、枫桦、红桦、黑桦、亮叶桦、香桦、白桦、长柄山毛榉、栗、珍珠栗、米储、红椎、栲树、苦槠、包栎树、铁槠、槲栎、自栎、柞栎、麻栎、小叶栎、蚬木、花榈木、红豆木、榉、水曲柳、大叶桉、七裂槭、色木槭、青榨槭、满州槭、金丝李、红松、杉木、红楠、楠木等
椽子、挂瓦条、平顶筋、灰板条、墙筋等	要求纹理直、无翘曲、钉钉时不劈裂的木材	通常利用制材中的废材，以松、杉树种为主
装饰材、家具	要求材色悦目、具有美丽的花纹、加工性质良好、切面光滑、油漆和胶粘性质均好、不劈裂的木材	银杏、红豆杉、异叶罗汉松、云杉、红皮云杉、细叶云杉、鱼鳞云杉、紫果云杉、红松、桧木、福建柏、侧柏、柏木、响叶杨、青杨、大叶杨、辽杨、小叶杨、毛白杨、山杨、旱柳、胡桃、野核桃、核桃楸、山核桃、枫杨、枫桦、红桦、黑桦、亮叶桦、香桦、白桦、长柄山毛榉、栗、珍珠栗、包栎树、铁槠、檞栎、白栎、柞栎、麻栎、小叶栎、春榆、大叶榆、大果榆、榔榆、白榆、光叶榉、樟木、红楠、楠木、檫木、白克木、枫香、悬铃木、金丝李、大叶合欢、皂角、花榈李、红豆木、黄檀、黄菠萝、香椿、七裂槭、色木槭、青榨槭、满州槭、店木、紫椴、大叶桉、水曲柳、楼、楸树等

三、木材的后期处理

木材作为中国建筑的主要用材，有着环保、简便的优点，但是也有易腐、易燃、虫蛀、节疤、裂缝等缺点。而且刚刚采伐下来的树木，水分还比较大，如果直接用为建筑木材，很容易开裂变形。所以，对于木材，往往需要进行一定的处理之后才能用于建筑之上。常用的处理方法包括干燥、防腐、防火三种。

（一）干燥

在传统建筑中，对木结构影响最为普遍的就是木材的含水率了，它不像木材的其他疵病可以挑选、更换，只有进行干燥处理才能够保证成品构件不变、不开裂，并降低构件腐朽的概率。常用的干燥方式目前有自然干燥和人工干燥两种方式。

1. 自然干燥

这种方法通常是将新采伐下来的原木（此时木材的含水率为 30% ~ 50%）或锯解后的板材架空堆垛码放在空气流通的地方，利用空气的对流来达到降低木材中水分含量的目的。这种方法简单易行且成本低廉，但干燥时间较长，还容易受到外界的影响。

在使用这种方法干燥时，要注意木垛不要被直晒和雨淋，以避免木材的腐朽或变形。另外，可在原木或板材的端头涂刷蜡、胶或糊纸，这样能避免木材端头开裂，减少浪费，同时还要注意防止虫蛀（图 4–1、图 4–2）。

图 4-1　自然干燥的板材

图 4-2　自然干燥的原木

2. 人工干燥

人工干燥一般采用浸泡、蒸干、烘干和化学处理的方法。

（1）浸泡法通常是将新砍伐下来的原木浸泡在流动的河、湖中，根据木材的材种、原木的直径分别浸泡 2 ~ 5 个月，使得原木中的树脂及树液被水分充分溶解，再进行自然干燥，这种方法能比自然干燥（风干）的方法节省一半的时间，但是木材的强度会有一些降低。

（2）蒸干法是在专门的蒸干房内，利用高温蒸汽对木材进行熏蒸。高温蒸汽能将湿材中的树脂、树液充分溶解，熏蒸至一定时间时将木材移出烘房，自然冷却、干燥。这种方法较浸泡法干燥的时间短，而且在熏蒸的同时进行杀虫灭菌，具有一定的优势。

（3）烘干法是利用明火在特制的烘房内对木材进行一定温度、一定时间的高温烘烤，以达到木材干燥的目的。这种方法较为原始，也比较直接，但温度不易掌握，也容易出现意外，现在已逐渐被电、红外、微波等新型热源所取代。

（4）化学处理法是用化学药剂（通常用尿素）对木材进行浸渍，使木材中纤维素发生化学反应，减少了木材的吸湿性，从而降低了木材的缩胀和变形。

在以上这几种方法中，最适合在传统建筑中使用的就是自然干燥法，也称为风干法。这种方法对木材强度的损伤最小，也是最环保的，只是时间上要长一些。

（二）防腐

前面说到木材的腐朽是由于真菌引起的，而真菌的繁殖一定要有其适宜的温度和养分等，我们只要创造条件，使木材不适宜真菌的寄生和繁殖同时断绝掉真菌生长所需的养料，就会起到防腐的作用。

木材防腐一般采用两种方法，一种是干燥法，另一种是化学处理法。

1. 干燥法

对木材进行干燥，使其含水率保持在 20% 以下，同时在储存和使用中要注意通风、排湿或对木构件表面涂刷油漆以隔绝水分的侵入，以保证木材随时处于干燥状态。

2. 化学处理法

采取在木材表面涂刷、喷涂、浸渍、冷热槽浸透、压力渗透等方法注入化学防腐剂，杜绝各种真菌的侵入，进而防止腐朽的发生。在以上几种化学处理方法中，以冷热槽浸透法和压力渗透法效果最好。①

防腐剂一般分为水溶性、油溶性、油类及膏浆四类，常用的品种有氟化钠、硼酚合剂、氟砷铬合剂、林丹五氯酚合剂、强化防腐油、克鲁苏油等。

（三）防火

木材最大的缺点之一就是它的易燃性，这给传统建筑带来了极大的隐患，限制了它在今天的发展。目前，我们对木材的防火方法主要有两种：一种是在木材的储存和使用中远离火源；另一种就是在木材上涂刷防火阻燃涂料，通过提高木材的燃点来延缓木材的燃烧。

防火阻燃涂料处理的方法基本与防腐剂处理相同，也是将涂料喷或刷于木材表面，也可以把木材放入防火阻燃涂料槽内浸渍。

防火涂料根据胶结性质可分为油质防火涂料（内掺防火剂）、氯乙烯防火

① 贾立勇，章瑜华，郑学伟. 浅谈木材的特性及其在装修工程中的应用[J]. 中国高新技术企业，2008(08).

涂料、硅酸盐防火涂料和可赛银（酪素）防火涂料等。油质防火涂料及氯乙烯防火涂料能抗水，可用于露天木构件上；硅酸盐防火涂料及可赛银防火涂料抗水性差，用于不直接受潮湿作用的木构件上，不能用于露天构件。

具体使用哪种防火涂料应按照专业消防管理部门认定、推荐的品种来选择确定。经防火处理后的木材，其本身的燃点可大幅度提高，即使燃起明火，在木材表面也不会很快地蔓延，而当火源移开后，木材表面的明火会立即熄灭，能在一定程度上起到防火阻燃的目的。

四、传统木材加工工具

工具，人类的发展史也可以看作是工具的发展史，早在上百万年前我们的祖先就开始使用各种工具，从石头、木棍、火到现在的计算机、汽车、人工智能，工具延伸了我们的器官和肢体，使我们能够完成自己的肉身所不能完成的事。

木匠行也是如此，我国的传统木工工具造型优美，历史悠久，世世代代由工匠们传承下来。木工工具不但对社会发展做出了重大贡献，同时也造就和不断完善了自己，逐渐形成了不同的类型和特点，充分发挥了自己的独特功能。在发展中，木工工具形成了自己的文化特征。

古建筑木作工具都由工匠自己做，刨子、锯子、凿子柄、斧头柄、墨斗、曲尺等均以硬木做成。本匠对工具是很讲究的，常言称“做活一半，人也一半”，[①]这说明工具是必不可少的。另一方面，还可以从各自的工具上反映出本人的手艺如何。一套好的工具，用它做起活来才能得心应手，轻松自如。

木作工具多是对建筑木材进行伐、解、平、穿等加工的工具。木作工具是古代建筑行业的主要工具，种类比较多，大部分工具都有多种功能。按照功能大体上可以分为伐木工具、解木工具、平木工具、穿凿工具四类。包括斧、锯、刨、凿、锉、规、矩、墨斗、拉杆钻、木旋、锤、刀等（图 4-3）。

（一）测量工具

木工手工工艺始于精准的测量和划线，它们应用于木工制作的各道工序中。

1. 活尺

活尺又叫活络尺、活络三角尺，它的尺桩和尺瞄之间可以调整成任意角度，

① 赫世超 . 赣东北传统戏场建筑木作技艺研究 [D]. 武汉：华中科技大学，2017.

用于划所需角度的线条或检测加工构件的角度是否符合要求（图 4–4）。

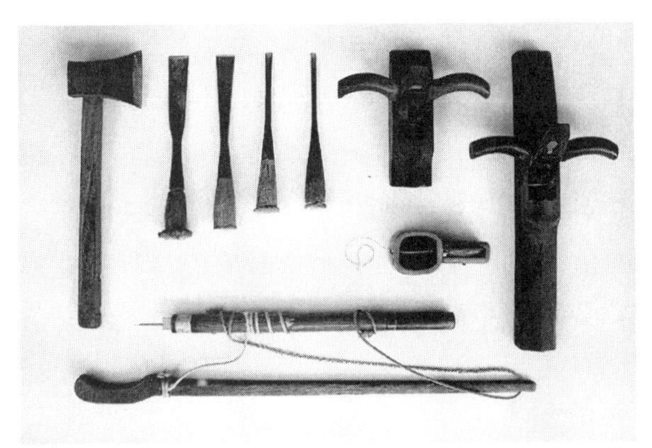

图 4–3 木材加工工具

图 4–4 活尺

2. 水平尺

水平尺的中部和端部各装有水准管，当水准管内气泡居中时，即成水平。水平尺用于校验物面的水平度和垂直度。

3. 木折尺

木折尺是用质地较好的薄木板制成，因其可以折叠，携带方便，价廉适用，为木工所常用。一般分为四折、六折和八折三种，现在已很少使用，多被钢卷尺取代（图 4–5）。

（二）划线工具

墨斗是木工用来划长线不可缺少的重要工具。一般由定针、线绳、斗槽（墨箱）、线轮和摇把组成。线绳通过斗槽前后槽壁上的两处线眼，一端与前面的定钩相连，另一端缠绕在后面的线轮上；斗槽内盛放丝绵，使用墨斗弹线时要先将斗槽加满墨汁，丝绵浸墨，使通过斗槽的线绳均匀染上墨汁以用来弹线（图 4–6）。

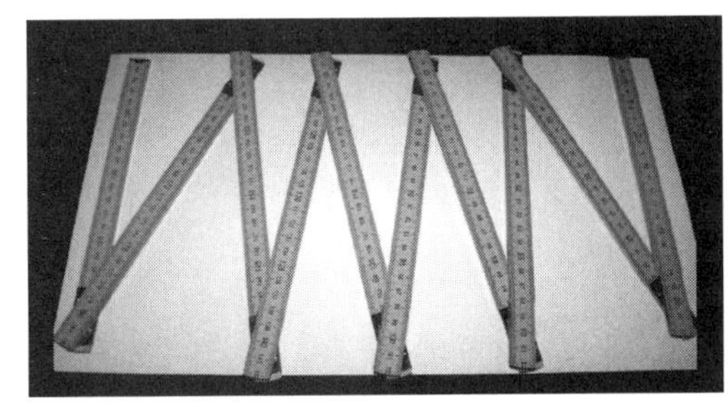

图 4–5 木工折叠尺

图 4–6 墨斗

（三）解木工具——锯

锯属于伐木和解木工具，还具有相平功能。锯条是锯的核心部件，一般用锻钢制成。横锯、刀锯结构比较简单，只有锯条和柄，主要用于垂直木纹方向的锯解，如伐木或断木。框锯由锯条、锯拐、锯梁、锯绳及锯揉组成。锯梁用软木，以保持纵向弹性。锯拐用硬木，以保持横向刚度。古代用锯绳及锯摽来拉紧锯条，现代用粗钢丝代替麻绳，用蝴蝶螺母代替锯樑。框铝分大锯和中锯，大锯主要用于顺木纹解木，如锯解木板，中锯主要用于小构件的锯解（图 4–7、图 4–8）。

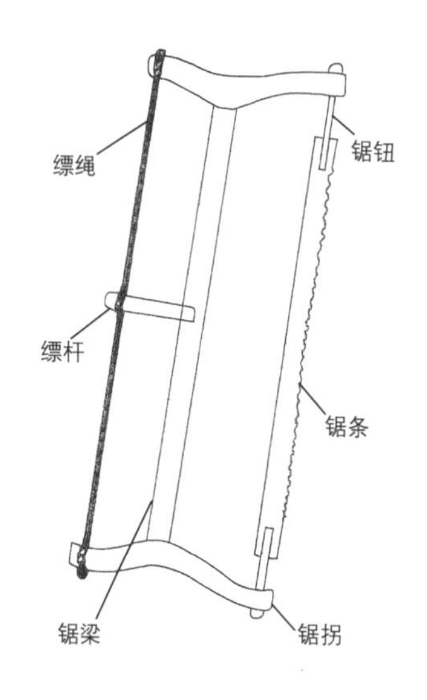

图 4–7　锯的结构

图 4–8　锯的种类

1. 戗锯

戗锯仅在我国东北地区使用，它是大顺锯，用于原木或大木料的纵解，锯条上宽下窄。

2. 大肚子锯

大肚子锯一般由两个人操作使用，此锯用钢片制成，两端插入硬木把，多用于伐木或锯割很大的原木。

3. 弯把锯

弯把锯由一个人操作使用，常用于伐木，使用此工具既能节省人力，又能降低树木伐根提高资源利用率，所以曾得到过快速的推广。

4. 框锯

框锯又叫架锯、拐锯，按锯条的长短、宽窄与锯齿的密度，可分为大锯、粗锯、中锯、细锯和挖锯等。大锯一般为 28 ~ 32 英寸，[①] 用作断小料，锯枋子、榫头及截肩，锯平柱脚、开桁条榫头等。中锯常为 24 ~ 26 英寸，主要用于开木装修的榫头和截断。由于木装修所用的材料不会太大，故锯子不宜过大，锯齿亦相应细小些。

（四）相平工具——锛

锛是相平工具，用于去除木材表面的明显凸起，使木料表面大致平整，锛头用锻铁制成，前刃齐平，木把用硬木做成，以减小操作时的弹性（图 4–9）。

（五）平木工具——刨

刨是精平木工具，可制作出表面光滑的木构件。刨是木工主要的平木工具。根据其用途及结构不同，大致分为平刨和特殊刨两大类。特殊刨包括槽刨、线刨、圆刨、弯刨等。刨的结构由刨床、木柄、刨刃、盖铁、刨楔几部分组成。刨床一般采用耐磨硬木制成，如柞木、水曲柳、紫檀木等。为防止刨床翘曲变形，要选择纹理直顺，经过干燥处理的木料制作。木匠们认为枣木烧刨刃，因此刨床不用枣木（图 4–10）。

图 4–9　锛子

图 4–10　各种各样的刨子

1. 平刨

平刨又叫平底刨，是使用最广泛的一种刨子，用于木料刨平、刨直、刨光。按用途可分为荒刨、长刨、大平刨、净刨，它们的构造相同，区别主要在长度上。平面要求越高，刨床的长度越大。

一般情况下，在进行刨削的时候，应该顺着木材的纹理进行刨削会比较省力。比如木材一般是分里外的，里材比较洁净，纹理也比较清楚；所以应该顺

① 1 英寸约等于 2.54 厘米。

着树根到树梢的方向刨削；而外材则应该顺着树梢到树根的方向刨削。[①]

2. 特殊刨

①板刨

板刨又叫平槽刨、理线刨、单线刨，刨身宽窄不一，刨刃宽度与刨身宽度相同。板刨常用于直线条修整，还可以代替槽刨在木料的表面拉槽。

②裁口刨

裁口刨刨嘴有直形和斜形两种，刨底常常装有可调节的定位导板，用来控制裁口宽度。

③铁刨

铁刨又叫滚刨、轴刨、蝙蝠刨和秋刨等，刨身短小，刨刃用螺栓固定在刨床上，适合于刨削小木料的弯曲部分。

铁刨有平底刨、圆底刨和双弧圆底刨三种。平底刨刨削外圆满弧；圆底刨刨削内圆弧；双弧圆底刨刨削双弧面。

④槽刨

槽刨又叫沟刨，专用于刨削沟槽，有固定槽刨和万能槽刨两种。一般备有 3 ~ 15 毫米不同宽度的刨刃，可根据需要更换使用，以刨不同宽度的沟槽。

⑤线刨

线刨也叫线脚刨，是用来刨削具有一定曲线形状或棱角线条的专用刨，线刨种类繁多。

⑥凹凸圆刨

凹凸圆刨主要是用来刨削曲面和圆柱面的专用刨。不同于平刨，凹凸刨的刨刃和刨身均做成圆凹或者圆凸状，并且，凹凸圆刨的刨刃较窄，刨身较短。[②]

⑦拉刨

拉刨比较特殊，它的运行方向与普通刨方向相反，是利用臂力拉刨运行。拉刨是一种地方性刨，东北地区用得比较多。

在没有发明刨之前，古人用削和蜥来平木。《考工记》中记载：“筑氏为削。长尺搏寸，合六而成规”，明确规定了削的制作方法。

（六）穿凿工具

凿子是凿卯工具，用于凿眼、剔槽和切削的工具，与锤子或斧头配合使用，一般分为平凿、圆凿和斜刃凿三大类。最常用的是平凿，平凿有窄刃和宽刃两种。

---

① 黄翔. 湖北大冶殷祖镇大木匠技艺体系研究 [D]. 武汉：武汉理工大学，2012.
② 黄伟. 中国传统平木工具设计研究 [D]. 汕头：汕头大学，2010.

窄刃凿宽度规格有 3、5、6.5、8、9.5、12.5、16 毫米等，刃口角度为 30° 左右。宽刃凿也称薄凿或扁铲，主要用于铲修表面（图 4–11、图 4–12）。

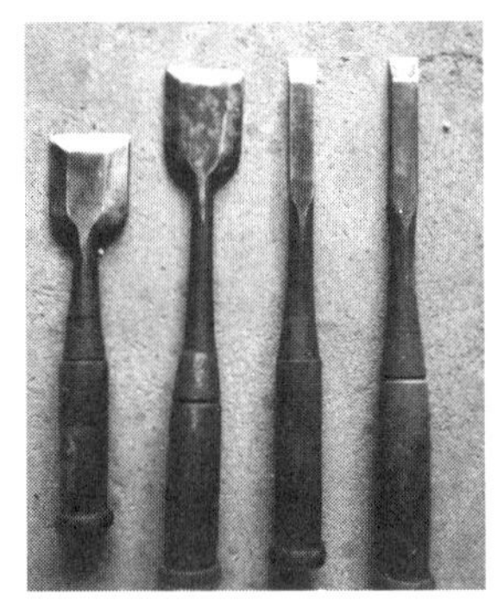

图 4–11　木工凿

图 4–12　各种各样的凿子

1. 平凿

平凿又叫板凿，凿刃平整，用来凿方孔，一般分为宽刃凿、窄刃凿、轻便凿、曲颈凿和扁凿。

2. 圆凿

圆凿凿刃呈圆弧形，用来削圆槽、凿圆孔及雕刻，有内圆凿和外圆凿两种。

3. 斜刃凿

斜刃凿凿刃呈斜形，分左斜和右斜两种，可用于倒楞、剔槽及雕刻，有时当车刀切削圆形木件。

（七）辅助工具

1. 钻子

钻是用来钻孔的工具，根据构造的不同，有麻花钻、拉钻和手摇钻等种类。

2. 锤

锤子又称榔头，木工常用的一般是羊角锤和平头锤两种。羊角锤又称拔钉锤；平头锤又称鸭嘴锤（图 4–13 ~ 图 4–15）。

图 4–13　钻子

图 4-14　平头锤

图 4-15　羊角锤

五、木材加工工艺

（一）量划工艺

1. 测量工艺

测量工艺所用的主要是尺子。建筑木工常用的有九把尺，俗称“木工九尺”（图 4-16）。

（1）直尺，又叫直板尺、手尺，是一种用途较广的木工工具。古代的直尺多是木制，由木工自行设计，长度多是一尺（即一营造尺），也有半尺和尺半长的。

（2）门尺，即门光尺，是用来度量和检验开门尺度吉凶的工具，在有的地区和鲁班尺混称。[①]

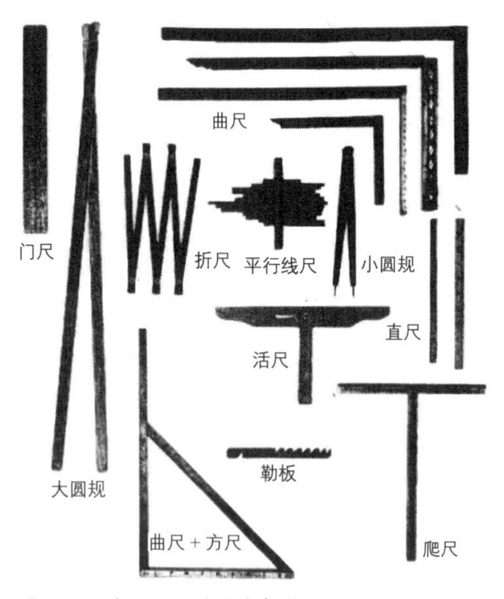

图 4-16　木工用尺（图片来源：《中国传统建筑形制与工艺》）

（3）五尺，介于直尺和丈尺之间，其长五尺。近世木工也有用折尺代替五尺的。折尺有四折、六折、八折三种，多数为木制，也有用钢制的。各段尺之间用铆钉连接起来，它既能拉开测量长构件，又能折拢测量短构件，使用携带都很方便。在浙江中西部有六尺，用于断料，同时又是挑工具的扁担。

现代木工也有用钢卷尺代替折尺的。钢卷尺是一条带有刻度的薄而窄的钢带，装在金属或塑料的盒子内，长度有 1 米、2 米、3 米、5 米等多种。它既可以测量较长的构件，又可以测量圆形的构件，并且经久耐用，测量准确，使用和携带也方便。

① 高斐. 望城都熬“木工厂”主题园景观设计 [D]. 长沙：中南林业科技大学，2018.

（4）丈尺，习称丈杆、篙尺。建筑大木制作和安装时所用。施工前先将建筑物的面阔、进深、柱高、出檐尺寸和榫卯位置等都刻划在上面，然后按上面的尺寸进行构件的断料、划线和制作；也用它来检查木构件的安装是否正确。

丈杆又可分为总丈杆和分丈杆。总丈杆上刻有反映建筑的面阔、进深以及柱高等的尺寸，是确定建筑高宽大小的总尺子。它相当于施工用的基本图纸。分丈杆上的尺寸以总丈杆尺寸为基础排成，是反映建筑具体构件部位尺寸的丈杆，有檐柱丈杆、金柱丈杆、明间面阔丈杆、次间面阔丈杆等等，是记载并丈量各部位具体尺寸和榫卯位置的分尺。①

（5）活尺，也称活动角尺，南方地区称为活络角尺，它可以测量角度和划任意角度的斜线，还可以用来检测构件的加工角度是否正确，使用方法同曲尺相似。有木制的，也有金属制的。木制者也由尺柄和尺梢组成，尺梢根据需要可以自由转动，长约一尺，将它用螺栓和翼形螺母装在尺柄上开的槽口。使用时调整成合适的角度后再拧紧螺母；用完后要松开翼形螺母，并将尺梢折放入尺柄槽内，防止尺梢损坏。②

（6）爬尺，是施工操作常用的工具，它由横杆和竖杆组成，呈 T 形，上面分别刻有一条直线且相互垂直。为保证精度和不变形，又用两斜杆将竖杆固定起来。施工放线如布瓦时，先沿挑檐檩拉一条直线，使这条直线和爬尺横杆上直线重合；再在需要的地方拉一直线和爬尺的竖杆重合，则沿此直线所布之瓦必然垂直于檐檩。有时爬尺也当水平尺来使用，称为真尺。

（7）规尺，又称圆规或两脚规，木制或金属制。除可以画圆外，也可以量取因位置窄小而不能直接测量的尺寸。此外还可以作等分线和划正多边形。

2. 划线工艺

木构件尺寸误差的大小，加工质量的高低，使用材料的省费，直接与划线有关，划线精确与否，不仅取决于操作者技术的高低，也决定于划线工具的选用是否合适。

（1）常用的划线工具及操作工艺

1）墨斗

墨斗是划长线不可缺少的专用工具，轻便灵活，形式多样。北方常见的墨斗是由一块整木雕刻而成（即整雕式），北京一带也叫“鲁班鞋”，其端头极似古建筑木作上的麻叶头，中部安一线轮，尾部凿一墨井，墨井的周边和底部有时镶有铜皮。由尾部穿一小线，通过墨井里的丝绵缠绕在线轮上。也有的墨斗是牛角做成的。南方木工常用的墨斗是由墨座、线车（线轮）、墨筒、划笔

① 杨鸣．鄂东南民间营造工艺研究 [D]. 武汉：华中科技大学，2006.
② 贺琛．水密隔舱海船文化遗产研究 [D]. 北京：中央民族大学，2012.

等组成。墨座常由一块小板雕成，用它将墨斗的构件组结在一起（即板柄式）。线车由两个轮子组成，轮子一般为正六边形，两个轮子之间由六根线柱相连，形成一柱体，其中一根或两根线柱延长伸出轮外，作为摇柄。通过轮子中心有一根轮轴，轮轴安在墨座上，线车可在轮轴上转动。墨筒通常由小竹子的一节做成，用来盛墨瓤（即丝绵），并在筒高的2/3处有两线眼。墨线通过这两眼卷在线车上。线的另一端安一定针，其木帽长约3 ~ 4厘米，直径1厘米左右，上安有一小钉，线头就拴在小钉上。一人弹线时，小钉则钉在木头上。为方便起见，有的将定针用较重的材料代替，这样在使用时当重锤用；有时木工还将线绳拉出，将墨斗挂起以当重锤来较直。

匠歌曰："画墨线，选好面，方正无疵是看面。"使用时要先将墨斗盒加足墨汁，使线吸墨。事先定好两端固定点。若两人弹线，执墨斗者左手中指、无名指和小指握住墨座，大拇指将竹笔按住墨瓤，以此来掌握线的长短及固定线车；食指把墨线按在定点上。右手拇指和食指按住墨线，垂直工作面拉动墨线并瞬间放开，细线即在木料上探出墨印。此时另一人起配合作用。若是一人弹线，则用定针插在料的端头，并跟定点在一条直线上，同前法弹出墨线。弹线时注意节约木材，以板材拼合为例，凸板边应靠着料两头的最外点弹线，凹板边则过最凹处弹线。木工行话："驼子挨边，翘子沾边"指的就是这个意思。

墨斗还可以弹弧线。当用两块或两块以上的弯曲长木板拼成长板材时，弹直线拼镶会浪费很多木材，或达不到尺寸的要求。这时木工常用撇墨法来划线。即在木料上先弹出直线，然后过两头两点依板弯斜拉弧线，放手即弹出弧线。用这种方法镶料，应"驼子对驼子"，镶成之后才能成为直料。

歌诀曰："线绳要绷紧，墨汁粘均匀；两手垂直提，墨线显又直。"操作时，浸墨丝线拉得越紧，弹印在木料上的墨线越清晰准确；提线时应和木料垂直，否则易将墨线弹弯，木工称之为"甩线"。墨斗用完以后，应将丝线缠绕回线轮上，以免弄脏。用墨斗弹出的线直而清细，不易抹掉，为木工所喜用（图4-17）。

2）竹笔

竹笔常用竹片削成，故也称划线笔、墨匙或墨钳，北京有称斩木剑者。它是墨斗的附具，主要用来划短线。使用时要靠在尺子上线才能划得直。① 竹笔是用韧性较好的竹皮或牛角制成，长约200毫米。上部削细作把柄，下端宽约15 ~ 18毫米，削成约40° 斜角，并切成梳状，梳状切口深度一般为15 ~ 20毫米。制作前用水将竹片浸泡饱和，切削时保持竹青一面平直，把竹黄一面削薄。切成的梳状竹丝越细，切口越深，吸墨也越多。竹丝越薄，划出的墨线越细。可以把尖端稍加切削成弧形，以利划线时笔尖转动角度滑溜（图4-18）。

① 范久江.嵊州民间大木作做法与营造法式的比照研究[D].杭州：中国美术学院，2010.

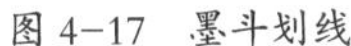
图 4-17　墨斗划线

图 4-18　划线

3）木勒板

木勒板即平行板尺，南方地区称墨株，可以用来划数量较多的平行线。一般用竹片或木板制成，在木板和竹片之上开有不同距离的三角槽，主要用来测量尺寸和放置竹笔。木勒板中间装有卡挡，用来控制牙线尺寸。使用时将它平放在木料面上，卡挡紧靠木料侧面作为划线的定位基准，竹笔卡在槽口中，使木勒板和木料始终保持垂直，两手平行移动，就可以划出与木料侧面平行的墨线。

4）线勒子

线勒子又称料勒子或勒线器，适用于在较窄的构件上划平行线。它分为单线勒子和双线勒子。单线勒子用于勒划构件宽度和厚度上的平行线，速度快且尺寸准确；双线勒子可以一次划出两条平行线，用于勒划卯口宽度和榫头的厚度，也称榫勒子。线勒子的操作基本相同：先调整好挡板和刀片之间的距离，右手握住线勒子，使挡板紧贴木料侧面，刀刃置于勒划表面上，稍加压力轻轻拉动，即可划出清晰的划痕（图 4–19、图 4–20）。

图 4-19　线勒子

图 4-20　线勒子划线

（2）常用的几种划线方法

1）原木划线

主要用于解板、破枋和加工檩柱等，一般是用墨斗弹线。划线时将木料稳放在木马上，弯曲面朝上，从小头截面开始弹线。当两端的截面都划好后，用墨线连接截面的边上垂直线弹出长直线，然后翻转木料再弹另一面。

原木破半，根据原木弯曲的情况，将弯拱朝上放在木马架上或枕槽内。在顶面上弹一条纵长墨线，然后用线锤在原木两端截面吊看，划出中心线即垂直线，划完后把原木底面转向顶面，以两端截面中心线端点在顶面上弹出一条纵长墨线，依纵长的墨线锯开即得两根半原木。

原木制枋，先在原木小头截面中央用线锤吊看，划一条中心线，用尺平分中心线为二等分，在原木中心用曲尺划出一条水平线，在水平线上量出枋木宽度（左右各半），再用线吊看，划出枋木宽度边线。再在中心线上量出枋木高度（上下各半），用曲尺划出枋木高度边线。同样方法在大头端查出枋木四条边线（注意不要动原木，以防两端边线相扭），大小头端面划线后，连接相应的枋木棱角点，用墨斗弹出纵长墨线，依线锯掉四边边皮即可得枋木。

原木解板，一般要用较平直的原木，在端截面上用线锤吊中心线，用角尺划出水平线，在水平线上按板材厚度加荒，由截面中心线向两边划平行线，然后连接相应的板材棱角点，用墨斗弹出纵长墨线。弹纵长墨线时要逐条顺次进行，以免弹错。弯曲原木划线时，应使弯拱向上，先在顶面弹出一条纵长中心线，再依中心线观察取材是否合适，然后在截面上吊划中心线，用角尺划出水平线，在水平线上依次划出板材厚度线，最后依次弹出各条纵长墨线。对于偏心原木，划分板材时要注意年轮分布情况，要使一块板材中年轮疏密一致，以防下锯后发生变形。

有特殊要求时，要采用较为经济、巧妙的手法锯解，以提高木材的利用率。

2）不规则的板料划线

对边沿不顺直的毛坯板料，也要用墨斗弹线或直尺划出直边线。一般都应先弹板料突出的一边，得一基准线，量出板料中段最窄处的宽度，在板两端各记一点，划一垂直基线的线段，并按需要等分或直接量取求得各点，墨线靠在两端的相应各点上，弹出宽度相等的平行线。

有基准面的平行划线，用直尺或线勒子都可以。直尺划线是用左手掌握尺子，中指尖捏住所要求的尺寸紧贴在基准面，右手拿笔抵住尺端，两手同时拖动划出线来。划线时要注意抵尺的中指不要松动，尺身必须保持垂直，笔尖始终抵紧尺子。

3）榫卯划线

当构件中有数根尺寸一样、榫位相同的料时，要把它们拼排起来，用曲尺统一划出榫头、卯眼长度的定位线，然后逐根将线引向另外几个侧面。可用前述的拖线法划出榫卯宽度线。

（二）解斫工艺

木作加工时，首先要将它们制成符合一定要求的坯料，然后才能进行进一步的细加工。解斫工具就是这道工序的必要工具，包括斧类和锯类等。

1. 斧类的操作工艺

斧是木工操作中不可缺少的斫削工具，它虽然结构简单，但用途极广，不但用于木料砍、劈、削，而且在凿孔眼和组装木构件时用于敲击。本文所指劈，一般指斧顺木理的操作；砍，指斧垂直木理或略带斜向的操作；削，指斧刃部与木材表面切削角度较小的操作。

斧由斧头和斧柄（把）组成。斧头大小不一，重量不等。较大的斧头重约3公斤，最小的斧头重约0.5公斤，常用斧头的重量约1公斤。大木工所用的斧头一般重为1.5 ~ 2公斤。斧柄要求用坚硬而有韧性的木料制作。北方地区通常用柞木、青冈栎、白蜡或色木等作斧柄。一般来说斧柄的长度应等于握拳后的小臂长度，约为350毫米；斧柄的粗细以用手握着舒适为宜，其粗端尺寸约为40毫米 ×25毫米。斧柄除要紧密地与斧头装在一起外，还要求其轴线与斧孔（古称銎）的中心线一致（图4–21）。

图4–21　斧头

斧头有双刃和单刃之分。单刃斧的一边有刀磨斜面，另一边并非完全平直，而是略微向斧身内凹入，凹入的程度木工称之为“进”，一般为3毫米左右。单刃斧导向性较好，砍出的材面平整，所以只适于砍、削，不宜于劈。双刃斧的两边都有刀磨斜面，斧刃在中间，使用灵活，既可以砍又能够劈，但不适于削。在我国，除专业木工之外，北方普遍使用双刃斧，南方多用单刃斧。

使用斧子砍削，有单手砍削和双手砍削两种。前者适用于砍削面积较小、长度较短的木料。操作时，左手扶直木料，右手握住斧柄中部或尾部，由下而上砍断木材纤维，再用斧子通长修直。后者适用于砍削面积较大、长度较长、重量较大的木料。操作时右手握住斧柄中部或前部，左手握住斧柄尾部掌握其平衡，对平放在地上或工作台上的木料从左向右砍削。

使用斧子时，要“辨木理，顺茬砍”。即砍削前要辨清木纹方向并顺纹砍削，以避免劈裂。如遇节疤，可以从上下或左右两面向节疤方向顺纹砍削。

砍削较厚的木料时，应在木料下段每隔100毫米左右横砍数道，将外层木材纤维砍断，以减小砍削的阻力，防止夹斧。[1] 砍削以墨线为界，并要预留一定

① 吴婷婷.闽南沿海地区传统建筑大木作研究[D].泉州：华侨大学，2018.

的砍削余量。正如匠歌所说：“一段一斧口，顺着墨线走。”（图 4–22）

2. 锯类的操作工艺

锯是木工手工操作的重要工具。它的主要作用是解、截木，其次是制榫。按其用途不同，可分为纵割锯（顺锯）和横割锯。纵割锯用于顺木纹方向“解剖”；横割锯垂直木纹方向“截断”。按结构和器型的不同，可分为框锯、刀锯、横锯和钢丝锯等。[1]

（1）框锯

框锯又称架锯、拐锯、工字锯、框架锯等。它功能较多，使用方便。框锯由工字形的锯架、锯条、锯钮、缥绳（绞绳）和缥杆（绞杆）等组成。锯架由锯梁和锯拐组成。

框锯的大小是根据锯条的长短来决定的。不同的锯条其齿距也不相同。按锯条长度和锯齿不同，框锯分为大锯、粗锯、中锯、细锯和曲线锯等（图 4–23）。

图 4–22　斧子的砍削

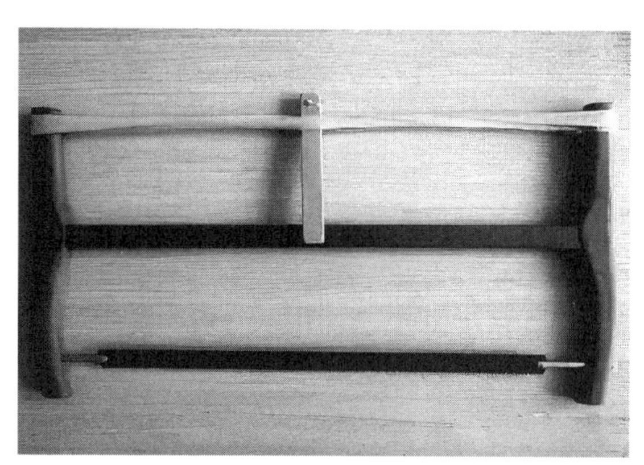

图 4–23　框锯

事实上，决定框锯功用的主要是齿形和齿距。因此凡齿形用于一般木材纵解者，木工称之为顺锯或梳锯；用于木材横截者，称为截锯。顺截两用者称为半锯。大的曲线锯多同顺锯，小者同半锯。小木工做细活用的两用锯，锯齿小，齿距近，也称密齿锯。

木工对锯条的要求是“音轻、钢硬、背薄、面平”。即用手弹击之，声音细而清澈，余音悠长；折弯成弓状后迅速放开，能很快恢复原状者为上品；锯面上刃部厚而背部薄者为佳，使用时不易夹锯；用手触摸锯面，光滑而平直者，使用时不易跑锯。

关于框锯的具体使用，如匠歌曰：“轻提条，欢杀锯，锯锯使来不跑空；不别锯，不扭条，吃着墨线往里杀；若要不跑线，两线并一线。”[2] 在实际操作中，

---

① 高斐.望城都熬“木工厂”主题园景观设计 [D]. 长沙：中南林业科技大学，2018.
② 安鹏.中国传统建筑工艺技能等级评定模式初探 [D]. 上海：同济大学，2008.

主要有三种方式：用纵割锯纵向锯割；用横割锯横向锯割；曲线锯割，具体操作如下：

用纵割锯纵向锯割：对中小框锯的锯割，把锯割的构件放置在工作台或木凳上，右脚与锯割线呈 65° ～ 90° 夹角，并踏住划好墨线构件，锯条、右手与右膝盖基本上保持在同一平面内；左腿顺身站立，左脚与锯割墨线约呈 8° 的夹角；上身微俯，倾俯大小因人和构件不同而异。如果构件较长，在锯割过程中身体保持上进锯割姿势，逐渐后退，直到锯完。锯割单薄的构件时，可用单手锯割。厚料锯割时，匠歌曰：“左手帮右手，眼睛看锯条。”即下锯时，右手紧握锯拐，左手按在墨线起始处，大拇指紧挨墨线，先锯齿紧贴大拇指，轻轻推拉几下，待锯齿切入构件后，便移开左手，帮助右手推拉。“轻提条”，指拉锯时，用力要轻，让锯条上端稍向后倾斜，稍微抬高锯架，使锯齿离开上端锯口。“欢杀锯”，指送锯时用力要重，并且眼睛要瞄准锯路，紧跟墨线下锯，即所谓“吃着墨线往里杀”。操作时锯条不要左右摇摆，开始时用力小一些，以后逐渐加大；推拉时，节奏要均匀，并尽量放大锯的行程，使更多的锯齿发挥锯割作用，而不是仅用锯条中部的锯齿锯割。俗话说“不要拉得忙，只要拉得长”，就是这个道理。

关于锯子操作的正确姿势，匠歌曰：“三拐一线”。三拐者，指踏构件的脚踝、执锯的手腕和肘子三个关节。单手操作中右手腕带动框锯上下移动时，锯条的运动方向直指向操作者的右耳，这三个关节便基本上位于一条直线上，这样可以保证锯条始终沿着墨线切割，即“二线并于一线”，防止跑锯。

大锯的纵向锯解，须两人操作。上锯手在上，下锯手在下，同时木材须架起，或绑于树干上，或埋入土内。

用横割锯横向锯割：把划好墨线的构件放于工作凳上，通常用左脚把构件踏住压紧，并使要被锯掉部分悬空。右手握稳锯拐，用无名指和小指夹住锯钮，使锯齿的齿尖朝下，同前法先用左手拇指引导锯齿上线，在墨线上轻轻推拉出一定的锯口后，左手稍向左移，压紧握牢构件，右手便加力锯割。锯割时，如果两脚所站位置或角度不合适，会直接影响锯割速度和锯割质量。一般在锯割较长的构件时踏压构件的左脚应和构件垂直（与锯口平行）。用左手按住木料锯割时，左脚与锯口距离约150毫米，右脚在右，与左脚约呈 60° ～ 70° 的夹角。

曲线锯割：锯割曲线和圆弧形构件时，使用曲线锯。锯割内圆弧时，先在构件的锯割部位上钻一大小适当的圆孔，将锯条从锯钮上卸下，穿过圆孔后再装在锯钮上。操作时曲线锯下部锯条应稍稍倾斜，使锯条与构件面夹角小于 90° ，然后按墨线进行锯割，这样可以避免将构件锯小造成浪费。锯割过程中锯条偏离墨线出现“跑锯”时，不要硬扭锯条，应在原地往复多锯几次，把锯口锯开阔些，然后再继续进行锯割。

（2）刀锯

刀锯又称锯刀，在东北地区使用很广，适合对很宽大的模板再锯割或窄板等。它结构简单，使用方便：但是行程较短，导向性差。大刀锯适合锯割较大的木料。小刀锯适合较小木料的肩角或榫头的锯割。框锯是靠推力，即往下戳的力量来加工的，而刀锯的使用实质是拉锯，依靠向后拉的力量来加工——即"实拉虚送"。匠歌曰："轻推重拉使刀锯，推拉抬压是巧技。"根据其结构形式可分为双面刀锯、夹背刀锯、鱼头刀锯、板锯等（图 4–24、图 4–25）。

图 4–24　双面刀锯

图 4–25　鱼头刀锯

1）双面刀锯：一般所指的刀锯多指双面刀锯，它由锯片和木制的锯柄组成，是一种结构简单、携带方便的纵横两用锯。主要用于锯割软杂木（尤其是松木），还可锯割幅面较宽、厚度较薄的板材。

双面刀锯锯片较薄，厚度一般为 0.8 ~ 0.9 毫米，长度为 250 ~ 200 毫米。锯片两边的齿形不相同，一边是细而长的横割锯齿形，齿距 10 ~ 6 毫米；另一边是纵割锯齿形，齿形参数与框锯相似，但方向相反（齿头向后倾，往后拉时进行锯割）。锯片前部较宽，齿距较大，向后宽度逐渐变窄，齿距也逐渐减小。

使用刀锯横向锯割：若锯割较长的构件，左脚踏住构件，右手握稳锯柄，锯与构件平面的倾斜角为 30° ~ 45°，上身向前倾俯，用左手拇指帮助刀锯切入构件后，再双手用力锯割。踏构件的左脚，应在锯割线的左侧，与锯割墨线基本平行。右脚站立方向大约与锯割构件成 45° 夹角。这样的操作姿势，锯割起来才省力。锯割时，虚送要准，实拉要稳，有节奏地往复进行锯割。握锯的手腕、肩和身腰随着锯割往复而起伏。若锯割短小构件，用左手握稳压住构件，右手握锯单手锯割。

使用刀锯纵向锯割：先将被锯割的木料垫起，左脚踏住木料，同法用左手帮助下锯，着锯后，左手移握锯柄前部，右手握住锯柄后部，采用双手进行锯割。

由于纵向锯齿锯料较小，锯口较窄，因此锯割出一定长度后在锯口中楔入一木楔以扩大锯口，减小锯割面对锯片的摩擦，防止夹锯，提高锯割效率。

2）夹背刀锯：又称作夹背锯，它由锯片、锯夹和锯柄等组成。夹背锯锯片一边有锯齿，另一边用厚度 2 毫米左右的薄钢板制作的宽度为 15 毫米的“门”形锯夹夹持，使锯片保持平直。早期夹背锯的锯夹为木制，现在也还有使用（图 4–26、图 4–27）。

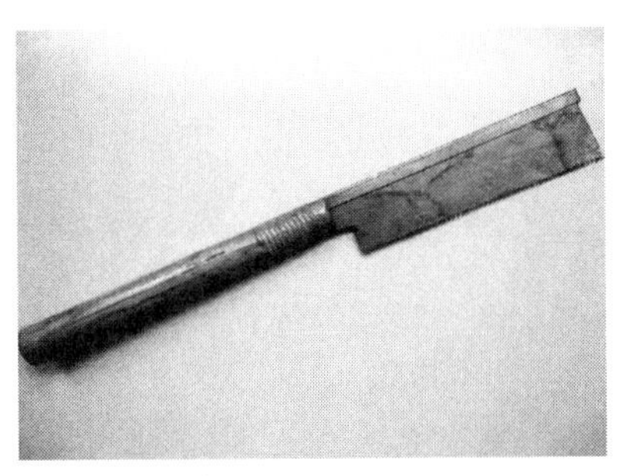

图 4–26　夹背刀锯

图 4–27　欧洲式背锯

夹背刀锯锯片较薄，一般厚度在 0.4 毫米以下，长度为 200 ~ 400 毫米（常用者长 300 毫米）。锯齿较小，多为横断锯齿形。齿距 8 ~ 3 毫米，齿高 5 ~ 6 毫米，以便顺利排屑。由于锯齿细小和密集，因此锯割出来的材面光洁。夹背刀锯多用于锯割贵重木材和榫结碰尖等精细活。

有一种特殊的夹背刀锯，木工习称为侧锯、槽锯，爬锯、搂锯等，是在木料（特别是木板）上锯割槽沟的专用锯，适合锯割燕尾槽和榫结合处的缝隙。为操作方便，锯柄略弯，其锯夹为木制或钢制。侧锯锯片长度最长达 150 ~ 200 毫米（多为 80 ~ 90 毫米），齿形有两种。一种为锯齿由中间向两侧对称倾斜，用于推拉锯割，云南一带称为抓锯；另一种为横割锯齿形，齿尖朝锯柄方向倾斜，锯割时虚送实拉。侧锯的使用与双面刀锯相同。

3）鱼头刀锯：又称鱼头锯、单面刀锯，由锯片和锯柄组成。锯片的一般长度为 350 毫米。

宽度比双面刀锯窄些，锯齿齿形与双面刀锯相同，前部的锯齿较大，向后部逐渐减小。鱼头刀锯的使用方法与双面刀锯相同，虽然锯割效率较高，但是锯割材面较粗糙，是一种粗加工锯，为建筑支模板常用工具。一般做横断锯割用，锯齿为两路。

4）板锯：又称手锯，也由锯片和锯柄组成，木锯柄装于锯片较宽的一端。这种锯需要一定的刚度，外国木工也常用。市面上可见不同的规格。一般锯片长度为 500 ~ 750 毫米时，锯片厚度 0.9 毫米，齿距 4 ~ 5 毫米；若锯片长度为 250 ~ 450 毫米时，锯片厚度 0.8 毫米，齿距 3 毫米。

板锯有纵割和横割之分，锯齿形状与框锯锯条相同。纵向锯割，锯条与构件夹角约 60° ~ 70° ，横向锯割时约 30° ，操作方式略同框锯，它的锯齿向前倾斜，故向前推时进行锯割，向后拉时为空行程。板锯适用于锯割较宽的板材，如胶合板、纤维板等（图 4–28）。

5）鸡尾锯：又叫规锯、开孔锯、狭手锯、线锯，它的结构和刀锯的结构一样，由锯片和锯柄组成，主要区别是鸡尾锯的锯片窄而且长，前端呈尖形。锯片长度一般在 600 毫米以下，常用长度规格为 300 毫米、350 毫米、400 毫米三种，宽度前端为 5 ~ 6 毫米，后端为 30 ~ 40 毫米，厚度为 0.9 毫米。锯齿齿形与曲线锯齿形相同，齿尖向锯柄方向倾斜，齿距一般为 3 ~ 4 毫米，锯料为双齿左右对称拨料（图 4–29）。

图 4–28 欧洲板锯

图 4–29 鸡尾锯

鸡尾锯主要用于锯割曲线构件和构件开孔。锯条越窄，锯割的曲率半径越小。用鸡尾锯开孔，先在划好的孔边线上钻或凿一透孔，然后将鸡尾锯前端伸入孔内，使锯前端侧面贴孔壁，沿墨线轻轻锯割，待锯口扩大以后，逐渐增加往返锯割行程。因为锯片窄而且长，所以锯割时用力要轻一些，推拉锯时要稳且准，锯片不要倾斜。锯割过程中，如果锯片难以绕过曲线时，应该用锯片在原地上下往复锯割几次，待锯出一条较宽的锯口后，再沿着墨线继续向前锯割。不能硬扭锯片，以防止扭弯或折断。

（3）横锯

横锯有两类，即戗锯和马锯，它们的锯条厚度在 4 ~ 8 毫米，宽度在 100 ~ 150 毫米，长度为 900 ~ 1800 毫米，两端装上手柄，供两人推拉锯割。戗锯仅在近世我国东北有使用，用于原木或厚大木料的纵解。常用的戗锯的上头用螺栓固定一铁锯柄，再套上木拉柄；下头安一可以拆卸的木拉柄。当锯受到支架的阻挡时，可拆下木夹柄，抽出锯条，改锯另一道锯口。木夹柄靠木楔将锯条塞紧。马锯又称快马锯、快马子、龙锯，用于较大木料的横截，马锯及所有的长齿锯的齿间切口都必须保持一定的深度，锉锯只可锉齿尖，俗称“描尖”；

当切口过浅时要用较快的锉刀将切口开深，俗称“开档”。

戗锯锯割原木有两种操作方式：一是立式锯剖，使用时将木料支起架高，或挖一地坑，木料上下各站一人，锯条沿上下方向锯解。二是卧式锯剖，使用时在原木两侧各站一人。在所有手工锯中，戗锯是破板效率最高的一种。锯割时，要瞄准墨线，开始几下只需短距离往返轻拉，待锯开适当锯缝后，再以正常锯割速度推拉。上锯手握住上锯柄，在实送虚拉的同时，掌握锯割方向和角度，不应下压，否则容易跑锯；下锯手握住下锯柄，顺其锯势实拉虚送，要向下方斜拉，锯柄要平，两手用力要均衡，否则锯条会向用力大的一方跑锯。可先从小头锯割，每锯割200 ~ 500毫米一段，锯缝中加打木楔，以撑大锯缝，减小摩擦，防止夹锯，加快锯割速度。锯割到原木全长的2/3后，再从大头处开始锯割。原木锯割前，首先要在原木上划上墨线，然后按墨线进行锯割。

马锯操作时，锯片骑在横卧的木料上，木料的两边各有一操作者。使用时拉的一人在使力，推的一人在起辅助和平衡作用。推、拉的作用相互替换，即可截断木料。

（4）钢丝锯

又称梳弓、搜弓子、弓锯、提弓，其形状像弓。其锯条是一根直径0.5 ~ 1.5毫米的低碳钢钢丝，其上斜向铲剁形成锋利的细齿。细者、粗者分别用于薄板、厚板上的纹样锯割。把钢丝拉紧平放在硬木板上，将扁凿放在钢丝上，用锤子轻轻敲打扁凿剁出锯齿。剁齿的斜度和用力要保持均匀一致。锯齿不要在同一直线上，要左右错开一些，相当于锯料。这样锯割时可以减少摩擦，防止夹锯。钢丝的长度一般为500毫米。锯弓用弹性好的竹片弯成，在锯弓的两端钻有小孔，圆钉穿过小孔后弯成钉钩，将铲剁好的钢丝挂在钩上，齿尖朝下，利用锯弓竹片的弹性张力把钢丝张紧拉直（图4–30）。

图4–30 钢丝锯

钢丝锯的用途与曲线锯、鸡尾锯基本相同，但更灵活、细巧。用它锯割内曲线时，先在构件上钻一小孔，然后将钢丝锯条穿过小孔，钩在锯弓端部的钉钩上。左手压稳构件，或者用脚踏住构件，右手握住锯弓的上端，沿着墨线推拉进行锯割。使用时，用力不宜过大，要轻拉轻推。钢丝锯条与构件面要垂直，头部要躲开钢丝的顶端，防止钢丝折断弹伤脸部。钢丝锯用完以后，要将其放松，避免锯弓疲劳过度而弹性降低，影响拉紧钢丝的张力。

（三）平木工艺

平木工艺是将不同类型的毛料刨削、砍平，使其具有一定的尺寸、形状和光洁的表面，满足构件宽度、厚度和划线的要求。用于平木的工具主要有铲、刮子、锛子和刨子。

1. 刮子及操作工具

刮子也称刮刀，主要用来刮削木材外表皮，有平木作用。其形状如同弯月，由刀刃和刀柄组成，长约 50 厘米。使用时两手握住刀柄，大拇指压住刀身，左脚在前右脚在后，身体向后猛倾，用力向怀内拉，以加大手臂的力量，增长拉距。同时，要把刮放斜，以减少阻力。遇有疤节时要用大拇指压紧刮刀，使刀刃平稳；动作要快而有力。如节瘤较大时，可先用斧锛砍平，再用刮子顺木纹或木节方向刮削，防止损伤刀口。

2. 锛子及其平木工艺

（1）锛子的结构、组成与分类

锛子是大木工不可缺少的工具之一，被列为诸工具之首，古人称之为斤。锛形似镐，由锛头（也叫锛斩）和锛刃组成，除锛刃外，其余皆为木制。锛刃的形状在不同的地方略有不同，很多地方沿袭了当地早期的形制。如皖南的锛刃，有肩有段，与新石器时代的形状很相似。

根据柄长和使用，锛有大锛和小锛之分。大锛的柄较长，使用时木料往往踏在脚下，双手扬高锛子，沿墨线砍入脚底，主要用以平木。小锛柄短，可以用来立砍，左右使用都得力。除平木外，小锛有时作用同斧。

大锛适合砍大而重的木头，锛刃外侧有“进”面，内侧是斜磨面。锛头由——长形木栽制而成。锛柄的使用长度大约等于使用者立正时地面到脐下四横指的高度。锛柄太短，木渣排出受阻；太长则操作不稳。锛头和锛刃的连接常用方榫卯和圆榫卯。锛刃必须紧紧地装在锛头榫上。锛头和锛柄也可以用双卯阴榫加胶粘牢，达到固定配合的目的。为携带方便，锛柄锛头还可以活动配合。方卯内可留一木台挡住锛柄，再用木楔加紧。

小锛形状与大锛相同，但锛柄的长度约为使用者拳头外缘到肘部的距离。小锛宜砍小构件。俗语曰：“耍锛不留门，是个残废人。”使用锛时，自身和他人都要躲开锛的惯性方向，以免误伤。

（2）锛子的原理和制作

锛子是平木工具，多数都用双手使，有人视之为横刃斧。以北京故宫木工用锛为例，其习惯制作方法如下：

锛柄的长度因人而定，一般以使用者一臂长为宜：可将锛柄上端置于腋下，以手指尖能摸到锛柄的下端（锛头处）为最佳长度，约为70厘米。锛柄的断面为3厘米 ×4厘米，用具有弹性的木料制作，近锛头处的断面呈方形，其余约2/3刮削成椭圆形以利手握。锛头的长度约为锛柄的一半，一般长35厘米，用断面为4厘米 ×5厘米的硬方木块制成。在锛头1/3处凿柄眼，眼的前部做有胆榫，在把柄的相应位置做有胆眼。安装时将锛柄插入锛头眼内，由后至前推柄，当榫卯相交时，在胀眼打入木楔，可防止使用时锛头意外脱落。在锛头的下部置有安装锛刃的榫头，俗称“锛嘴子”，它的角度根据锛柄的长度而定。北京一带常见的做法是以锛柄头和锛嘴子的连线为半径，在锛嘴子处划一短线，以此线为准做出锛嘴子。事实上，锛嘴子的制作决定了锛刃的安装角度，而各地木工都有自己一套习惯的制作和使用方法。比如晋北一带常在锛柄上距锛头尺七或尺八的地方取点和锛嘴子端部连线，以此为半径确定锛刃的安装角度。也有的地方歌诀曰：“锛子尺三，不砍自钻。”总的来说都是按一定的方法将锛嘴子取成弧线，这样安装锛刃后，锛刃的直背部与此半径相切，锛刃也就带有弧度了。操作时身体都要略向前倾斜，这样锛刃背几乎与料面平行，因而砍出的料较平整，使用也轻快。

锛刃的安装要“不善不恶”。所谓善，指锛刃安装向锛柄方向倾斜太多，从而操作时不易砍平木料；所谓恶，指锛刃安装角度太小，操作时锛刃老往木料里边钻，容易夹住锛刃。只有安装角度合适，使用才会称手。

（3）锛子的操作技术

北京一带匠歌曰：“扬高砍，扬低拣；上手托，下手砍；顺找木茬左右拣，臂肘身防危险。”指的是大锛使用的情况。砍，也称扎，切断木纤维。拣，找平也。根据个人习惯不同，大锛可以左右砍。使用时一手握锛柄的中部，另一手握柄端，握柄端的手基本保持不动：扬锛时它起压的作用，拳背朝上；当锛刃落下时，要拧腕变化方向，拳背朝下，起托的作用。同时肘子贴身，以控制锛的砍削。整个操作，可以看作是移动的手握锛柄中部，以不动的手为圆心划过一条弧线，锛刃也就顺另一同心弧线切入木料。大段的木料砍削时，要先将木料在每隔约15 ~ 20厘米的距离横着砍劈几道口子以砍断木纤维，木工称“扎”，再顺木纹方向砍平，木工称为“拣”。先扎后拣，这样削去的木片可以边砍边掉落，操作较为顺利。在木工操作中，高低不平的地方都用锛而不用锯，这是因为锯加工后较为粗糙，表面尚需进一步加工，而技术高的木工用锛砍削后木料的表面基本平整，除非有特殊的要求，一般不需再加工。此外，用锛砍后的木料不易变形，而用锯加工后的木料常常翘曲（图4-31、图4-32）。

图 4-31　锛子的操作

图 4-32　锛子

3. 刨子及平木工艺

刨子是近世木工常用的木作精加工工具，其主要作用是用来平木。根据其用途和功能不同，主要分为以下几种（表 4-4）。

刨子的主要分类（长度单位：毫米；角度单位：°）　　　**表 4-4**

刨分类		长度	宽度	高度	刃具宽	切割角	断面特征	备注
平刨	粗刨	200 ~ 400	65 ~ 70	50 ~ 60	44.5	48 ~ 45		即平底刨，按使用分为平推刨和平拉刨
	细刨	450 ~ 500	70 ~ 75	50 ~ 60	51	48 ~ 50		
	光刨	150 ~ 250	60 ~ 70	50 ~ 60	44.5	48 ~ 50		
线脚刨		180 ~ 250	25 ~ 50	50 ~ 70	5 ~ 25	45		用于刨削线脚
曲底刨		150 ~ 450	40 ~ 60	50	40 ~ 50	45		又称圆刨，原木匠常用
槽刨		180 ~ 250	50	60 ~ 70	5 ~ 10	48		用于打槽
边刨		250 ~ 300	40 ~ 60	60 ~ 70	15 ~ 30	47		又称理线刨
台刨		250 ~ 300	40 ~ 60	60 ~ 70	15 ~ 30	47		用于木料边缘上刨削台阶

（1）平刨及其操作技术

平刨即平底刨，是使用最广泛的一种刨子（图 4-33），用于刨削木料表面，使其具有一定的平整度和光洁度。按其刨削方式不同，又可分为两种：一种是推刨，另一种是拉刨。

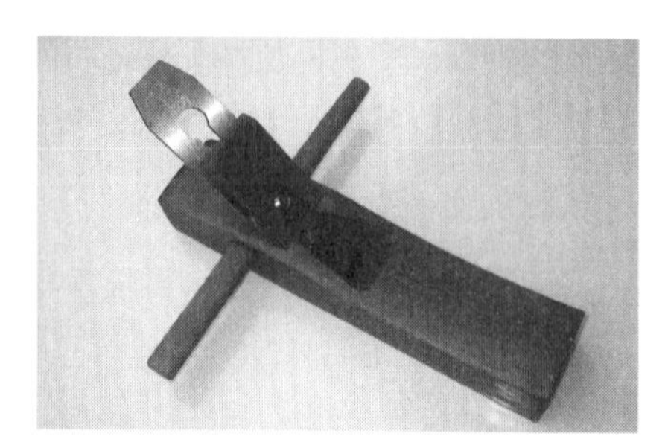

图 4-33　平刨

1）推刨

①推刨的分类

推刨也称平推刨，按其大小分为长刨、中刨、短刨和净刨。中刨和短刨属粗刨类。

长刨：也叫大刨、细刨，刨身长度一般为 400 ~ 500 毫米，断面一般宽 × 高 =6.5 厘米 ×5 厘米。由于刨身较长，所刨木料较为平直，光洁度高，用于刨削粗刨后的木料，找平、找直，是平木工作中的细加工工具。[①]

中刨：也叫粗刨、二刨，断面同长刨，刨身长度为 250 ~ 400 毫米，是平木工具中的粗加工工具。适于头一道粗刨，刨去毛料上的锯纹和凸起部分，把坯料刨削成接近要求的尺寸，因而刨削量大，光洁度差，但是效率较高。这种刨分带盖铁和不带盖铁两种。前者刨削时不易戗茬，后者易戗茬，但是刨削省力。

短刨：又叫荒刨、小刨，身长一般为 200 ~ 250 毫米，专门用来刨削木料的粗糙面，刨削量最大，但是光洁度差。

净刨：也叫光刨，或细短刨，长度为 150 ~ 200 毫米（常用的为 180 毫米），是一种精加工用刨。用于刨削中刨刨削后的木料，适合精刨零件或家具表面，光洁度高。因为它的操作是最后一道工序，决定着构件表面的质量，所以必须压戗，除了用盖铁外，还有金属镶口。

此外还用一种大平推刨，长度为 600 毫米，专用于板枋材的拼缝之用，常见的外形同长刨。有的长推刨前后各安有一手柄，可以两人一起配合使用。还有一种没有横向刨柄的大平推刨，刨柄呈鸡冠状装在刨身的后上部，使用时两手进行推削。

以上刨类，匠歌“二刨刮，大刨平，小刨光”，概括了它们不同的功用，也说明了它们的使用顺序。

②推刨的构造

推刨由刨身（也称刨床）、刨刀（刨刃）、刨楔、盖铁和刨柄组成。推刨从制作关系到刨削的质量，要求刨刀锋利、刨身平直、排屑流畅，刨削省力而没有戗茬。[②]

刨身：刨身一般多选用比较干燥的，不容易变形的，且材质坚硬耐磨的木料制作而成。[③] 比如枣木、柞木、槐木、红木、榉木、紫檀等均是刨身木料的选用木材。广东地区的木工还多用酸枝、花梨、黄桑以及砚木制作。在选材的时候，

① 邓文鑫，袁进东，夏岚．平推刨的设计视角探析 [J]. 家具与室内装饰，2017（01）.
② 潘伟．鄂西南土家族大木作建造特征与民间营造技术研究——以宣恩县龙潭河流域传统民居为例 [D]. 武汉：华中科技大学，2012.
③ 邓文鑫．传统小木作刨类工具演变研究 [D]. 长沙：中南林业科技大学，2017.

一般小径的树材取用其心材部分，而大径的树材则是取其纹理对称的边心材之间的部分，称为“二标”处的木材，选定之后进行粗略的加工，制成枋材毛料，并要留有较大的加工余量。变形大的木料余量要多留一些，变形小的木料加工余量可以少一些。比如装宽度为 51 毫米的刨刀，刨身毛料宽厚不应小于 75 毫米 ×55 毫米，长度余量不应小于 20 ~ 30 毫米。等到毛料干燥之后，还要对其进行二次加工，对其四边进行加工，使之成为净料，净料一般要求相邻两个平面互相垂直，四个平面平直光洁，宽厚尺寸准确。如装宽度为 51 毫米刨刀的刨身净料宽厚为 70 毫米 ×50 毫米。刨身的宽度和厚度根据所用刨刀宽度决定。粗刨的刨身厚度可为 45 毫米；长刨的刨身厚度可为 50 毫米。长度暂不截取，这样做的目的，是为了使刨身上受力较大的部位有较大的选择余地，可以避开木材的缺陷，而且还便于在制作过程中夹持和消除夹持的痕迹。

刨身净料刨削出来后，选择纹理顺直无戗茬的一面作为刨身底面，然后按要求的尺寸进行划线。划线前根据刨子的用途确定刨刀的安装角度。安装角度（即切削角）是刨子制作的关键。匠歌曰：“立一卧九，不推自走；立一卧八，费力白搭；一尺三寸五，立一卧八五。”绍兴匠歌也曰：“寸倒九，刨花自己走；寸倒寸，刨花走得慢；寸倒八，刨花用手挖。”如设刨身高为十分，如果刨刀向后倾斜九分，即“立一卧九”，则切削角为 arctan（10/ 9）=48°；立一卧八时，切削角为 arctan（10/8）=51.39°；当大刨刨身长为一尺三寸五（即 45 厘米）时，同法计算切削角为 49.6°。实测也可知，一般刨子的切削角为 45° 左右。加工的精度越高，要求的切削角度越大。所以大刨即细刨的切削角要大于粗刨的切削角。此外，切削角的大小还和加工的材料有关。刨削硬杂木如柞木、榆木、麻栎等，安装角度可大于 45°，木工行话叫“戳”；刨削软杂木如红松、白松、杨木等，装刀角度可小于 45°，木工行话叫“坦”。安装角度大时，刨削费力，但是压戗好，加工表面光洁，故精加工的细刨如长刨，装刀角度一般为 47° ~ 48°，光刨可达 51°。

刨身上安装刨刀和排屑的空间称刨腔，刨腔制作划线时，一般先划刨的底槽口（也叫刨嘴或刨口槽）。长刨为有良好的导向性，底槽口偏后，利于取直刨光；净刨用于提高表面的光洁度，刨身短，为便于灵活运用，底槽口偏前，以后部正好安放下刨柄为宜。划线时，要考虑木料的纹理和缺陷，纹理斜的木料应该戗茬朝后，其好处是不易戗刨身底面，使用轻快省力。千斤是夹持刨刀的，经常受到刨楔的挤压，因此千斤处不准有木材缺陷。刨口槽（刨嘴）是刨刀在刨底上的出口，也要避开木材缺陷。先把刨口槽的形状和位置划在刨身底面上，再用活尺把装刀角度划在两侧，再在这条斜线的最上端（即刨刀底面斜线）与刨身上面的交点用直角尺划线，此线为刨刀底面上口线。最后把千斤的燕尾形划到刨身上面。检查无误后，先从底面按刨刀的倾斜线剔凿到一定的深度约 12 毫米后，翻过来从上面往下剔，用扁铲从前部往后渐剔，掌握好力的大小，并离刨刀倾斜线留出足够的加工余量以便修整。刨身凿通后，用锋利扁铲初步修整腔内刨刀倾斜面，然后用小锯或钳工用的钢锯锯出千斤。再用扁铲将刨刀槽底面、侧面及千斤等修整平直光滑，并且是里紧外松，这样将刨楔楔紧后不致破坏千斤。刨刀槽底面是放置刨刀的地方，要求能与刨刀紧密吻合。刨口槽的长度可略大于刨刀的宽度，而宽度依刨刀的厚度和装刀斜度而定。刨口槽的尺寸宜小不宜大：小了可以修整加大，而大了则只有用镶硬木或金属块的办法补救。刨刀装入刨身后，其刃口到刨口槽边的间隙要适当，此间隙的大小与刨子的用途有关。长刨和光刨不宜大于 1 毫米，中刨和短刨约 1 ~ 1.5 毫米。

千斤：有两类，一是木千斤，即在刨身上将刨腔凿成燕尾式或其他式样来夹持刨刀；另一种是穿杆千斤（简称杆千斤），用硬木或竹子等制成截面为半圆形的细杆，穿嵌在刨腔内，径面靠贴刨刀以夹持之。后者制作简单，排屑顺利，但侧面易裂。

刨刀：在操作时用，主要用盖铁和刨楔将其挤压在刨身上进行刨削。刨刀用碳素工具钢制作（俗称“一块金”，耐磨，质脆），或者刀体用低碳钢，刀刃用 GCr15 滚珠轴承钢、60Si2 弹簧钢或 T10–T12 碳素工具钢或合金钢，也可以低碳钢表面渗碳淬火。在古代则由铁匠锻制。对刨刀的材质要求硬度适中并具有韧性。材质软刨刀不耐磨，寿命短；材质过硬则不耐冲击，刃口易崩裂。一般情况下硬度为 60 ~ 64 hfc。我国农村打制的钢刃具，采用嵌钢法，在其刀磨面上可以明显看出钢和铁体的区别：有钢的部分发青发亮。常见刨刀宽度尺寸有 25 毫米、32 毫米、38 毫米、44 毫米、51 毫米和 64 毫米等，宽度尺寸基本统一。刨刀刃口角度（刃磨角），根据所刨木料材质软硬程度而定，一般刨削硬木用 35° 角左右，刨削中等硬度的木料用 25° ~ 30°，刨削软木用 20° 左右。

盖铁：盖铁的主要作用是为了在刨之中避免木材撕裂，起到压戗的作用。除此之外，盖铁还可以保护刨刀的刀刃，使其在工作的时候不容易活动。还可以排除刨花，减少堵塞。盖铁还应同刨刀配套，规格要相同。使用时盖铁扣到刨刀面上（有条件者可用螺栓拧紧）。盖铁刃口到刨刀刃口的距离，应该安排合理，一般是根据刨削木料的硬度和刨光程度的要求而定的。距离如果过大，盖铁便失去了压戗和保护刨刃的作用；距离太小，则会给刨削带来一定的困难，给排屑带来一定的不便。一般情况下长刨为 0.6 ~ 0.8 毫米，中刨为 1 毫米，光刨为 0.5 ~ 0.8 毫米，在刨硬木或湿料时可适当加大些。盖铁与刨刀刃口要严密吻合，迎着光看时不应透亮，否则缝隙中会塞进刨花，影响使用。

为了达到压戗的目的，除了使用盖铁外还可使用铁嘴（刨嘴封铁也称镶口）。铁嘴起着切削压尺的作用，防止木材撕裂。通常选用切削性能好的低碳钢或者紫铜、黄铜等制作铁嘴，可将金属直接镶嵌固定在刨身上，也可以将金属先固定在——硬木上，然后将此硬木和刨身胶合。其结合处多用燕尾榫。安装前先将刨身底刨削平直，再研磨金属块，使之能装到刨身上后和刨底面基本一致，胶合上去后，把刨身底面放在细砂纸上打磨，使刨身底面和铁嘴处在同一平面内。装刨刀后，铁嘴和刨刀刃口的净距离一般为 0.5 ~ 0.8 毫米（长刨不宜大于 1 毫米，中、短刨约 1 ~ 1.5 毫米）。

刨楔：是用来挤压刨刀并固定它的楔状木块，用具有一定韧性的硬木如色木、柞木、楸木等制作。它的宽度同刨刀宽。制作时按千斤上下口和刨刀之间的尺寸划出楔形，按线锯割并留出豁口。然后敲入千斤和盖铁之间试装，用扁铲修削不当的地方，其长度以刨楔挤紧时外露 30 ~ 50 毫米为宜。有的刨楔采用厚度 3 毫米的钢板弯成“L”形直接与刨相配，既起刨楔作用，又能代替盖铁，使用方便，效果较好。

刨柄一般长度为 250 毫米，制作材料一般和刨身所用材料相同，刨柄共分两种，一种是活动式的，另一种是固定式的。活动刨柄在刨身上凿孔穿入，称“穿柄”，受到刨身厚度的限制，穿柄的断面较小并且多呈矩形或椭圆形，刨削时不好把握且费力，刨身薄的时候如果把握不好还很容易碰到手。但是相对来讲，其携带和保管比较方便。外出做工者所用多为穿柄。也有的活动刨柄做成燕尾榫插入刨刀后端的卯口，不用时可以卸下。固定刨柄可做成椭圆形、圆形或者羊角形，用铁钉、螺钮或者榫结等方式固定在刨身上，俗称“压柄”。这种刨柄握持时比较合手，刨身薄时也无妨，刨削效率高。但是制作较麻烦，携带也不方便。

刨子各部分制作完毕后就可以组装使用。首先需要将盖铁用螺栓固定在刨刀上，然后调整好盖铁与刨刀刃口的距离，将其插入到刨刀槽内，再用刨楔初步挤紧，等到刨刀调整合适之后，最后再敲紧刨楔进行使用。

③推刨的操作技术

根据刨刀运动方向与木材纤维方向之间的关系，有三种刨削方式，即纵向刨削、端向刨削和横向刨切。[①] 纵向刨削时，刀刃在木材纤维平面内顺纤维方向移动，这种刨削方式是木作加工中最普遍的刨削方式。横向刨削的刀刃在木材纤维平面内垂直纤维方向移动，端向刨削加工木材的端面。

刨削木料之前，要先辨别木料纹理，决定刨削方向。顺纹刨削可避免戗茬；刨削边材时，由树梢向树根方向刨削；刨削心材时由树根向树梢方向刨削。由

① 万啸波，袁进东．平推刨在传统小木作中的应用研究 [J]. 家具与室内装饰，2019（12）.

此看出木料的边心材刨削方向相反，因此刨削木料两边的纹理只要不是对称的，如果刨削一面时戗茬，那么刨削另一面时则顺茬（图 4–34）。

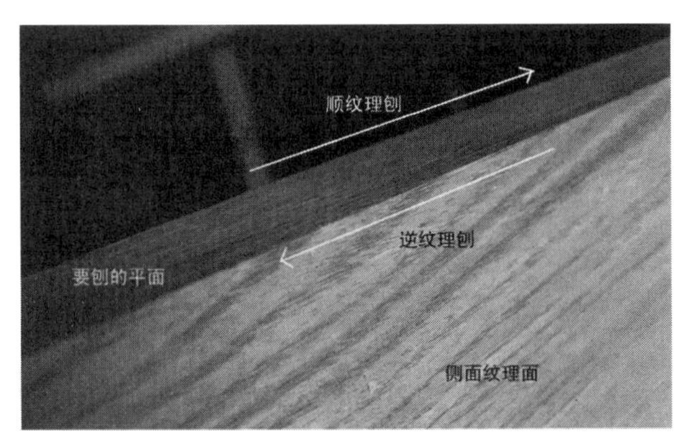

图 4–34　木材纹理

刨削前还要根据木料的长度和刨削要求，选择相应的刨子。刨削普通木料时，一般选用中刨，刨削较平直的长木料选用长刨，家具或零件的精光可用净刨。然后根据选择的材面调整刨刃，使刨刃与刨底平面平行；调整刨刃突出刨嘴的程度，一般为 0.1 ~ 0.5 毫米，最大不超过 1 毫米（中刨大一些，短刨和长刨小一些）。刨削时一般选择较洁净、纹理清楚的里材面作为“大面”，再看清木料翘扭弯曲和木纹的顺逆情况以决定刨削方向。一般先刨里材面，再刨其他面，切勿逆纹或戗茬刨削。

匠歌曰：“平刨底，放稳料，不磕头也不上翘；用力均匀平又巧，快推轻拉刨得好；端平刨，走直路，前要弓，后要绷，肩背着力往前冲。”

把要刨削的木料放在工作台上，并用辅助工具固定之，操作者左脚在前右脚在后，立于刨削木料的左侧。两手的中指、无名指、小指和掌心握住刨柄，食指伸直从刨刀槽两侧压往刨身，大拇指推压在刨柄后的刨身上，使刨底面紧贴木料表面。刨削开始，刨身前端不应上仰；刨削结束，又不得低头，即“不磕头、不上翘”。刨削时两手握刨要牢，手、脚、身、臂配合要协调，两臂均匀用力，始终保持刨身平直向前推进；退回时应将刨身后部稍微抬起，以免刃口在木料上拖磨使刨刃变钝，即所谓“快推轻拉”。注意刨削时所使用的是全身配合的力量，而不是仅靠胳膊和手腕，故两脚所站位置、姿势和步法很重要，操作时伸臂、曲肘，以及步法的进退要协调。尤其是刨削较长的木料时，要不断地向前移步，以保证连续刨削。木工常用的步法有定步法、活步法和丁步法三种。

定步法适于刨削短木料（长度一般在 800 毫米以下）。开始刨削时左脚在前成虚步，右腿在后且略蹬直，即“前弓后绷”，两脚之间的距离决定于刨削木料的长度和操作者的身高，一般为 500 ~ 900 毫米。两臂弯曲，两手压稳刨身并向前推进，两臂逐渐伸直，上身逐渐前倾，左腿随之弯曲，右腿绷直，重心逐渐落在左腿上，成“弓步”。匠歌曰：“使刨不用教，俯下身子塌下腰；前腿弓、后腿蹬，手腕挺住不放松。”操作技巧相同。

活步法适于刨削长木料（长度一般在 1000 毫米以上），刨削时用定步法从木料后端开始，推刨到一定长度后，右脚向前跟进一步，靠近左脚的后边，接着上身也随着向前跟进，继续向前推刨，左脚再向前迈出一步。在脚步移动的同时，刨子不停地向前推进，直到刨削到木料的前端。向后退时左脚先后退一步，落在右脚前外侧，然后右脚再后退一步，以此往复直到木料始端。

丁步法适于刨削中等长度的木料（长度为 1000 毫米左右）。这种步法是在定步法的基础上，左脚位置不动，只是右脚前进或者后退，脚步形成斜丁字形。

以上是纵向和横向刨削的操作技术。端向刨削时，刨刃与纤维方向垂直，并且刀刃在垂直于纤维的平面内移动。这种刨削方式不太常用，但如实板拼的各种面板，要刨削六个面，必然还有两个端面。如果刨刀刃口不锋利或吃刀量较大，常常会使末端的木料劈裂。通常选用刨刀倾角为 38° 的平刨，刨出的端面光滑平整。如果刨削的端面较长，要从两个端头向中间刨，以防发生劈裂。刨削端面较短时，要先把木料的末端刨成一小斜棱，然后再刨中间，以减少裂劈。

2）拉刨

拉刨或称平拉刨，是专门用来刨削软杂木（如红松）的刨子，既省力又可提高效率，在我国东北地区使用较普遍。它和平推刨的作用相同，但是其结构和操作方法有异。此外，原木工加工料小，也有用拉刨者（图 4–35）。

图 4–35　日本拉刨

①拉刨的结构

拉刨没有刨柄，刨身断面较推刨为扁宽，刨刀既宽又短（上宽下窄，上厚下薄），刨腔大，内多用一横销做千斤，称“千斤棍”。刨刀的安装角度为 38° ～ 40° 。大拉刨的刨身长约 400 毫米，小的长约 200 毫米。

②拉刨的操作技术

拉刨也可用于纵向刨削、端向刨削和横向刨削。刨刃的调整同前述平推刨。为了保证正常刨削，刨刃突出量是否合适，要经过试刨。

使用平拉刨时，用右手把握刨身的前部，拇指和其余四指分别握住刨身的两侧；左手按住刨刀和刨身尾部，两手同时用力向后拉。两手的拉力和压力配合要适当。对一般长度的木料，一般采用定步法。左脚在前，右脚在后，相距一步。左脚和刨削木料成 45°，右脚和刨削木料成 70°。拉刨开始时，左腿弯曲，右腿绷直，两手前伸握刨，身体向前倾俯，重心落在左腿上。在向后刨削过程中，左腿逐渐绷直，右腿逐渐弯曲，身体的重心逐渐移到右腿上并逐渐伸直，两臂逐渐弯曲，刨削到木料尾端以后，左手离开刨身，右手将刨送到开始刨削的位置，按开始刨削的姿势再进行刨削。刨削较长的木料，采用活步法进行刨削，和平推刨的活步法类似，只是刨削方向相反。活步法是在定步法拉刨开始后，上身微挺，重心移到右腿上，紧接着左脚向后退一步，保持原角度，落在后面的右脚之前，而后右脚向后退一步，保持与刨削所成的角度，使步法恢复到开始刨削时的位置和姿势，一直刨削到木料末端。

如果刨削较短木料的窄面，可将木料平放在工作台的垫板上，将平拉刨侧立，左手把稳木料，右手握住刨身的中间位置，单手向后拉刨。刨削木料的宽面，也可用刨削平面时的握刨方式，但要用握刨尾的左手无名指和小指抵住木料的侧面控制拉刨的刨削方向。

（2）特殊形式的刨

1）槽刨

槽刨，又称沟刨，专用于刨削沟槽（图 4–36）。一般备有 3 ~ 12 毫米不同宽度的刨刀，可根据需要更换使用，以刨不同宽度的沟槽。刨刀与刨身底面的夹角一般为 48°。刨沟槽时，刨刀在后，两把勒刀在刨刀之前，用力向后拉刨，刨削方式和平拉刨相同。简易的槽刨长 200 毫米、宽约 35 毫米、高约 600 毫米，底部有一长宽 8 ~ 12 毫米（铁制者取窄，木制者取宽，大于 3 毫米）、高 7 ~ 9 毫米的滑道（或称为横刨梗），使刨身呈 T 形。复杂的槽刨还带有 L 形导板，有木制的方楔与之配合，用来调整与刨身的距离，使用时导板卡在木料边缘上，敲紧木楔固定之。

2）滚刨

滚刨，又称轴刨、刮刨，有铁制和木制两种（图 4–37）。它的特点是刨身短小，使用轻巧灵活，能够刨削各种形状的弯曲面。大木工用来修椽子、加工原木等。原木工也常使用它。铁制者一般为市售，也叫铁刨、蝙蝠刨、蟹刨、鸟刨等，由刨柄、刨夹、刨刀和螺栓等组成。刨柄和刨身连成一体，用铸铁制成。

刨刀和刨夹用螺栓固定在刨身上。铁刨刨底有平面和弧面两种。弧面刨底的铁刨能够刨削更小的曲线形面构件，如椅子腿、圆轴等。木制的滚刨有的安有刨楔，用以挤紧刨刀，构造与铁刨相似；有的只有刨柄和刨刀，刨刀为打制，两端有细弯杆插入刨柄，构造比较简单。木制滚刨也有平底和弧底两种，使用与铁刨无异。

图 4-36 槽刨

图 4-37 滚刨

滚刨主要是用来刨削曲面的，因此，相比较平刨，它的使用姿势和手法是不太一样的，在操作的时候，需要用两手紧握住刨柄，两个拇指按住刨刀处的刨身，顺着曲面用力推。例如刨削内圆面，拇指除用力推外，还要有向上挑的趋势。

3）回头刨

回头刨，又称板刨、平槽刨、理线刨、单线刨，它由刨身、刨刀和刨楔等组成。回头刨的刨刀宽度与刨身相同，规格以铲头宽度计，一般 12 ~ 30 毫米，从刨嘴插入刨身内，两边刃尖突出刨身底面棱角处，因此刨身窄而且厚。回头刨的刨楔一般放在刨刀下部的上端，挤压刨刀使其刃端下部紧贴刨槽斜面，而平刨的刨楔是放在刨刀上部的，这是二者不同之处。回头刨常用于直线条修整，还可以代替槽刨在木料的表面拉槽。拉削时两手用力要大些，同时还要有一定的靠劲，才能使板刨沿着边棱平行地切削。小者刨腔开口在侧面，大者在上部。

4）裁口刨

因刨嘴是倾斜的，又称歪嘴刨或边刨（图 4-38）。长 200 ~ 300 毫米，厚约 40 毫米，高 50 ~ 60 毫米，刃与底面夹角约为 50°。裁口刨由刨身、刨刀、盖铁和勒刀等组成，分左右式两种，一般常用左式的，通常裁口刨刨底装有可调节的定

图 4-38 裁口刨

位导板，用来控制裁口宽度。裁口刨刨刀倾斜于刨底，刨刀尖突出刨底边角，勒刀在刨刀尖的前方，刨刀刃口倾角为 65° 左右，盖铁斜度应与刨刀刃口斜度相同，否则盖铁不能发挥其作用。勒刀用来割断木纤维，保证裁口立面平直光洁。

裁口刨的使用可以不受木纹纹理的限制，其刨削方式、握刨姿势和操作步法与平拉刨相同。刨削平口时要把勒刀和定位板卸掉，使刨身里侧面紧贴构件裁口的侧面向后拉削。刨削立口时将刨身翻转过来，使里面朝下，右手握住裁口刨刨身的后部向前推刨，直到满足刨削要求为止。

5）凹凸圆刨

凹凸圆刨是木工自制的、用于刨削曲面或圆柱面的专用刨。刨刀和刨身底部均呈圆凹形或圆凸形。凹凸圆刨的刨刀较窄，刨身较短，一般情况下刨身长度小于 180mm，规格的大小根据刨削构件的要求决定。凹凸圆刨刨刀在刨槽内的装刀倾角，一般为 45° ~ 47° ，圆凹形和圆凸形刨刀刃口的研磨，要在专用的圆凸形和圆凹形截面的磨石上进行，以确保刃口形状不变（图 4–39、图 4–40）。

图 4–39 内圆刨

图 4–40 外圆刨

6）线刨

即线脚刨，是用来刨削具有一定曲线形状和棱角线条的专用刨，线刨形状种类繁多，一般长约 200 毫米，高 50 毫米，宽度依所需线条之宽而定，一般 20 ~ 40 毫米，切削角 51° 左右。

线刨刨刀的刃口形状取决于产品曲面形状的要求。刨身底部形状应和刨刀刃口形状相吻合，才能保证刨削出要求的曲面。根据构件曲面形状不同也可采用两个以上的线刨组合使用。用线刨刨削曲面均用右手握刨，推拉均可，根据构件加工具体情况决定。刨削时要先找好定位基准，然后进行刨削（图 4–41、图 4–42）。

图 4-41　大线刨

图 4-42　小线刨

7）搜根刨

这是一种刨削线条根部或燕尾槽根部的专用刨，也用于刨削较小的侧立面如错口侧面、沟槽边等。带串用的燕尾槽根部需要修整，一般刨子是难以满足修整要求的，必须使用搜根刨刨削。使用时右手握刨身前上部，左手握刨身尾部，使刨底紧贴所刨削的边，两手同时向左靠近，由前向后拉削。又可向后拉，根据所刨削的燕尾槽根部在哪一侧决定。

以上所述为刨的基本类型。木工所用刨是多种多样的，根据需要可以临时制造。

（四）穿剔工艺

穿剔工艺指木作“节点”或雕刻等的细加工，所用工具多呈小器型，刃部也较小。主要包括凿削工艺和钻孔工艺两大类。

此工艺所用的主要工具统称之为凿削工具，凿削工具一般均为单面刃。包括凿和铲两类。凿身一般比较厚，与斧子和锤子等工具配合使用。主要用来制作榫孔和剔槽口。常用凿子的形式有平凿、圆凿。而铲子一般比较薄，但体型略宽，故而俗名也被称为扁凿子，主要是依靠腕力来铲削和修刮刨子无法刨削的部位。[①] 铲子的刃口一般薄且锋利。常用的铲子有扁铲（薄铲）、斜铲（斜凿、也用于雕刻）。

1. 凿子及其操作工艺

（1）凿子的构成

凿子由凿刀（凿头）和凿柄等组成（图 4-43）。凿刀因受较大的冲击和弯曲力，要求有较高的刚度，因此从侧面看，其刀体自刃部而上至銎孔逐渐加厚；

图 4-43　木工凿

① 高斐．望城都熬“木工厂”主题园景观设计 [D]. 长沙：中南林业科技大学，2018.

从正面看，其刃部宽，中部渐窄，到銎部又变宽；凿刀近刃部的断面又多呈梯形，故俗曰：“刃大身小，不会夹凿。”凿柄是手握持的地方，其端部要经得住斧砸锤打，除要求有较高的强度外，还要求表面光滑并富有韧性。制作凿柄的木材为木质坚硬的柞木、白蜡、檀木等。凿柄下端削成阶梯状圆台形嵌入凿銎，俗称“凿裤”，古代称为“銎”。上端箍以铁箍。也有用细牛皮绳或麻绳缠紧者。当用斧砸锤打凿柄时，凿箍可防止把凿柄打裂，以保护凿柄。小木工为操作灵活，凿柄不宜太长，除去装入凿銎的部分，露出的长度略大于一拳，一般为 130 ~ 150 毫米，粗细以用手握着舒适为宜，直径大约 25 ~ 30 毫米。大木工因加工的料大，所用的凿柄要长点。

凿的规格多样。平凿以刃宽为准，小木工常用凿刃宽度为 1 分、2 分、3 分、4 分、5 分、6 分和 7 分等多种。制作家具通常使用 3 ~ 5 分的凿，以宽度为 3 分和 4 分两种凿使用最普遍。大木工用的凿因为用于制作屋架等，所以凿刃较宽一些，多是偶数分，有 6 分、8 分、1 寸和 1.2 寸等。

（2）平凿的操作

匠歌曰：“左手凿，右手斧，凿子放直斧过顶；前边凿，后边跟，木料越凿孔越深；一边打，一边摇，免得木头夹住凿；先凿背面一半坑，后从正面来凿通；凿子合适手扶正，孔内木屑要洗净。”

把划好墨线的构件平放在工作台或木凳上，选择同孔眼一样宽度的凿子。对于较长的构件，操作者的左臀部坐在构件的右上面，两腿置于构件的右侧。凿的位置靠近左腿外侧，左手握扶凿柄，右手稳握斧柄或锤柄。如果构件较短，操作者可用左脚踏住构件进行凿眼。凿眼时将凿刃放在靠近身边的横线附近，约离墨线 3 ~ 5 毫米，凿刃斜面向外，凿身垂直构件，用斧或锤打击凿柄顶部，使凿刃垂直切入构件内，再拔出凿并前移一段斜打（与木料呈 70° ~ 80° 角度）切入构件，把木屑剔出。此后依次反复打凿和剔出木屑，当凿至另一横墨线附近时，将凿刃翻转过来，垂直打凿切入构件，剔出木屑。凿到需要的孔深后，要修凿前后孔壁，俗称“洗眼”，但是两条横线要留下一半墨线，不要把墨线全部凿掉，以备检验。概以匠歌，则又曰：“几分榫用几分凿，洗眼还得用扁凿（即扁铲）。”

凿透眼时，先凿背面的眼，逐渐由浅入深，孔深超过料厚的一半之后，把构件翻转 180° 再凿正面的孔眼，从正面将眼凿透。匠歌曰：“背面先凿一半深，翻过再把卯凿通。”这样凿出的孔跟能保证正面平整和孔壁光洁，孔口四周不会产生撕裂现象。孔眼的正面两端要留墨线，而背面不留墨线，这样可以避免安装榫头时产生劈裂现象，同时孔内两端面中部要略微凸出些，以便挤紧榫头。孔眼要方正，不能歪斜、破裂；孔眼内要干净平滑，如果孔壁毛糙，要用扁铲修光。

用斧或锤击打凿子时要拿稳打准，不能偏斜，以防止伤手。在击打时，左手要紧握凿柄，不要使凿子左右摆动，防止把孔眼凿歪。孔眼凿到一定深度时，“边打边摇”，每击打一次，凿柄要将凿身晃动一次，这样可以“省得夹凿”并及时将木屑剔出。匠歌还曰：“前凿后跟，越凿越深。”即卯眼深时，应分层凿剔并按从前往后的顺序进行凿削。万一木构件夹住凿子时，摇晃凿身不可用力过猛，以防止凿子滑脱划伤大腿。凿剔透眼时，用凿向外剔出木屑，要防止将孔眼端部挤压变形，要在距孔端墨线 3 ~ 5 毫米处下凿，不能从孔眼端部墨线处凿起。孔眼凿透之后用凿子贴着孔端墨线，分别由外向孔内垂直凿通。凿的刃口要保持平齐锋利，当刃口出现长短角倾斜时，要及时研磨平齐，否则榫孔会出现向长角一侧倾斜的缺陷。凿削硬质木料或遇有节疤的榫孔时，向前移凿的距离要小，敲击不要过重，向上剔出木屑要轻，否则容易损伤刃口（图 4–44）。

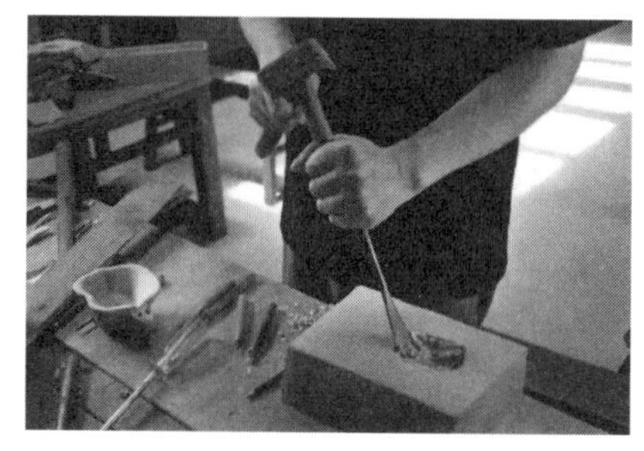

图 4–44　凿子

（3）圆凿及其操作技术

圆凿可用来在圆形卯口切边，有时兼有铲的作用，用以剔成凸凹面，雕刻工和原木工常用之。圆凿的构造同平凿相似，但其刃部呈弧形，多数圆凿的刀磨面在弧内圆，这样切割出来的弧面才平直光滑。圆凿的大小可以其刃部的弦长计，但一般无固定的尺寸，往往根据需要来临时制作。小圆凿的弧刃为整圆的 1/4 略弱，其弦长可到 10 毫米或略小。大圆凿的约为整圆的 1/16，其弦长可到 60 毫米或略大。所以圆凿顺弧打一圈合圆才算合格。圆凿的操作基本上近似铲，配合使用的往往用木槌。

2. 铲及其操作工艺

（1）铲的构成与类型

铲薄于凿，多用来雕刻和铲削，较少用锤击打，因此要求铲轻便锋利。它的刀体扁平，刃口楔角比凿小，通常在 25° 左右（凿的刃口楔角为 30° ）。铲柄较长，一般 200 毫米左右。铲的刃口规格多为偶数分，最大者有一寸六分铲。六分以下者，也可以用凿代之。按形状，铲大致可分为直刃、斜刃和曲颈等多种，用途也不同。

直刃者也叫扁铲，有宽刃和窄刃两种（图 4–45）。宽刃扁铲的刃口宽度在

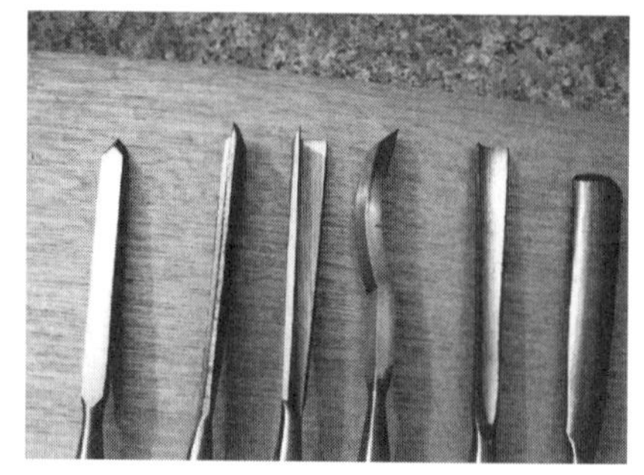

图 4–45　木工扁铲

六分以上，有的宽达一寸六分，适用于剔槽和切削。窄刃扁铲的刃口宽度在六分以下，有的宽度仅一、二分，用于剔削较深较窄的孔槽。扁铲的头部正面呈等宽条状，这样可以保证刃部的宽度不变。另外还有一种叫大头扁铲的，是一种宽刃凿，因其铲头呈燕尾状，故凿剔燕尾槽很方便。

斜刃者也叫斜铲，刃口比较锋利，可以代替刻刀进行雕刻。较大的斜铲可以凿剔串带槽。使用同扁铲，但较扁铲省力。它有单双刃之分，双刃者用以剔料，单刃者可用以小面积平木。

曲颈者也叫弯凿，但铲身呈鹅颈形，刃部同铲，使用方法也同铲，用以剔槽或修削隐凹处，雕刻工常用之。

（2）铲的操作技术

铲削的操作方法有两种：一种方法是用右手的食指、中指和无名指握住铲身的前面，小指在后紧握铲身，铲柄端部紧压右胸肌处，依靠上身的压力进行铲削。作横向铲削时，为减小阻力，可将铲倾斜一定角度切入木料，近似于刨削。当铲削较小的构件且精度要求较高时，为确保加工质量，不能用力过猛、切削过深，右手除紧握铲身外，还要有一个向上提铲的力量，使铲柄抵住胸肌，避免产生过大的冲击力。另一种方法是右手掌心、四指与大拇指合拢握紧铲柄，左手四指与掌心握住构件，大拇指抵住扁铲的前半部分，一下一下地进行铲削，这种方法多用于榫头倒角。

3. 钻孔工艺

钻是用来钻孔的一种专用工具，利用钻头的旋转运动，切削加工各种孔眼。本书只述钻孔的传统工具，有手锥、拉钻、手压钻。近代木工还用螺旋钻和摇钻等，皆钢制。

（1）手锥

手锥，又叫搓钻，由锥柄和锥尖组成。把铁质细棍的端头做成四角尖锥形或带切削刃的扁形，然后装上木柄制成。使用手锥时，手紧握锥柄，锥尖对准孔心定位后，锥柄立直用力扭转或者反复搓动，使锥尖钻入木料而成孔。由于手锥力量小，只适于钻较小的孔。

（2）拉钻

用皮条转动钻杆，因此又名皮条钻、牵钻、扯钻（图 4–46）。由搓钻演变而来，特点是携带方便，效率较高，最适合钻小孔，所以在手工操作中广泛应用。

图 4–46　手拉钻

拉钻由旋转套筒（钻柄）、钻杆钻卡（卡头）、钻头、皮条和拉杆等组成，钻杆用性质稳定的硬木制作，如檀木、枣木、色木等，长度 400 ~ 500 毫米，直径 30 ~ 40 毫米。钻杆上端的旋转套筒长度一般为 90 毫米。木制套筒和钻杆上端的心轴是动配合，其间有一定的间隙，因此钻杆在皮条的牵引下能够相对钻柄转动。钻杆下端有安装钻头的方锥形孔，外部有一金属环箍，其内径与钻杆外径相同，用以保护钻杆防止劈裂。有的拉钻钻杆下端装有钻卡，利用钻卡内的夹簧夹持钻头。将圆钉头部砸扁，用钢锉修磨成鼠齿状或者三角形刃口，即可制成钻头。在钻头的顶端镶有方锥形木块，以装入钻杆下端的方锥形孔内。钻头直径的大小根据钻孔需要决定，钻头刃口宽度一般为 7 ~ 8 毫米，钻头长度一般为 40 毫米。拉杆长度约 700 毫米，断面尺寸约 30 毫米 ×60 毫米，两端钻孔穿上皮条，皮条拉入钻杆之前先在钻杆的中部绕两圈。在钻杆轴心没有横向移动的情况下，往复牵拉钻杆，依靠钻杆和皮条的摩擦力，使钻杆绕其轴心正反旋转，带动钻头进行钻孔。

使用拉钻时，左手握住旋转套筒（钻柄），钻头对准钻孔中心，右手推动拉杆。为防止皮条打卷，推动拉杆时不要水平推拉，要稍朝下斜一点。钻直眼时，钻杆与工作表面要保持垂直。用拉钻钻孔时，钻头在构件内正反向转动交替进行，而不是始终朝一个方向转动，所以所钻孔眼周围带有毛刺。拉钻一般用来钻木螺钉或圆钉的孔（这些孔多用于拼板连接），目的是防止构件拧入木螺钉或钉入圆钉（多用竹或硬木制成）时造成劈裂。拉钻能适应不同角度钻孔的需要，例如桌面板和裙板的结合，需先在四周的裙板上钻出拧木螺钉的孔，供木螺钉固定桌面在裙板上之用。裙板上的斜孔，在手工操作时，多用拉钻钻出。

（3）手压钻

因用钻陀的惯性使钻杆旋转，又名陀螺钻、陀钻舞钻，适合钻较小的孔眼。由钻头、钻杆、钻陀（南方常用金属或石制圆盘，北方也有木制者）、钻扁担和旋绳（牵引绳）等组成。钻杆用材质较硬的木料制作，长度约 750 毫米，直径 30 ~ 40 毫米，钻杆表面要求保持光洁圆滑。钻杆的下部装有一个较重的钻陀，也有将钻陀安在钻杆的顶部者。钻杆下部装有钻头。钻头的做法同拉钻。在钻杆的中部装一钻扁担（手压柄），钻扁担用硬木制作，长约 620 毫米，宽约 70 毫米，两端用旋绳连接。旋绳缠绕在钻杆的上部。在钻扁担的中心位置有一圆孔穿过钻杆，钻杆可在钻扁担的圆孔内自由转动。使用手压钻钻孔时，使钻杆垂直于钻孔表面，钻尖对准钻孔的中心。把旋绳缠绕在钻杆上部，然后以手用力压钻扁担，利用旋绳的牵引力、旋绳和钻杆的摩擦力、钻陀旋转的惯性力，使钻杆旋转，带动钻头进行钻孔（图 4–47、图 4–48）。

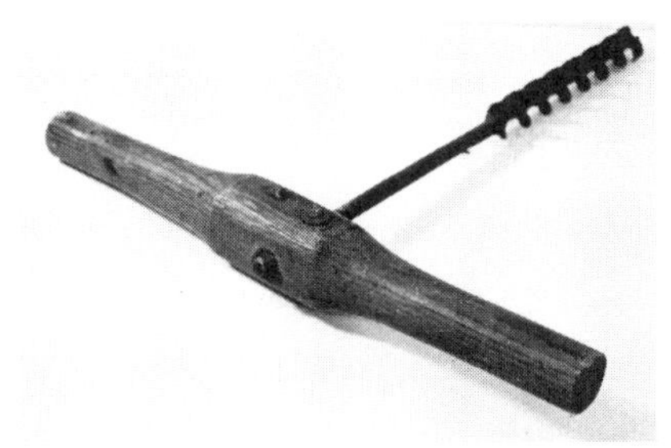

图 4-47 手柄钻

图 4-48 手压钻

第二节 石材的生产加工

一、常用石材种类

（1）青白石：青白石是一个含义较广的名词。[①] 其质地较硬，质感细腻，不易风化，多用于宫殿建筑，还可用于带雕刻的石活。同为青白石，有时颜色和花纹等相差很大，因此，它们又有着各自不同的名称，如：青石、白石、青石白碴、砖碴石、豆瓣绿、艾叶青等。

（2）汉白玉：汉白玉质地较软，石纹比较细，适于雕刻，多用于宫殿建筑中带雕刻的石活，比如宫殿建筑中的栏板、望柱、台阶等多是用汉白玉制作而成。汉白玉根据不同的质感，又可以被细分为"水白""望白""雪花白""青白"四种。[②] 相比于青白石，尽管汉白玉比较漂亮，但是其强度及耐风化、耐腐蚀的能力均不如青白石。[③]

（3）花岗石：花岗石的种类很多，因产地和质感的不同，有很多名称。南方出产的花岗石主要有麻石、金山石和焦山石。北方出产的花岗石多称为豆渣石或虎皮石。[④] 其中呈黄褐色者多称为虎皮石，其余可统称为豆渣石。花岗石的质地坚硬，不易风化，适于用做台基、阶条、护岸、地面等。但由于石纹粗糙，不易雕刻，因此不适用于高级石雕制品。

（4）青砂石：青砂石又叫砂石，呈青绿色。青砂石质地细软，较易风化，因此多用于小式建筑中。青砂石因产地不同，质量相差较大，带有片状层理的，质量较差。

---

① 顾效．明代官式建筑石作范式研究 [D]. 南京：东南大学，2006.
② 崔岩．开封山陕甘会馆建筑中的雕刻艺术研究 [D]. 开封：河南大学，2013.
③ 傅立．北京四合院的石雕 [J]. 古建园林技术，2004（02）.
④ 邱勇哲．石牌坊：斑驳岁月见悠悠——中国古典建筑系列之石雕篇 [J]. 广西城镇建设，2014（09）.

（5）花斑石：花斑石又叫五音石或花石板，呈紫红色或黄褐色，表面带有斑纹。花斑石质地较硬，花纹华丽，故多用于重要宫殿。制成方砖规格，磨光烫蜡，用以铺地。

在同一建筑中，常需要根据部位的不同而选择不同的石料。以石桥为例，桥面以下宜使用质地坚硬、不怕水浸的花岗石，桥面部分可使用质地坚硬、质感细腻的青白石。石栏杆则多选用洁白晶莹的汉白玉。

二、石料开采和加工工具

近世石料开采工具可分为凿眼工具和分割工具两大类。两类工具皆为钢质，或采用钢刃铁身。传统石工工具如錾子，大多为钢制铁身，经过长期使用，后端容易出现蘑菇状的卷叶。而现代所用的石工工具，大多为纯钢制作而成，有的还采用合金，更加增强其刃部的刚度和硬度，长期使用之后也自然不会出现蘑菇状的卷叶。

（一）凿眼工具

钢钎，也叫钎子，断面呈圆形或六角形，直径 25 ~ 50 毫米，长度随炮眼的深浅长短成套，一般不小于 600 毫米，长者可达 8 ~ 10 米。尖端锻成斧状，刃部宽度大于直径 20 ~ 60 毫米，这样可以使头与孔底直接接触，而钢钎不与孔壁摩擦。钎头在锻制时，应使斧口的中部向内微凹，两边突出尖耳，形成月牙状。凿眼时先用短钢钎，随孔眼的深度增加，而逐渐选换相适应的长钢钎。打击时要常加水，以降低钎头的温度，同时也便于出渣。

大锤，按重量分为 5 公斤、6 公斤、7 公斤、8 公斤四种。锤头矩形或八角形，锤柄用 2 ~ 3 片竹片或柳枝组成，长 1 米左右。这样的柄有柔性，弹性好，挥动时好使劲，又不易回弹伤手。北方也称之为晃锤。

（二）分隔工具

手锤，俗称锤子。头部用钢材锻成，长 150 毫米左右，近似方形柱。中部有銎，装 250 ~ 300 毫米长的手柄。

钢錾，钢錾一般用工具钢（钎子钢）制作而成，直径 20 ~ 25 毫米，长 150 ~ 200 毫米，主要是用来分割石料的。一般分为两种：一种是用于凿打钢楔孔的中上部，工作端为尖锥形，并且尖锥部分是比较粗的，俗称錾子；另一种主要用于凿打钢楔孔的底部和附近的孔壁，工作端为扁锥形状，锥口扁长。打楔孔的时候，应该先用尖锥形者，然后用扁锥形者，[①] 且二者不能混着使用。

钢楔，多是将用短了的钢錾改制而成，长 80 ~ 120 毫米。有两种形式：一种是外形近似方锥体，尖端稍短钝，有两个相对称的斜面，俗叫“晶子”，用于劈面、涩面分割。另一种的尖锥部分更短粗，两个对称的斜面更宽大，锥口更扁钝，俗叫“术子”，即跳楔，用于石材截面的分割。晶子分割石材都是几个、十几个、几十个地成排使用；术子多为单个使用或几个成排地使用。

（三）石作加工工具

石作加工的量划工具较为简单，有直尺、折尺（或米尺）曲尺、墨斗、竹笔和线坠等，其操作同木工所用的量划工具基本相同。[②] 唯石工所用的墨斗，其丝线的端头无定针，而是代之以两根长度同为 100 毫米的细长竹竿（条）。墨线系于竹竿的一端，距另一端的长度应相同。

按器型，石作的加工工具主要分三类，即凿錾类、锤斧类和磨石类。凿錾类主要有錾子、扁子和刀子等，需要与锤斧类配合使用。锤斧类主要有斧子、方锤、花锤和剁斧等。磨石类包括天然磨石和合成磨石。有的和石材开采所用的工具类似或相同（图 4–49）。

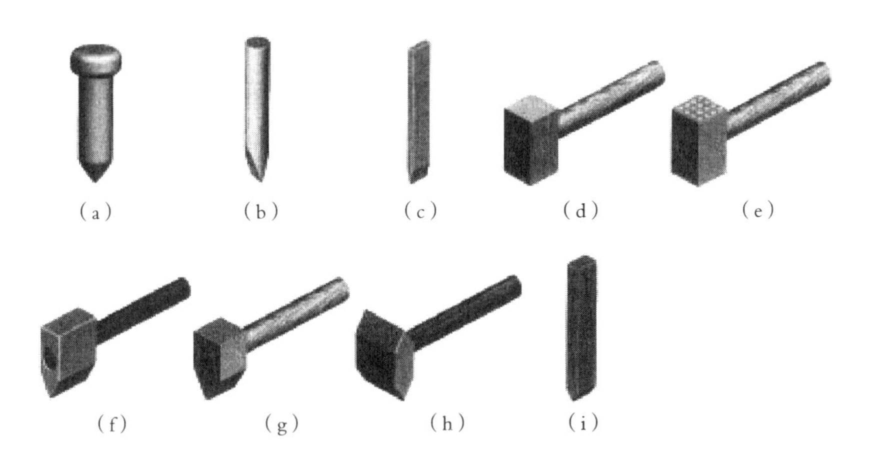

图 4–49　传统石料加工工具（图片来源：《古建筑营造技术细部图解》）
（a）錾子；（b）扁子；（c）刀子；（d）锤子；（e）花锤；（f）斧子；
（g）剁斧；（h）哈子；（i）剁子

① 李浈．中国传统建筑工具及相关工艺研究——石、木加工工具及相关技术 [D]. 上海：同济大学，2000.
② 汤慧芳．赣东北宗祠戏场砖瓦石作营造技艺研究 [D]. 武汉：华中科技大学，2017.

钢錾，与分割用的钢錾相同，俗称“錾子”，用工具钢制作，工作端呈棱锥形，北京、承德一带也叫“四棱尖”。大錾长 150 ~ 250 毫米，直径一般 25 毫米左右，用于打荒和粗加工。小錾尖端部分较尖细，直径为 6 ~ 8 毫米，长度以手可以直握器身并进行加工为宜，用于细加工和雕刻。

扁子，承德一带也称之扁錾，是一种特殊类型的錾子，形体与钢錾相似，唯尖端扁长呈一字形。用它加工的表面较钢錾平整，用于大面积的找平和錾凿前加工表面四周的基准线加工。扁錾的加工一般用在剁斧之前，小的扁錾也用于石作的雕刻。

刻刀，也称“刀子”，尖端与扁子相类，体多呈扁条状，主要用于雕刻。也有端部为弧状者，称为“圆头刀子”。

方头錾。北方也称“堆子”，用工具钢制成，长 150 ~ 200 毫米，直径 25 毫米左右。工作端呈方柱形，每边 40 ~ 45 毫米，北方常见的方头錾端部平齐呈棱台形，可以截断短小的石料，福建一带则将相对应的两个边锻成锥口，两锥口中间为凹槽，俗叫“錾平”。方头錾还用于修边加工。

剁斧，不同地区由于石料和加工方式的不同，使用的工具和叫法也是不一样的。北京地区的被称作剁斧者是和斧子相类似，一般没有刀刃，端部是方齐的，主要用于截断石料。而福建一带多使用被称为“扁錾”的工具，像一把小手锄，头部一端是横刃，另一端呈方柱形，中间有孔眼用来装木柄。使用时直接用单手或者双手握住柄部，朝着石材表面剁打，称之为錾斧，可以用来进行石材表面大面积找平。加工之后在石材表面能产生一种特殊的白色条状纹理，属于细加工工具。北京地区与之类似功能的工具称之为斧子，为纵刃。还有一种两端均为横刃的，专门用于花岗岩表面錾斧的工具，称之为“哈子”。一般而言，柄与器身的安装角度为钝角，刃部微微向外张，不同于木工所用锛子的安装角度，其安装角度多为锐角，这样在操作的时候剔出来的石渣向外溅出，不致砸伤人脸。

方锤，即手锤，是錾凿加工的配合工具，头部用铁锻造，一般呈方柱状。使用时击打凿子的另一端，靠冲击力对石表面加工。也用于石材粗修打边。

花锤，又叫梅花锤，每边长约 35 ~ 50 毫米，方头。在锤的端面纵横各锻修出 4 ~ 6 道凹沟，这样便形成 20 ~ 30 个突齿；器身中部銎内安装手柄。操作时手持木柄垂直石材表面进行敲打，用于石材表面找平或粗加工。有双面者，一面是手锤，另一面是花锤。南方石工常用之。

磨石，古代所用为硬质天然磨石。现代磨石为人造磨料和胶结料配合制造成的，也叫金刚石。分 1 ~ 6 号，其中 1 ~ 3 号为粗磨石，4 ~ 5 号为细磨石，6 号为抛光磨石。

调查所知，各地石作工具的名称是略有不同的，但类型却基本相同。不同的地域不同的石工加工同样的石材所习用的工具和手法也是略有不同的。这主要是地域石材材质的不同以及习惯的做法使然，并无本质的区别（图 4-50）。

图 4-50　石作工具

三、石料的开采

石料一般都是从山上开采而来的，针对不同硬度的石头，开采方式也不一样。对于硬度比较低、纹理适宜的岩石，比如砂岩，可以用凿眼楔裂法开采。这是一种比较古老的方法。对于比较坚硬的岩石，一般选择用爆破法进行开采。

（一）临空面的选择和创造

石料的开采，首先应该选择良好的临空面之后才能进行开采。有的岩石会出现明显的断层和裂缝，这样就可以利用裂缝进而创造出良好的临空面。如果岩石的上部风化比较严重，覆盖有较厚的风化层，那么就需要首先剥离和掀开风化层，进而才能创造临空面，使得坚硬的岩石外露，然后再进行开采。如果岩石多面受夹，可以用小炮眼法进行爆破，将一部分岩石炸成乱毛石创造临空面。对于大体量的岩石，为了不破坏岩层，还可以采用火烧沟的方法去创造适宜的临空面。

利用小炮眼法创造临空面，在爆破时应当注意，小炮眼法多用浅孔，孔径一般在 50 毫米以下，可以用来掀开覆盖层、风化层。多面受夹的岩石，具体爆破的地方应该选择岩石截面“受夹”的部分，一般把炮眼定在距离“截面”边沿 2 ~ 3 米处，并且炮眼的方向不仅要平行于“截面”，还要平行于“劈面”；炮眼的孔深一般不超过 2 米，装药量不超过孔深的 50% ~ 60%。进行爆破之后，岩石崩裂，多形成一个近似三角形的缺口。这样，按照这种操作，沿着“涩面”纵深方向多次爆破，就能创造出临空面，最后爆破所得的石材多为乱毛石。

用火烧沟法创造临空面，是将岩石进行表面加热，岩石在高温和气流的作用之下，石英等矿物会骤然膨胀，使岩石变得脆裂剥离，形成临空面。相较于爆破取得的石料，火烧沟法可以保证岩体开采出较为完整的石料。在具体操作的时候，首先应该定好火烧沟的位置、长度、深度和宽度，然后再在火烧点顶面约 1.2 米处用乱石砌筑一个承放松柴的燕子窝状平台。然后将松柴堆放在平台上，进行点火。在烧火的时候应当注意：火烧沟的宽度应当控制在 0.6 米左右，如果有条件，可以安装鼓风机。烧制过程中，应当随时注意火候，及时添加松柴，并且用撬棍经常撬动，保证火力的集中。等到烧到计划开采的位置之后，已经脆裂的岩石表皮要随时撬下，加快烧进的速度。最后，烧成一条深 6 米，长 20 米的沟，大约需要 20 天左右，可见火烧沟法取得临空面比较费力而且成本比较高。

（二）石料的开采技术

石料在开采过程中，应该根据要求的石料规格，选择合适的石场。一般而言，选择石场不仅要看石场当地的石材的质量和储量；还要看石场周边的场地情况以及运输条件。所以，石场距离工地是越近越好，临水近路，非常方便水陆的运输。有的也为了节约能源，节省人力。利用江河边的大漂石，河床中的大乱石或者山坡道路边的大孤石群者。除此之外，还要将不同的运输工具的经济程度考虑进去，一般情况下，人工运输的经济距离在 3 ~ 5 公里，公路或水道运输在 15 ~ 20 公里，超过这个距离，成本便会增加很多。但是，针对一些较为精致的栏杆石和券脸石，可以从较远的地方运来。具体的经济合理性要通过调查和估算作比较。

关于石场的石质和产量，不能仅看山石露头部分，因为往往有假象存在。因此需细致调查石场，有条件时还须进行钻探和试验工作。

石场要求有宽敞的工作场地，或称宕口，即石矿口的意思。一般情况下，宕口可在开采过程中创造出有利的条件。

石场开采方法和所需的石料规格有关，料石和块白的开采万法，基本上还是传统的采石方法。

1. 爆破法开采

爆破法是开采岩石常用的方法。一般是用导火索引爆黑色炸药，现代人也多用雷管开山取石。这种方法可以使得岩石按照理想的方向开裂而不破坏岩体，能够保证较高的成材率。爆破法常用的方法有炮眼法、团炮法和鞭杆炮法等。[①] 无论哪种方法，第一步都要凿打炮眼。现代常用机械凿眼，古代主要用人工凿眼。

---

① 高蔚. 中国传统建造术的现代应用——砖石篇 [D]. 杭州：浙江大学理工学院，2008.

人工凿眼有单人冲钎法、单人打眼法、双人或三人打眼法三种。单人冲钎法适用于开采砂岩等较软的石材。钎长约 2 ~ 3 米，用单手或双手冲钎，冲钎时需向孔眼注水，以保持湿润进而减小钢钎的摩控，加快打眼的进度。单人打眼法适用于较坚硬的岩石，它可以不受地形条件的限制。在操作的时候，要求下锤要狠，击钎要有力，一手扶着钎子，一手抡锤子，打上一两锤就转动一下钢钎。经过不断地打钎、提钎、转钎，钢钎就在孔眼里一圈圈的打入。对于更坚硬的岩石，可以用双人或者三人打眼法。在操作的时候，需要有一人扶钎，一人或者两人举着锤子轮流进行击打，同样的，也是每击打一次就转动一下钢钎，经过不断地打钎、提钎、转钎，钢钎就在孔眼中一点一点被打入。人工打眼，需要不断地向孔眼里注水，这样一方面可以降低钎头的温度，另一方面，如果孔浅的话，石渣就会随着水分在打击过程中自行冲出。总之，人工凿眼的操作要领是：扶钎要稳，落锤要准，击打要狠，提钎及时，转动适宜。

凿打完炮眼之后，就需要进行分次爆破了，首次爆破的炮眼，应当选择在“劈面”是临空而且在“涩面”临空情况较好的“涩面”之上。在“涩面”进行打眼的时候，炮眼要平直，分离的岩体越大，炮眼也应该大而深，通常大炮眼的直径在 90 ~ 100 毫米，中小炮眼为 70 ~ 80 毫米和 50 ~ 60 毫米。孔眼的深度、孔径和装药量也应该根据要分离的岩体而定，通常大炮眼的孔深视要求为 2 ~ 8 米，最大可达 10 米，装药量为孔深的 3/4。

在进行装药的时候，首先要清除眼内的碎屑，擦干水分。然后再装入 20 ~ 30 毫米深的黑色炸药，用木棒进行压实，装入导火索，解开导火索的端头，然后再用少量的炸药和纸张把端头包扎好，再进行分层装药。装药的时候要注意，每层都要用木棒或者竹片进行小心的压实，直至要求的深度。然后放入纸张，把炸药隔开，然后把未装药的部分用不含砂质的半干硬黏土塞满，进行压实，一直填满炮眼。准备就绪之后，然后点火起爆，爆破后要及时检查爆破效果。如药量不足，岩石未开裂或裂缝甚微，可在原孔进行补爆。补爆的装药量比首次爆破的装药量要多 20% 左右。补爆后岩石的分离情况一般都很理想。

首次爆破后，岩体劈面在炮眼的左右和纵深方向可以开裂出一道裂缝，但尚未分离岩体。应进行二次爆破，即在“劈面”上垂直打眼。二次爆破的炮眼孔径要比第一炮眼小些，孔深要距前一炮眼的裂缝处 20 ~ 30 厘米。注意不能打到首次炮眼的裂缝处，更不能超过裂缝。操作者一般是根据锤打钢钎的回响声音来判断的。装药的深度为孔深的 1/2，装药方法与首次爆破相同。

如果岩石的两端“截面”已临空，则首次和二次爆破之后，即可从大体量的岩石上分离出一较小的岩石了，接着便可进行分割操作。以上所述即一般的炮眼法。

团炮法则用于爆破坚硬的岩石，并可得到较理想的料石、条石和板材。所打孔眼的孔口和孔底直径宽大，中间的较细，一般孔口的宽度为 15 ~ 20 厘米，逐渐缩到中部孔径为 4 ~ 6 厘米，孔底达 12 ~ 20 厘米。孔距为 1.5 ~ 3 米。操作时先凿出浅孔炮眼，将成组的炮眼按一定的孔距，顺着计划开采的岩石面上的一个边沿布置一排。从第一个炮眼依次点火，顺序起爆，以炸药的爆炸力，把岩石掀开。此法只开采岩石的一个边沿。接着再按炮眼的距离，在整个计划开采面上布置同样深浅的孔眼，称“接力眼”。“接力眼”不需装药爆炸，而是用钢楔楔进孔底，使岩石继续抬动掀开。“接力眼”也是按顺序打楔，连续掀动。当全部布置的“接力眼”都打完后，整个计划开采的岩石表层，就分离出来了。岩石表层在每一次分离后，即可按照所需要的料石规格进行一次分割作业。

鞭杆炮是一种小炮眼。它的孔径小，孔眼深，因形似鞭杆而得名，是开采乱毛石较好的方法。所打炮眼的孔径为 3 ~ 5 厘米，孔深为 1 ~ 5 米。有临空面时，在临空面的下部，打一水平炮眼为主炮眼，再在水平炮眼的垂直方向凿一斜炮眼，装药后同时起爆。在较为平整的采石点上，可在适当距离处打一垂直炮眼作为主炮眼，在与此眼适当距离处挖一作业坑，在坑内向垂直此眼方向打一斜炮眼。若地形高低不平时，可凿打两斜炮眼，同法起爆，即得乱毛石。

2. 楔裂法开采

楔裂法的开采方法同石材的人工大分割的方法相类似，即传统的片裂技术，早在原始社会就已为先民掌握。

（1）槽捶法。按《河工器具图说》所记，在横、直和兜底锤击劈裂取石的方法，称为槽捶法，至今仍不失为采石的可取方法。

（2）楔眼法。云南采石采用不开槽而打楔眼的“夹钻钉料小楔眼破石法”，其法用手锤和短钻打方眼或荷包眼，眼距约 15 ~ 20 厘米，每破一线的楔眼数视石料大小和质地，用几个至几十个不等。少则裂缝不齐，多则裂缝较平整，楔眼打成后，将小钢楔放入，再用 8 ~ 12 磅锤顺次锤击，先轻后重，至第三、四遍，石料便依楔眼线断裂。或有用较稀的楔眼，但在 30% 的长度中用两个楔眼靠在一起以增加劈裂力。在开大料时，可在一端或某一段打密集的楔眼，其距离约 10 厘米。

（3）三合楔法。其法是在石料板劈裂的方向打眼，直径约 3 ~ 4 厘米，深约 12 ~ 20 厘米，每 25 ~ 30 厘米一个楔孔，每孔放入三合楔。所谓三合楔是下部为两个半圆柱体，上薄下厚，做成斜楔缺口，放于楔孔之内，缺口内插入另一个下端为尖劈楔形的圆钢，是为主楔。锤击主楔，因所克服为钢与钢之间的摩擦阻力，故阻力较小，可用较轻的锤。同时楔劈横向胀力通过下部、半圆片比较均匀和深入岩石，所以锤击省力而破裂效果好。楔眼法和三合楔法均可比槽捶法提高工效一倍左右。

3. 深孔钻眼和爆炸相结合，有下列诸法

（1）振动宰割法。在岩石隔层明显而宕口面多时，可用振动宰割法。其法在岩层上按岩石隔层分布的情况，垂直于横隔层打炮眼。视岩层的厚薄将药室设在隔层的这边或那边，不能跨于隔层，以免爆炸时漏气，眼孔内填装药量为眼深的 20% ~ 25%。因为目的仅在于振松，故只填少量黑色火药。

用振动宰割法开料速度快，操作安全，石料面比较平整（这和岩石节理隔层有关），制坯、修整比较容易，质量好、成品率高。

（2）静态破碎法。其法可以将岩石在无振动、无飞石、无噪声、无有害气体的情况下将岩石安全破碎。主要是采用具有高膨胀性能的粉（或粒）状物，与水调和，成糊状，然后浇灌在岩石钻孔之中，通过水化反应，可以产生膨胀的压力，进而将岩石破坏。

静态破碎剂型号各不相同，其适用的钻孔孔径和水灰比也不相同。钻孔的深度和间距还随石质而异。静态破碎剂随外界气温条件，即影响其出热因素而备有不同型号，其破碎速度也不尽相同。调成浆状灌入者，膨胀时间约要 5 ~ 10 小时，国外有干粒状填入钻孔而后注水者，一小时左右起膨胀破裂的效果。

静态破碎技术可以得到规整的石料，但单价较高，每立方米所耗药料的价格约为火药的 5 ~ 7 倍。现代也有用膨胀水泥来开采岩石的，属此种破碎法，成材率较高。

四、石料的分割

分割石材的方法有大、中、小三类，它们之间并没有严格的界限。分割石材时一般要等分为二，这样才能有效地控制分割的规格和质量。

（一）大分割

因为用爆破法进行分割之后，岩石一般都比较大，对于大块的岩石就要先进行大分割、小爆破分割，或者两者结合进行。在进行人工大分割的时候，应该先根据需要和最后加工的余量弹出边线，然后沿着边线同钢楔打眼，并在钢楔眼里装进钢楔加以锤击，进行分割。在具体操作的时候一共分成三步：“手工打劈”“手工打涩”和“手工打截”。“手工打劈”指在操作时先在“涩面”上打出钢楔眼，顺“劈面”打进；“手工打涩”指在“劈面”上凿钢楔眼，顺“涩面”打进；“手工打截”指在“劈面”上凿钢楔眼，顺“截面”打进。

为了与钢楔相互适应，钢楔眼有“晶子孔”和“术子孔”。“晶子孔”从上口斜向孔底呈倒方锥形。孔的长向两边与钢楔相吻合，短向的两边略有空隙。孔底可略深，上口为（30 ~ 50）毫米 ×40 毫米 ×50 毫米，孔深在 40 毫米左右。这样可以使得钢楔在撞击下能有效地楔进，从而使岩石沿着钢楔孔的长向裂开。孔眼的距离与三向断面和分割块体的大小有关。“手工打劈”时，孔距为 120 ~ 200 毫米；“手工打涩”时，距离为 100 ~ 150 毫米；“手工打截”时，距离为 100 ~ 120 毫米。钢楔眼要等距分布，长向与墨线一致。

孔眼凿成后，还需要用相适合的钢楔放入孔眼中，稍加楔紧，然后用大锤从第一个钢楔到最后一个钢楔按顺序均匀地敲打。第一遍用力要轻，第二遍用力要重，按顺序从最后一个打到第一个钢楔，反复锤击 2 ~ 4 遍，岩石即可裂开。

小爆破分割也是常用的一种分割方法，一般使用于分割体块厚度为 2 ~ 3 米，宽度为 5 ~ 6 米的大块体，具体方法和爆破法分离岩石的方法基本一致。首先，炮眼应该垂直于“涩面”，平行于“劈面”，位置应该定在“涩面”厚度线的中点，孔径一般为 40 ~ 50 毫米，孔深为宽度的 30% ~ 50%。装药量为孔深的 60% ~ 70%，然后进行点火爆破，使其沿着“劈面”裂开。然后进行二次爆破，二次爆破的位置应该定在“劈面”上，炮眼定在分割线的中点，使其垂直于“劈面”而平行于“涩面”。二次爆破的孔径一般为 30% ~ 40%，孔深为厚度的 70% ~ 80%；装药量为孔深的 35% ~ 50%。爆破后使其沿着涩面裂开。

当岩石的厚度、宽度较大时，则在厚度、宽度方向的分割采用小爆破，而长度方向可以采用人工分割。

（二）中、小分割

对于中小型石块，多用楔裂法分割，方法与人工大分割基本一致。中、小分割特别是小分割，在进行“手工打截”时，多只凿单个或 2 ~ 3 个楔孔进行分割。凿孔后装入钢楔，用手锤打紧。拔出钢楔，清挖孔壁孔底，再装入钢楔击打。如此反复进行三四次，使钢楔长向两斜边与孔壁密切吻合，孔底留有空隙。最后用大锤猛力一击，岩石即可割开。需要注意的是，锤击前要往孔眼注水，不但可以冲去石粉，还可以润湿孔壁，使进楔时更为有力。如锤击后石材不裂开，钢楔可以立即跳出，避免胀裂孔口损坏石材。

分割长薄料石时，亦以从“涩面”凿小眼劈开“劈面”最好，凿眼孔距离在 100 毫米以内。如石材宽度在 600 毫米以上，可在涩面的另一边和两端截面上凿 1 ~ 3 个小凿眼叫引眼，同样装楔击打，可保证分割完好。

在进行石材分割作业时，应该先取大材、长材，再取小材，短材，这样才会使石材得到合理的利用。在分割时还要根据成材的规格和要求，留出相应的加工余量，以保证加工后的尺寸。分割后的石材，即可作为石作加工的坯料。[①]

五、石料的搬运与起重

（一）石料搬运的传统方法

1. 抬运

扛抬是中、小型石料搬运的常见方法，尽管比较费力，但确实是最为简单也最为灵活的一种方法，可以随时做任何方向上的移动。[②]石料抬运应注意以下问题：每人的抬重能力可按 50 公斤估算，每立方米石料的重量可按 2500 ~ 2700 公斤估算。

虽然简单，但是扛抬也是一个技术活，在扛抬时，石料离地不宜过高，起落时应一致行动，中途如有人感到力不从心时，应及时招呼，不可贸然“扔杠”。落地时不得猛摔，可先用木杠撬住，缓缓落地。扛抬时要有人喊号子，众人跟着号子一起行动，所有的行动都依照号子的指令进行变化。改变运动方向时，要用专用术语米表达。[③]如“起”“落”“来趟”（紧缝）、“去趟”（懈缝）、“进”（贴线）、“出”（离线）等。

2. 摆滚子

相较于抬运，摆滚子搬运石料的特点是比较省力，并且适用于较重的石料进行远距离搬运。滚子又叫滚杠，多为圆木或圆铁管。如为圆木，要用榆木等较硬的木料。摆滚子的方法如下：先用撬棍将石料的一端撬离地面，并把滚杠放在石料下面，然后用撬棍撬动石料，当石料挪动时，趁势把另一根滚子也放在石料下面，如果石料很重，也可以再放几根滚子，如地面较软，还可预先铺上大板，让滚子顺大板滚动。滚子摆好后，就可以推运石料了。在推运过程中要不断地在下面摆滚子，如此循环，石料就可以运走。[④]

沉重的石料可用若干根撬棍撬推，也可用粗绳（“大绳”）套住石料，由众人拉动。无论哪种方法，众人的气力都要一起使，而且要一下一下地使劲，所以应按照一个人的喊号进行。这种方法就叫作“摆滚子叫号”。

为了提高效率，常借助下述两种方法：①用绞磨对石料进行牵引。②长途搬运，可预先做一个榆木的木排，叫作“榆木罩船”，石料放在罩船上，再摆

① 刘思佳. 高句丽石材砌筑方式研究 [D]. 沈阳：沈阳建筑大学，2016.
② 金蕾. 云南传统民居墙体营造意匠 [D]. 昆明：昆明理工大学，2004.
③ 关赵森. 山东沿海卫所建筑传统营造技艺研究——以雄崖所为例 [D]. 济南：山东建筑大学，2017.
④ 余军. 关于西夏陵区 3 号陵园西碑亭遗址的几个问题 [J]. 宁夏社会科学，2000（05）.

滚子运输。

3. 点撬

全凭撬棍的点撬将石料挪走，既适用于重石料，也适用于在较软的路面上搬运。点撬搬运听起来十分简单，但技术如不纯熟，拿不准内中的“劲儿”，对石料也常常是奈何不得。

为防止石料掉碴，宜将撬棍梢端用布包好。撬棍的数量视石料的重量而定，一般至少应十几把，多者可至几十把。撬棍分布在石料的四周，整个组织称为一队。根据撬棍在石料的不同位置和责任的不同，可分成“头撬”“二撬”“三撬”和“捎伙”几组。头撬位于队首，其责任是负责将石料的头部撬离地面。二撬和三撬在队中（石料的两侧），其责任是顺着头撬的势头，做往上又即刻转向往前的点撬（点撬吃住劲后做形似摇船浆的动作）。“捎伙”在队尾，其责任是趁势将石料向前猛撬。头撬要最先用劲，二撬、三撬随即跟上，捎伙最后用劲，但相隔的时间极短，这几组用力要一气呵成，既有先后，又几乎是在同时发出的，这样才能产生最大的力。上述这一连串的动作可概括成“头撬拿起来，二撬跟上，三撬贴上，死伙捎上”这样的口块。所有人员要统一行动，默契配合，人人都要服从叫号人的号子，并用号子呼应。叫号人招呼所有人员用力，所有人员则一边用力一边呼出“哼来”这样的号子作为呼应，这样一唱一和，一紧一弛，反复点撬，就可将石料运走了。

4. 翻跤

这种搬运方法的特点是，让石料反复翻身打滚而达到向前移动。它适用于较长但不太厚的石料，如阶条石、台阶等。翻跤时众人要听一个人的指挥，同时用力，不得中途贸然松手。如果石料较重，可借助撬棍进行、撬棍分成两组。第一组把石料的一侧撬离地面后。第二组撬棍要向更深处插入，再将石料撬至更高。两组撬棍这样反复几次，就可以使石料立起来了。放倒时也要用两纽撬棍。第一组撬棍要紧贴住石料，然后使之微微倾斜。另一组撬棍的下面稍稍离开石料一段距离，但上面要贴住石料，等第一组拿开后，让石料随着撬棍的移动更加倾斜。随后，第一组撬棍的下端放在比第二组离石料更远的地方，上面贴住石料，当第二组撬棍拿开后，让石料随誉撬棍的放倒继续倾斜。这样反复几次后就可以把石料放倒了。

（二）石料起重的传统方法

1. 扛抬与点撬

扛抬与点撬可以作为搬运石料的手段，也可以作为石料提升的手段。尤其是中小型石料，搬运、提升，以至安装就位往往可由扛抬一次完成。中、小型石料的原位 30 厘米以内的升高，多用点撬的办法完成。操作时应随撬随垫，逐渐升高（图 4–51）。

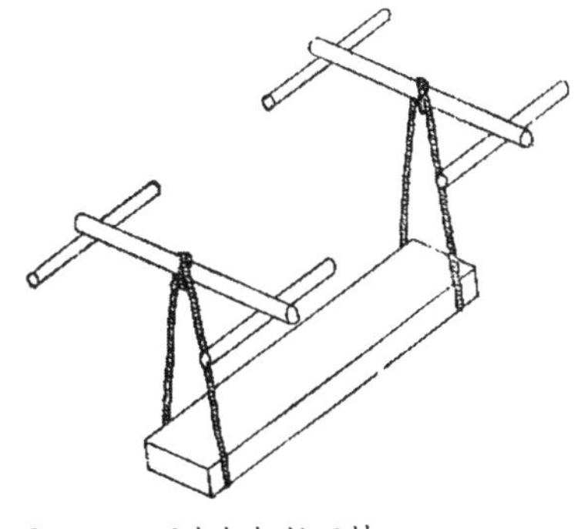

图 4–51　用木杠扛抬石料
（图片来源：刘大可《中国古建筑瓦石营法》）

2. 斜面摆滚子

将厚木板的一端搭在高处，另一端放在地上，使木板与地面形成仰角，然后在斜面上用摆滚子的方法将石料移至高处，滚运时要用撬棍在下方别住，以免滚落。

3. 抱杆起重

抱杆起重适用于较大型的石料起重或将石料提至较高的位置。具体方法是：在地面上立一根杉槁，顶部拴四根大绳，向四方扯住，这四根大绳叫作“晃绳”，晃绳的作用应既能扯住抱杆，又能随时进行松紧调整，每根晃绳各由一人掌握，服从统一指挥。在抱杆的上部还要拴上一个滑轮，大绳或钢丝绳从滑轮上通过，绳子的一端系在石料上，一端与绞磨相连，转动绞磨，石料就能被提升起来了（图 4–52）。

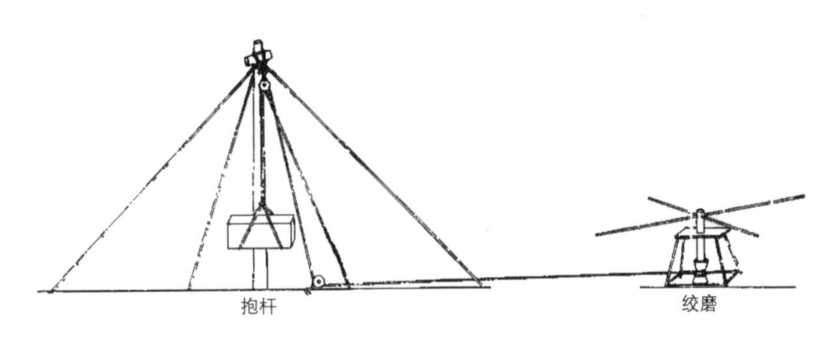

图 4–52　用抱杆与绞磨起重（图片来源：刘大可《中国古建筑瓦石营法》）

4. 吊称起重

“称”的制作方法如下：用杉槁和绑绳拴一个“两不搭”或“三不搭”，然后用一根长杉槁（必要时可用几根绑在一起）作为“称杆”，与“两不搭”或“三不搭”连在一起。称杆也可以与抱杆连在一起使用。如果一杆“称”不能满足要求时，可以同时使用几杆“称”。如果吊起的高度不能满足要求时，应支搭脚手架，在脚手架上，分不同高度放置数杆称，连续升吊（图 4–53）。

近代常使用“捯链”提升石料，这种方法安全可靠，操作方便，是石料起重的常用方法。

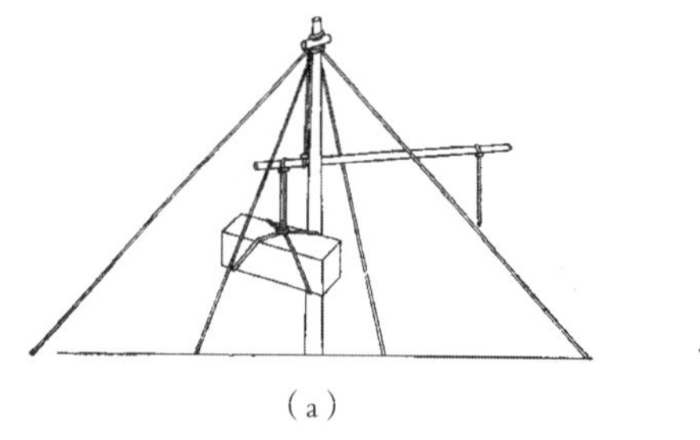
(a)

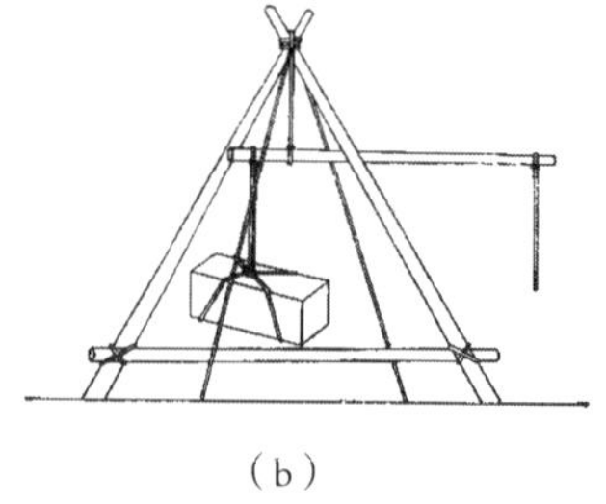
(b)

图 4-53　用吊称起重
(a) 抱杆吊称；(b) 两步搭吊称（图片来源：刘大可《中国古建筑瓦石营法》）

六、石料加工

（一）石料的各面名称

加工时，石料的大面叫“面”，两侧小面叫“肋”，两端的小面叫“头”，不露明的大面叫“底面”或“大底”。加工后，露明部分统称“看面”或“好面”，其中面积大的一面叫“大面”，面积小的叫“小面”。如果石料的“头”不露明，叫作“空头”。如果“头”是露明的，叫作“好头”。一头为好头者，整块石料往往也被称作“好头石”。

石活安装时，各边又有着不同的叫法，如果石活为重叠垒砌，上、下石料之间的接缝叫“卧缝”，左、右石料之间的接缝叫“立缝”，同一个平面上的石料，大面上的“头”与“头”之间的缝隙叫“头缝”，大面上的长边与石料或砖的接缝叫“并缝”，小面上的接缝叫“立缝”。如果平卧砌筑的石料四周都不露明（如海墁地面），“并缝”和“头缝”又可统称为“围缝”。

（二）石料加工的各种手法

1. 劈

用大锤和楔子将石料劈开就叫劈。劈大块石块应先用錾子凿出若干楔窝，间距 8 ~ 12 厘米，窝深 4 ~ 5 厘米。楔窝与铁楔应做到：下空，前后空，左右紧，这样才能把石料挤开。然后在每个楔窝处安好楔子，再用大锤轮番击打，第一次击打时要较轻，以后逐渐加重，直至劈开。[①] 上述方法叫作“死楔”法。也可以只用一个楔子（蹦楔），从第一个楔窝开始用力敲打，要将楔子打蹦出来，

① 王磊.浅论中国石建构传统与地域性的关系 [D]. 南京：南京大学，2004.

然后再放到第二个楔窝里，如此循环，直至将石料劈开。死楔法适用于容易断裂和崩裂的石料。蹦楔法的力量大，速度快，适用千坚硬的石料（如花岗石）。如果石料较软（如沙石）或有特殊要求，如劈成三角形或劈成薄石板时，应先在石面上按形状规格要求弹好线，然后沿着墨线将石料表面凿出一道沟，叫作“挖沟”。石料的两个侧面也要“挖沟”，然后再下楔敲打，或用錾子由一端逐渐问前“蹾”，第一遍用力要轻，以后逐渐加重，直至将石料蹾开。

2. 截

把长形石料截去一段叫作截。截取石料的方法有两种。传统方法是将剁斧对准石料上弹出的墨线放好，然后用大锤猛砸斧顶。沿着墨线逐渐推进，反复进行，直至将石料截断。据认为，由于剁斧的“刃”是平的，石料上又没有挖出沟道，所以不会对石料造成内伤。但这种方法对少数石料难以奏效。近代也有使用下述方法的。先用錾子沿着石料上的墨线打出沟道，然后用剁子和大锤沿着沟道依次用力敲击，直至将石料截断，这种方法效率较高，但据认为会对一些石料造成内伤。

3. 凿

用锤子和錾子将多余的部分打掉即为凿。特指对荒料凿打时可叫“打荒”，特指对底部凿打时可叫“打大底”，用于石料表面加工时，有时可按工序直接叫“打糙”或“见细”。

4. 扁光

用锤子和扁子将石料表面打平剔光就叫扁光。经扁光的石料，表面平整光顺，没有斧迹凿痕。

5. 打道

用锤子和錾子在基本凿平的石面上打出平顺、深浅均匀的沟道来就叫“打道”。打道可分为打糙道和打细道。打糙道一般是为了找平，打细道是为了美观或进一步找平。打糙道又叫“创道”，打很宽的道叫“打瓦垄”，打细道又叫“刷道”。而且，不同质地的石料，技法也不一样，对于软石料（如汉白玉），应轻打，錾子应向上反飘，以免崩裂石面或留下錾影。

6. 刺点

刺点是凿的一种手法，适用于花岗石等坚硬石料，操作时錾子应立直。汉白玉等软石料及需磨光的石料均不可刺点，否则很容易留下錾影。

7. 砸花锤

砸花锤既可作为剁斧前的一道工序，也可作为石面的最后一道工序。在刺点或打糙道的基础上，用花锤在石面上锤打，使石面更加平整。需磨光的石料不宜砸花锤，以免留下“印影”。

8. 剁斧

又叫“占斧”。用斧子(硬石料可用哈子)剁打石面,剁斧的遍数应为2～3遍,两遍斧交活为糙活，三遍斧为细活。第一遍斧主要目的是找平，第三遍斧既可作为最后一遍工序；也可为打细道或磨光做准备，石料表面以剁斧为最后工序的,最后一遍斧应轻细、直顺、匀密。使用哈子虽比斧子省力,但不宜在第三遍时使用,也不宜用于软石料。

9. 锯

用锯和“宝砂”（金刚砂）将石料锯开。这种方法适用于制做薄石板。

10. 磨光

用磨头（一般为砂轮、油石或硬石）沾水将石面磨光。磨时要分几次磨，开始时用粗糙的磨头（如砂轮），最后用细磨头（如油石、细石）。磨光后可做擦酸和打蜡处理。根据石料表面磨光程度的不同，可分为“水光”和“旱光”。“水光”是指光洁度较高，“旱光”是指光洁度不太高，即现代所称的“亚光”。

（三）石料表面的加工要求

不同的建筑形式或不同的使用部位，对石料表面往往有着不同的加工要求。以哪种手法作为最后一道工序，就叫哪种做法，如以剁斧做法交活的，叫剁斧作法，但剁斧后磨光的，应该称为磨光做法，常见的几种做法如下：

1. 打道

打道分打糙道和打细道两种做法。打细道又可叫作“刷道”，同为打道做法，糙、细两种做法的效果却差异很大。打糙道做法是石料表面各种处理手法中最粗糙的一种，多用于井台、路面等需要防滑的部位。而刷细道做法是非常讲究的做法。糙道、细道之分，主要由道的密度来决定。在一寸长的宽度内，打三道叫作“一寸三”，打五道叫“一寸五”，以此类推，则有“一寸七”“一寸九”和“十一道”。“一寸三”和“一寸五”做法属糙道做法，多用于道路等需要防滑的石面，“一寸七”和“一寸九”做法属糙道做法，多用于挑檐石、阶条石、腰线石的侧面，地方建筑的石活则经常使用，为保证效果，刷细道应在剁斧后进行。一寸之内刷十一道以上的做法则属非常讲究的做法，仅用于高级的石活制品，如讲究的须弥座、陈设座等。无论是糙道还是细道，打出的效果应深浅一致，宽度应相同，道应直顺通畅，不可出现断道。道的方向一般应与条石方向相垂直，有时为了美观，也可打成斜道、“勾尺道”、人字道、菱形道等。

2. 砸花锤

这种处理手法是在经凿打后基本平整的石面上，用花锤进一步将石面砸平。经砸花锤处理的石料大多用于铺墁地面，也常见于地方建筑中。

3. 剁斧

剁斧又叫“占斧”，是比较讲究的做法，也是官式建筑石活中最常使用的做法。剁斧应在砸花锤后进行。剁出的斧印应密匀直顺，深浅应基本一致，不应留有錾点、錾影及上遍斧印，刮边宽度应一致。

4. 磨光

磨光做法一般只用于某些极讲究的做法，如须弥座、陈设座等。

5. 做细

指将石料加工至表面平整、规格准确。露明面应外观细致、美观。不露明的面也应较平整，安装时不但没有多出的部分，且接触面较大。剁斧、砸花锤、打细道、扁光和磨光都属于“做细”的范围。①

6. 做糙

指石料加工得较粗糙，规格基本准确。露明面的外观基本平整，但风格疏朗粗犷。用于不露明的面时，可以很粗糙，但也应符合安装要求。打糙道、测点和一般的凿打都属于做糙的范围。

（四）石料加工的一般程序

在各种形状的石料中，长方形石料最多，其他形状的石料，如三角形和曲线形石料的加工也往往是在方形石料加工基础上，再做进一步的加工。因此，下面着重介绍方形石料的加工程序。

石料加工的基本程序是：确定荒料；打荒；打大底；小面弹线，大面装线抄平；砍口、齐边；刺点或打道；打扎线；打小面；截头；砸花锤；剁斧；刷细道或磨光。②

上述程序不应是固定不变的，在实际操作中，某些工序常反复进行。石料表面要求不同时，某些工序也可不用。如表面要求砸花锤的石料，则不必剁斧和刷细道了。

1. 确定荒料

根据石料在建筑中所处的位置，确定所需石料的质量和荒料的尺寸，并确定石料的看面。荒料的尺寸应大于加工后的石料尺寸，称为“加荒”。加荒的

---

① 汤慧芳．赣东北宗祠戏场砖瓦石作营造技艺研究 [D]. 武汉：华中科技大学，2017.
② 刘嘉琦．呼和浩特市慈灯寺金刚宝座佛塔建筑艺术研究 [D]. 呼和浩特：内蒙古大学，2019.

尺寸因不同的构件而不同，但最少不应小于2厘米。如荒料尺寸过大，宜将多余部分凿掉。

2. 打荒

在石料看面上抄平放线，然后用錾子凿去石面上高出的部分，为进一步加工打好基础。

3. 弹扎线

在规格尺寸以外1 ~ 2厘米处弹出的影线叫作“扎线”。把扎线以外的石料打掉，叫做打扎线。

4. 小面弹线，大面装线抄平

如图4–54所示。先在任意一个小面上、靠近大面的地方弹一道通长的直线。如果小面高低不平，不宜弹线，可先用錾子在小面上打荒找平后再弹线，弹线时应注意，墨线不应超过大面最凹处。

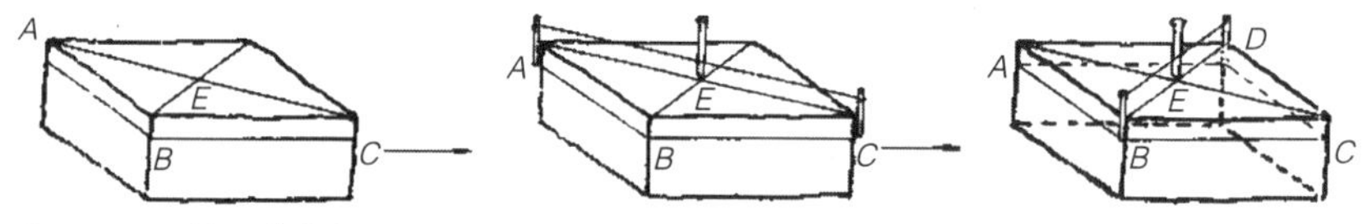

图4–54　石料的装线抄平（图片来源：刘大可《中国古建筑瓦石营法》）

假定弹线的一边为*AB*边，并设石料的其他各边为*BC*、*CD*、*DA*边，四角为*A*、*B*、*C*、*D*，对角线*AC*和*BD*的交点为*E*。沿*BC*边弹出一条直线，直线*AB*与*BC*交于*B*点。再弹出对角线*AC*和*BD*，并相交于*E*点。根据几何学原理，*A*、*B*、*C*三点必定在同一平面上，只要能使*D*点也在这个平面上，则石料的大面就能成为一个平面了。按照下述方法，可得到*D*点的位置：找三根小木棍，这三根木棍叫做“装棍儿”。再找一条线（一般用墨斗）。将二根装棍儿的底端分别放在*A*点和*C*点上，上端拴在线上。装棍儿要立直，线要拉紧。把第三根装棍儿直立在*E*点上，上端挨近墨线，使装棍儿上沾上墨迹。然后把*A*、*C*两点上的装棍儿移到*B*、*D*两处（其中*D*点尚未确定），位于*E*点的装棍儿不动，并让移位后的墨线仍然通过装棍儿上的墨迹标记，此时*D*处装棍儿的下端就是*D*点的准确位置。画出*D*点，并通过*AD*和*CD*边上弹上墨线。小面上的*AB*、*BC*、*CD*、*AD*四条装线就是大面上找平的标准。

在石料加工过程中，往往需要进行几次装线找平。

5. 砍口、齐边

沿着小面上的墨线用錾子将墨线以上的多余部分凿去，然后用扁子沿着墨线将石面“扁光”，即“刮边”，刮出的金边宽度约为2厘米（成品的实际尺寸），实际操作中，往往在剁斧工序完成后再刮一次金边。如果石料较软（如汉白玉）就应分几次加工，以防石料崩裂。

6. 刺点或打道

以找平为目的打道又称为“创道”。刺点或打道的主要目的都是将石面找平，除汉白玉等软石料外，一般应以刺点为主。如石料表面要求为打糙道者，刺点后应再行打道，为保证打出的道直顺均匀，可按一寸间距在石面上弹出若干条直线，按线打道。

刺点或创道应以刮出的金边为标准，如石面较大，可先在中间冲出相互垂直的十字线来，十字线的高度与金边高度相同，然后以十字线和金边为标准进行刺点或创道。石料的纹理有逆、顺之分。顺搓叫“呛碴”“开碴”或“顺碴”。逆搓叫“背碴”或“拖碴”。打背碴进度慢，道子也不易打直，打呛碴效率高，打出的道子也容易直顺，但有些石料打呛碴容易出现坑洼。因此打道时应根据石性，找好呛（背）碴再开始凿打。

7. 扎线，打小面

在大面上按规格尺寸要求弹出线来，以扎线为准在小面上加工，加工的方法可与大面相同，也可略简。一般情况下，小面应与大面互相垂直。但要求做泛水的石活，如阶条石等，小面与大面的夹角应大于90°。

8. 截头

截头又叫“退头”或“割头”。以打好的两个小面为准，在大面的两头扎线，并打出头上的两个小面，实际操作时，截头常与打扎线打小面同时进行。为能保证安装时尺寸合适，石活中的某些构件如阶条石等，常留下一个头不截，待安装时再按实际尺寸截头。

9. 砸花锤

经过上述几道工序，石料的形状已经制成，石面经刺点或打糙道，已基本平整，如表面要求砸花锤交活，就可以进行最后一道工序了。如要求剁斧或刷细道，在砸花锤以后，还应继续加工。如石料表面要求磨光者，应免去砸花锤这道工序。砸花锤时不应用力过猛，举锤高度一般不超过胸部，落锤要富于弹性，锤面下落时应与石面平行。砸完花锤后，平面凹凸不应超过4毫米。

10. 剁斧

剁斧应在砸花锤后进行，剁斧一般应按“三遍斧”做法。建筑不甚讲究者，也可按“两遍斧”做法。“三遍斧”做法的，常在建筑即将竣工时才剁第三遍，这样可以保证石面的干净。

第一遍斧只剁一次。剁斧时应较用力，举斧高度应与胸齐，斧印应均匀直顺，不得留有花锤印和錾印，平面凹凸不超过4毫米。

第二遍斧剁两次，第一次要斜剁，第二次要直剁，每次用力均应比第一遍斧稍轻，举斧高度应距石面20厘米左右，斧印应均匀直顺，深浅应一致，不得留有第一遍斧印，石面凹凸不超过 3 毫米。

第三遍斧剁三次，第一次向右上方斜剁，第二次向左上方斜剁，第三次真剁，第三遍斧所用斧子应较锋利，用力应较轻，举斧高度距石面约 15 厘米，剁出的斧印应细密、均匀、直顺，不得留有二遍斧的斧印，石面凹凸不超过 2 毫米。

如果以剁斧交活者（剁斧后不再刷道），为保证斧印美观，可以在最后一次剁斧之前先弹上若干道线，然后顺线用快斧细剁。

11. 打细道

石面经剁斧后，表面已很平整，所以打细道的目的纯粹是为了美观。为了保证质量，可先弹线再刷道。如果石面很宽，较难把握时，可顺着石料的纵向在中间刷两道鼓线（阳线），然后在两旁分别刷道，刷道一般应直刷（与石料的纵向相垂直），但也可以斜刷、左右互斜、刷成人字、菱形等。道子密度可有“一寸七”“一寸九”“一寸十一”不同做法。刷出的道子应直顺、均匀、深浅一致，道深不超过 3 毫米，不应出现乱道、断道等不美观现象。

实际操作中，可在建筑快竣工时，再刷细道。

表面要求磨光的石料，应免去打细道这道工序。

12. 磨光

磨光应在剁斧的基础上进行。要求磨光的石料，荒料找平时不宜刺点。刷道时，应尽量使錾子平凿，以免石面受力过重。石面也不宜砸花锤。上述三点注意事项，都是为了避免在石面上留下錾影和印痕。否则磨光时无法去掉。

磨光时先用粗糙的金刚石沾水磨几遍，磨的时候可在石面洒一些“宝砂”即金刚砂，然后用细石沾水再磨数遍，石面磨光后，要用清水冲净石面，待石面干燥后可进行擦蜡，所需之蜡须为白蜡，且最好为四川白蜡，将蜡熔化后兑入稀料制成，放凉后用布沾蜡在石面上反复擦磨，直至蹭亮。

第三节　砖瓦的生产加工

一、砖瓦的规格与分类

（一）砖瓦的规格

砖的规格和类型有很多种，有时为了适合各种墙体，会制造出一些特殊规格和形状的砖。[1]砖在历史上经历了土坯砖、空心砖、条砖的变化过程，而且砖的尺寸也变得越来越适宜。在东汉开始出现的小型条砖的尺寸，已经与我们今天所常常见到的条砖尺寸没有太大的差别。砖的尺寸不断发展，被做成可以握在手中的尺寸，这就使得工匠可以一手握砖，另一只手持瓦刀砌筑。这也正体现了砖从一开始使用就是与人类的建造活动密切联系。

中国传统建筑中的砖瓦料规格在各地砖瓦窑生产中大体一致，下面列举一些图表进行说明（表4–5、表4–6）。

清代官窑产品名称一览表 **表4–5**

名称	其他名称或说明	名称	其他名称或说明
临清城砖	产于山东临清，一般为澄浆或停泥砖	二新拌泥沙城	二城拌，二号城砖沙滚子城砖，随式城砖，该类砖质地较粗
澄浆城砖	该类砖泥料经制浆，沉淀后取上面细泥制成，故质地细致，强度较好	二新样泥沙城	二城样，二号城砖沙滚子城砖，随式城砖，该类砖质地较粗
停泥城砖	细泥停泥城砖，庭泥城砖，澄浆停泥城砖	停泥砖	停泥砖，停泥滚子砖，该类砖质地较细
新样城砖		斧刃砖	停泥斧刃砖，庭泥斧刃砖
旧样城砖		大沙滚子	该类砖质地较粗
尺五加厚砖	属于城砖类	小沙滚子	该类砖质地较粗
大新样开条砖	大城样开条砖，开条即砖的中间有一细长浅沟，便于改制条头	大开条	开条砖中都有一道细长浅沟，便于开做条头，该类砖质地介于停泥砖与沙滚子之间
大新样砖	大城样，大号城砖	望板砖	望砖，用于椽望，即砖望板做法
金墩砖	城砖类，质地较好，便于雕凿加工	足尺七方砖	该类砖大于一尺七寸
尺二方砖		二尺方砖	
足尺二方砖	该类砖大于一尺二寸	二尺二方砖	
常行尺二方砖	形尺二方砖，该类转不足一尺二寸	二尺四方砖	
尺四方砖		细泥方砖	规格多为尺四或者尺七，该类砖质地较细，强度较好
足尺四方砖	该类砖大于一尺四寸	澄浆方砖	规格从尺二到尺四，该类砖为澄浆方法制成的方砖，故质地细致，强度好，适于雕凿
常行尺七方砖	形尺七方砖，该类砖不是一尺七寸	足尺七方砖	
尺七方砖			

[1] 赵明.建筑设计中的材料维度：砖[D].南京：东南大学，2015.

现行古建筑砖料名称及规格一览表（毫米） **表 4-6**

名称		用处	规格（毫米）	备注
地趴砖		室外地面；杂料	420×210×85	砍净尺寸按糙砖尺寸扣减10～30毫米来计算
方砖	尺二方砖	小式墁地；博缝；檐料；杂料	400×400×60（384×384×64） 360×360×30（352×352×48）	
	尺四方砖	大、小式墁地；博缝，檐料；杂料	470×470×60（448×448×64） 420×420×50（416×416×57.6）	
	足尺七方砖	大式墁地；博缝；檐料；杂料	570×570×60	
	形尺七方砖		550×550×60（544×544×80） 500×500×60（512×512×80）	
	二尺方砖		540×640×96（640×640×96）	
	二尺二方砖		704×704×112（704×704×112）	
	二尺四方砖		768×768×144（768×768×144）	
	金砖	宫殿室内墁地；宫殿建筑杂料	同尺七－二尺四方砖规格（同尺七－二尺四方砖规格）	

《营造法式》中根据建筑的不同类型、规模、等级，规定了瓦件的形状、尺寸及铺瓦做法，使瓦件尺寸（特别是吻、脊、火珠、走兽等脊饰的尺度）与整个屋顶体量相称。其中规定了瓦、仰瓪瓦各有六种规格，用于散甬瓦瓦屋面的瓪瓦有三种规格。关于垒脊、用鸱尾、用兽头等，《营造法式》也分别详细规定了它们的尺寸、类型和数量等。清代琉璃瓦规格分八种等级，比宋代更为细密。每级有规定尺寸，十分严格。除了反映封建社会的严格等级制度外，也体现了瓦件的规格化。例如，清工部《工程做法》规定正吻按柱高 2/5 或 24 斗口定高，根据尺寸大小，或做成单件，或分别由七、九、十三等块拼装而成。正脊也是由赤脚通脊、大群色、黄道等构件分层、分段装配而成。为了使屋面与屋脊结合熨帖，而制作了适应沟垄形状的正当沟、斜当沟、吻下当沟、托泥当沟等构件。这些瓦件按级配套，施工拼装时各就其位，这就使得造型复杂、类型增多、等级严格的屋面工程的施工大大地简化了。由于瓦件制作和屋面施工明确分工，瓦件制作专业化，因而使瓦件的质量也得以不断提高。这表明我国古代铺瓦工程从材料制造到施工密切配合，已达到高度成熟的水平（表 4–7）。

布瓦尺寸表 **表 4-7**

名称		现行常见尺寸（厘米）		清代官窑尺寸（厘米）	
		长	宽	长	宽
筒瓦	头号筒瓦（特号或大号筒瓦）	30.5	16		
	1 号筒瓦	21	13	（35.2）	（14.4）
	2 号筒瓦	19	11	（30.4）	（12.16）
	3 号筒瓦	17	9	（24）	（10.24）
	10 号筒瓦	9	7	（14.4）	（8）

续表

名称		现行常见尺寸（厘米）		清代官窑尺寸（厘米）	
		长	宽	长	宽
板瓦	头号板瓦（特号或大号板瓦）	22.5	22.5		
	1 号板瓦	20	20	（28.8）	（25.6）
	2 号板瓦	18	18	（25.6）	（22.4）
	3 号板瓦	16	16	（22.4）	（19.2）
	10 号板瓦	11	11	（13.76）	（12.16）

（二）砖瓦的分类

中国尽管是一个以木结构为主的建筑体系，但是中国人对于砖瓦使用的历史也非常悠久。现已出土了大量战国时期的砖瓦遗存，可见砖瓦的制作经历了上千年之久。在砖瓦的生产和制作过程中，由于各个地区的土质和各个窑厂的生产工艺的不同，所以生产出来的砖瓦在规格、类型、名称上都会有很多的不同。而不同特性不同规格的砖瓦有着不同的用途，根据用途的不同，大致可以分为城砖、停泥砖、沙滚砖、开条砖、方砖和条砖六类。具体分类及用途见表 4–8。

中国传统建筑的砖料根据使用部位的不同，又可以分为墙身砖、地面砖、檐料子（指砖檐用料）、脊料（屋脊上的砖料）和杂料子（用量小但造型多变的砖料）。[①]

砖的分类及用途　　表 4–8

名称	定义	注
墙身砖		“直趣活”（平面夹角为 90° 的砖料）包括“长身”“丁头”“转头”和“陡板”
地面砖		异型砖，包括“八字砖”“车棢砖”“镐楔砖”
檐料子	指砖檐用砖	
脊料	屋脊上的砖料	
杂料子	用量小但造型多变的砖料	

注：1.“长身”——砌筑时砖的长面朝外。
2.“丁头”——小面朝外。
3.“转头”——用于转角部位，长身面和丁头面全部外露的砖料。
4.“陡板”——立置砌筑，砖的大面朝外。
5.“八字砖”——砖的一个角为八方或其他角度的砖。
6.“车棢砖”——圆弧形墙面、圆券贴脸、圆形散水。
7.“镐楔砖”——用于砖券。

① 陈越．砖砌体——以材料自然属性为分析基础的建构形式研究 [D]. 南京：东南大学，2006.

中国传统建筑的砌筑也是个技术活，对于墙体的摆砌十分讲究，砖的砍磨有一定的要求。一般而言，条砖在砌墙之前应该先对砖料进行一定程度的加工。主要是对砖的几个面进行砍磨，就是将粗糙的砖加工成符合尺寸和造型要求的细砖料的过程。一块条砖一般有三个面，如图 4–55 所示，我们习惯上将砖料的几个面称为“面、头、肋”。也称为“陡板”“丁头”“长身”。“面”指砖料朝外的那一面。“头”指砖料的小面。“肋”是除了看面和丁头的以外的那一面。对于砖的加工过程和内容比较复杂，通常来讲，用于不同部位的砖料，其加工程序和方法也不尽相同，常用的有以下几种①（表 4–9、表 4–10）。

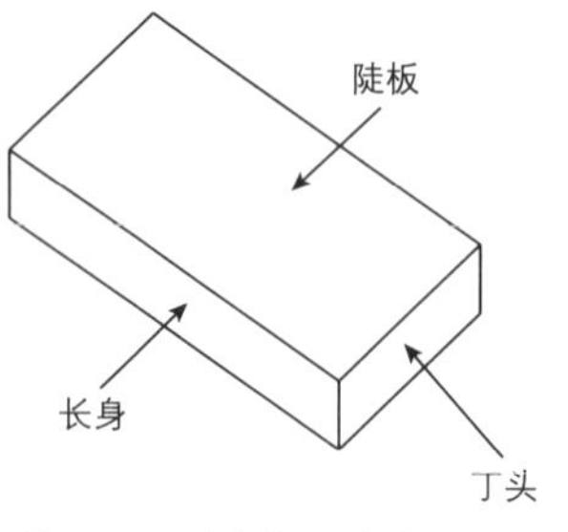

图 4–55　砖各部位的称谓
（图片来源：李浈《中国传统建筑形制与工艺》）

砖料加工特点及主要用途　　表 4–9

名称	定义	用途
城砖	传统建筑中规模最大的砖	一般使用于城墙、台基、屋檐下肩等体积较大的部位
停泥砖	用优质的细泥烧制而成，规格稍小，是常用的普通砖	常用于墙身、地面、砖檐等部位
沙滚子砖	用沙性土壤烧制而成的质地较粗的砖，品质较次	一般用于不太显眼的部位注 1
开条砖	专指规格尺寸较小的细条形砖，通常它的宽度是长度的 1/2，厚度是宽度的 1/2，与现代的黏土砖相似	常在制作中于中部划一道细长浅沟，以便施工时开条，多用在需要现场补缺、砍制等部位使用
方砖	平面尺寸为方形的砖	一般用作博风、墁地砖
条砖	不能列入以上类别的其他砖	如与现代规格标准砖相同的四丁砖，贴砌斧刃陡板的斧刃砖等
墙身砖		“直趟活”（平面夹角为 30° 的砖料）包括“长身”“转头”“陡板”
地面砖		异型砖，包括“八字砖”“车棡砖”“镐楔砖”
檐料子	指砖檐用料	
脊料	屋脊上的砖料	
杂料子	用量小但造型多变的砖料	

注 1：高蔚 . 中国传统建造术的现代应用——砖石篇 [D]. 杭州：浙江大学理工学院 .2008.

① 赵鹏 . 荷载与环境作用下青砖及其砌体结构的损伤劣化规律与机理 [D]. 南京：东南大学，2015.

（1）五扒皮：五扒皮砖一般用于干摆做法的砖砌体和细墁条砖地面。所谓“五扒皮”是指对砖料的五个面（两肋、两面、一丁头）进行加工，并且留出转头勒的加工砖。五扒皮一般的加工过程为磨平加工面；“打直”（即按边划直线）；“打扁”（即凿去多余部分）；“过肋”；“砍包灰”（砍去尺寸为 3 ~ 7 毫米）；“磨肋”（即将过肋磨平）；“截头”（即对砖端头按要求尺寸截断磨平）。

（2）膀子面：同“五扒皮”一样，膀子面也同样是加工五个面，其中一个面加工成膀子面，具体做法基本同“五扒皮”，通常用于丝缝做法的砖墙中。膀子面具体来讲就是将砖的一个大肋面只磨平而不砍包灰，并且该肋面与长身、丁头两个面互成直角棱。

（3）淌白头：指只进行简单加工的砖，根据加工精度的不同，可以分为粗淌白和细淌白。细淌白是将砖的一个面或头和一根棱进行磨和截，不砍包灰，也不过肋，只“落宽窄”不“劈厚薄”；而粗淌白则是只对一个面和一根棱进行铲磨，不截头也不砍包灰，不“落宽窄”也不“劈厚薄”。

（4）三缝砖：一般使用于干摆墙的第一层的不需要全部加工的砌体。主要是对砖的看面和上缝、左缝和右缝共四个面进行加工后的砖。

（5）六扒皮：用于一个长身面和两个丁头面同时露明的部位。主要是对砖的六个面进行加工。

（6）盒子面：针对铺地方砖进行加工之后的一种面砖，加工方式基本和五扒皮是一样的，将大面铲磨，截掉四肋，四个肋骨要成直角，砖面包灰 1 ~ 2 毫米。

（7）八成面：八成面的具体加工方法同盒子面，只是在加工精度上，只达到盒子面的八成，所以称为八成面。

（8）干过肋：是对铺地方砖进行粗加工的一种，只铲磨四肋，不砍包灰。

墙身与地面砖的成品类型　　表 4-10

名称		工艺特点	主要用途
滴白	滴白截头（细滴白）	加上一个面，长度按要求加工	滴白做法的砌体
	滴白拉面（糙滴白）	加上一个面，长度无要求	滴白做法的砌体
六扒皮		砖的 6 个面都加工	用于“褡裢转头”及其他需要砍磨 6 个面的砖料
方砖类地面用	盒子面	五扒皮，四肢应砍转头肋，表面平整要求高	细墁方砖地面
	八成面	同盒子面，但表面平整要求一般	细墁尺二方砖地面
	干过肋	表面不处理，过四肋	滴白地面（一般为尺四以下方砖）
	金砖	同盒子面，但工艺要求精确	金砖地面

二、历史典籍中的砖瓦生产工艺

（一）宋代制砖工艺

北宋《营造法式》第十五卷窑作制度，对砖瓦的尺寸、原料、成型、干燥、码窑和焙烧，以及砖窑的规格和砌筑施工，做了比较科学的总结和记录。[①]也是历史文献中第一本对于砖瓦具体生产工艺进行描述和记载的书籍。

1. 原料

“造砖坯前一日和泥，打造”。“造瓦坯用细胶土，不夹砂者。前一日和泥造坯”。“先于轮上安定扎圈，次套布筒，以水搭泥，拨圈，打搭，收光，取札，并布筒（日煞）曝”。泥料制备之严格，由此可见一二。

2. 保养

砖坯成型时“皆先用灰衬隔模匣，次入泥，以杖剖脱曝，令干”。

3. 烧窑

“素白窑前一日装窑，次日下火烧变，又次日上水窨，更三日开候冷透，及七日出窑。青棍窑（装窑烧变，出窑日分准上法）先烧芟草（茶土棍者止于暴露内搭带烧变，不用柴草、羊屎、油机），次蒿草、松柏柴、羊屎、麻枫、浓油，益罨，不令透烟。”“琉璃窑前一日装窑，次日下火烧变，三日开窑，火候冷至第五日出窑。”[②]

4. 造窑

凡垒窑用长一尺二寸、广六寸、厚二寸条砖平坐，并窑门、子门、窑床踏外围道皆并二砌其窑池下面作峨眉垒砌，承重上侧，使暗突出烟。

（二）明代制砖工艺

明代宋应星的《天工开物·陶埏·砖》记录了当时比较普遍的制砖工艺。制作流程基本为选料、分类、焙烧等（图 4–56）。

1. 原料

凡埏泥造砖，亦堀地验辨。土色，或蓝、或白、或红、或黄（闽广多红泥。蓝者名善泥，江浙居多），皆以粘而不散、粉而不沙者为上。汲水滋土，人逐数牛，错趾踏成稠泥，然后填满木框之中，铁线弓戛平其面，而成坯形。[③]

---

① 许岩．关中传统民居建筑的型制研究 [D]. 西安：西安理工大学，2010.
② 张光玮．关于传统制砖的几个话题 [J]. 世界建筑，2016（09）.
③ 范雪峰．云南地方传统民居屋顶的体系构成及其特征 [D]. 昆明：昆明理工大学，2005.

图 4-56 《天工开物》中造瓦、泥造砖坯、煤炭烧砖窑、砖瓦窨水转釉的图示

2. 分类

凡郡邑城雉、民居垣墙所用者，有眠砖、侧砖两色。眠砖方长条砌。城郭与民人饶富家不惜工费，直叠而上。民居算计者，则一眠之上，施侧砖一路，填土砾其中以实之，盖省啬之义也。凡墙砖而外，瓫地者曰方墁砖；榱（圆的椽子）桷上用以承瓦者，曰棉板砖；圆鞠小桥梁与圭门与窀穸墓穴者，曰刀砖，又曰鞠砖。凡刀砖削狭一偏面，相靠挤紧，上砌成圆，车马践压，不能损陷。造方墁砖，泥人方框中，平板盖面，两人足立其上，研转而坚固之，烧成效用。石工磨斫四沿，然后瓫地。刀砖之直视墙砖稍溢一分，徨板砖则积十以墙砖之一，方墁砖则一以敌墙砖之十也。

3. 焙烧

凡砖成坯之后，装人窑中，所装百钧（钧，三十斤）则历一昼夜，二百钧则倍时而足。凡烧砖有柴薪窑，有煤炭窑。用薪者出火成青黑色，用煤者出火成白色。凡柴薪窑，巅上偏侧凿三孔以出烟，火足止薪之候，泥固塞其孔，然后使水转锈。凡火候少一两，则锈色不光。少三两，则名嫩火砖，本色杂现，他日经霜冒雪，则立成解散，仍还土质。火候多一两，则砖面有裂纹。多三两，则砖形缩小拆裂，屈曲不伸，击之如碎铁然，不适于用。巧用者以之埋藏土内为墙脚，则亦有砖之用也。凡观火候，从窑门透视内壁。土受火精，形神摇荡，若金银熔化之极然。[①] 陶长辨之。凡转锈之法，窑颠作一平田样，四围稍弦起，灌水其上。砖瓦百钧，用水四十石。水神透人土膜之下，与火意相感而成。水火既济，其质千秋矣。若煤炭窑视柴窑深欲倍之，其上圆鞠渐小，并不封项。其内以煤造成尺五径阔饼，每煤一层，隔砖一层，苇薪垫地发火。[②]

4. 其他

若皇居所用砖，其大者厂在临清，工部分司主之。初名色有副砖券砖、平身砖、望板砖、斧刃砖、方砖之类。后革去半。运至京师，每漕（漕，水转谷也。

① 董睿. 汉代空心砖的制作工艺研究 [J]. 华夏考古，2014（02）.
② 王新征. 传统砖窑产业遗产的再利用路径探析 [J]. 工业建筑，2019，49（01）.

一曰人之所乘及船也）舫搭四十块，民舟半之。又细料方砖以梵正殿者，则由苏州造解。其琉璃砖，色料已载瓦款。取薪台基厂。烧由黑窑云。[①]

（三）宋代造瓦工艺

1. 原料

“造瓦坯用细胶土，不夹砂者。前一日和泥造坯（鸱兽事件同）”。[②]

2. 造坯

“先于轮上安定轧圈，次套布筒，以水搭泥，[③]拔圈、打搭、收光、取札，并布筒煞曝”，“候曝微干，用刀剺画，每桶作四片（瓦作二片，线道瓦于每片中心画一道条子，十字剺画），线道条子瓦仍以水饰露明处一边”。[④]

书中提到一种“青抢棍（又有“滑石抢”“茶土抢”）说青抢瓦等之制，以干坯用瓦石摩擦（瓦瓦于背，板瓦于仰面，磨去布纹），用水湿布揩拭，候干，次以洛河石”次掺画石末，令匀。

3. 烧窑

“素白窑”前一日装窑，次日下火烧变，又次日上水窨，更三日开候冷透，及七日出窑。

4. 琉璃

关于琉璃瓦的制作制度，是“要以黄丹、洛河石、铜末，用水调匀（冬月以汤）瓦瓦于背面，鸱兽之类，于安卓露明处（青抢同），并遍浇刷。板瓦于仰面内中心（从唇板瓦仍于背上浇大头，其线道条与瓦浇唇一壁）”。

（四）明代造瓦工艺

1. 原料

凡埏泥造瓦，掘地二尺余，择取无沙黏土而为之。百里之内必产合用土色，供人居室之用。[⑤]

2. 造坯

凡民居瓦形皆四合分片。先以圆桶为模骨，外画四条界。调践熟泥，叠成高长方条。然后用铁线弦弓，线上空三分，以尺限定，[⑥]向泥不平戛一片，似揭

---

① 刘高凤．景德镇当代陶瓷雕塑多元化特征研究 [D]. 景德镇：景德镇陶瓷大学，2019.
② 李玉姣．明清琉璃脊饰的装饰特征研究 [D]. 景德镇：景德镇陶瓷大学，2020.
③ 王捷．山西明代建筑琉璃探析 [D]. 大连：辽宁师范大学，2020.
④ 乔迅翔．宋代建筑营造技术基础研究 [D]. 南京：东南大学，2005.
⑤ 郑林伟．福建传统建筑工艺抢救性研究——砖作、灰作、土作 [D]. 南京：东南大学，2005.
⑥ 杨君谊．明代龙纹琉璃窑生产工艺及管理制度考略 [J]. 文物鉴定与鉴赏，2018（11）.

纸而起，周包圆桶之上。待其稍干，脱模而出，自然裂为四片。凡瓦大小古无定式，大者纵横八九寸，小者缩十之三。室宇合沟中，则必需其最大者，名曰沟瓦，能承受淫雨不溢漏也。

3. 烧窑

凡坯既成，干燥之后，则堆积窑中燃薪举火。或一昼夜或二昼夜，视窑中多少为熄火久暂。浇水转釉，与造砖同法。其垂于檐端者有滴水，下于脊沿者有云瓦，瓦掩覆脊者有抱同，镇脊两头者有鸟兽诸形象。皆人工逐一做成，载于窑内受水火而成器则一也。

4. 琉璃

若皇家宫殿所用，大异于是。其制为琉璃瓦者，或为板片，或为宛筒。以圆竹与斫木为模逐片成造，其土必取于太平府（舟运三千里方达京师，掺沙之伪，雇役、捞船之扰，害不可极。即承天皇陵亦取于此，无人议正）造成，先装入琉璃窑内，每柴五千斤烧瓦百片。取出，成色以无名异、棕榈毛等煎汁涂染成绿黛，赭石、松香、蒲草等涂染成黄。再入别窑，减杀薪火，逼成琉璃宝色。[①] 外省亲王殿与仙佛宫观间亦为之，但色料各有配合，采取不必尽同，民居则有禁也。[②]

（五）其他历史文献

1. 原料

《四库全书》存目中明代张问之所撰《造砖图说》提要中这样记载：对制砖的原料处置是“掘而运，运而晒，晒而椎，椎而舂，舂而磨，磨而筛，凡七转而后得土。复澄以三级之池，滤以三重之罗，筑地以晾之，布瓦以晞之，勒以铁弦，踏以人足，凡六转而后成泥”。[③] 等晒到泥料成半湿半干时，再进行无数次的翻、捣、摔、揉。这个过程，被称作“醒泥”，目的是要让泥中黏性和砂性达到最融合、最滋润的程度。

2. 制坯

《造砖图说》中描述道：“揉以手，承以托版，研以石轮，椎以木掌，避风避日，置之阴室，而日日轻筑之。阅八月而后成坯”。另外，在张问之给嘉靖帝的《请增烧造工价疏》中有更为详细的述说：“以至坯之做也，以板装之，以范以两人共擦之，以石轴碾之，以槌平之端正，日日翻转之，面面椰打之，遮护之，开晾之，凡八月而始干”。[④]

---

① 杨桂美．凤阳明中都遗址出土琉璃瓦制作工艺信息与原料来源的研究 [D]. 北京：中国科学技术大学，2018.
② 翟志强．明代皇家营建的运作与管理研究 [D]. 北京：中国人民大学，2010.
③ 王铁男．清代产业技术标准化研究——以砖木作匠作则例为中心 [D]. 苏州：苏州大学，2020.
④ 王毓蔺．明北京营建烧造丛考之一——烧办过程的考察 [J]. 首都师范大学学报（社会科学版），2013(01).

3. 烧造

《造砖图说》："其入窑也，防骤火激烈，先以穅草薰一月，乃以片柴烧一月，又以棵柴烧一月，又以松枝柴烧四十日，凡百三十日而后窨水出窑。"

《请增烧造工价疏》："其入窑也，修窑有费，垫坯有费；发火也，一月而糠草，二月而片柴，三月而棵柴，又四月十日而枝柴，凡五月而砖始出。"

（六）南方细砖材料制作方法

南方传统的细砖材料，因其制作工艺相当严谨，砖材质量非常高，属于比较高级的砖材，常用的做法包括选址、制坯、焙烧。

1. 选址

选择窑址对周边环境和土质都要认真勘查。首先，远离村落：防止炉灰对居民生活造成影响。其次，便于运输：靠近大河，便于船运。第三，有良好的土壤资源：需要有长期供采用的原材料，一般选用含铁量比较高的土壤，在苏州地区称"铁硝黄泥"。

2. 制坯

沥浆：除了用耕牛踩踏碎之外，还要人工搅拌，竹篾编网过滤两道，确保泥浆细腻。取出泥块垒在一处夯实，用牛皮纸封存四个月以上等泥充分"熟透"。制坯：做泥墩子，形成一桶状泥坯。其规格一般比成品大两寸（鲁班尺计量，1寸约2.8厘米）。用木制模和弓取坯。停坯条：在一片空草房的泥地上下挖3寸，铺上寸许生石灰，用泥覆盖，然后在平整的地上做泥梗。泥坯停放时一般为侧放。

3. 焙烧

窑炉：分为小窑和大窑（轮窑）。小窑内壁圆形，用泥坯砌成，并留有烟道。砌时逐层向中心挑出。适当部位留出火门，正中上方留出加水口即冷却口，然后外面覆盖泥土，起加固和保温作用。

4. 装窑

一般一炉砖并不平均，烧制出的砖质量会有不同。如果只要一种好的砖，其他位置就需要有垫底。

5. 烧窑

南方一般用干燥的秸秆为燃料较多，保证火力适中。烧窑的步骤是文火→高火（1000℃）→闷窑→还水。几天之后就可使用。

若制金砖，据明代的《造砖图说》，"入窑后要以糠草薰一月，片柴烧一月，棵柴烧一月，松枝烧四十天，凡百三十日而窨水出窑。""色泽均匀，无裂缝缺损。"[①]

---

① 何伟.明清官式建筑技术标准化及其经济影响——以17~19世纪木作石作为案例[D].苏州：苏州大学，2010.

三、传统烧造窑体的历史演进

传统砖瓦烧造工艺中，“窑”这一场地空间是烧造工艺中坯蜕变为器的特殊场地，围绕这一场地空间，对于烧造工艺的把控和具有神话色彩的祭拜仪式都具有非凡的价值。只有经验深厚的匠师大把式，才能凭借着一代代窑师们口口相传的控火技巧和自己多年累积的经验习惯，尽可能地操控炽热而多变的窑内变化，提高砖瓦的成品率。而在漫长的制作砖瓦烧窑成器的生产活动中，筑窑的工匠师傅们也在不断地思考，努力通过调整窑体的空间形态与结构，提高窑内空间砖坯摆放与火焰燃烧结构的合理性，帮助窑师更好地掌控窑内火体的温度与变化。使“土受火精，形神摇荡”的方寸窑厂之内，孕育出承载千年烧造之灵魄的砖瓦材器（表 4–11）。

砖窑的演进 **表 4–11**

<table>
<tr><th colspan="2">类</th><th colspan="4">型</th></tr>
<tr><td colspan="2" rowspan="2">同穴窑
时代：新石器时代—战国
地域：各地</td><td colspan="2">露天烧造</td><td colspan="2">直焰窑</td></tr>
<tr><td colspan="2"> 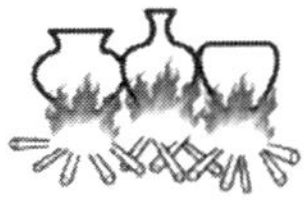</td><td colspan="2"> 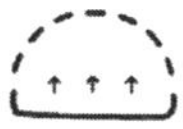</td></tr>
<tr><td rowspan="4">异穴窑</td><td rowspan="2">小型
时代：新石器时代—战国
地域：中原较多</td><td>竖穴开始</td><td>横穴开始</td><td colspan="2">半倒焰</td></tr>
<tr><td> 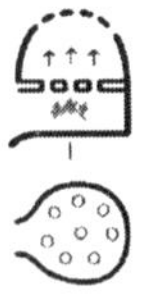</td><td> 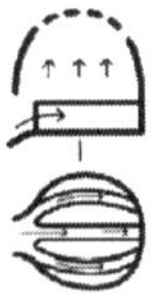</td><td> 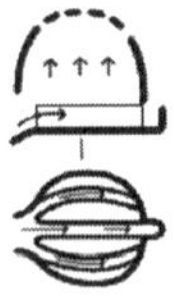</td><td> 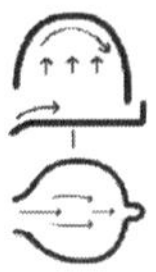</td></tr>
<tr><td rowspan="2">大型
时代：多为汉以后
地域：各地</td><td colspan="4">半倒焰</td></tr>
<tr><td colspan="4"> </td></tr>
</table>

在对窑内空间的更高利用率的探索中，窑的空间形态的变化根据火焰燃烧路径，可以分为三个形态：升焰窑、横焰窑和倒焰窑。不同的火焰流动方向带来了不同的窑体构筑方式与烧造工艺，现以三种不同类型的窑体进行讨论。

（一）升焰窑

升焰窑是较原始的烧造砖瓦所用的窑体，构造比较简单，一般由燃烧火膛、箅子、盛放砖坯的坯室和烟道构成。烧造的原理比较简单，依靠火焰自下而上的燃烧对中部窑室的坯体进行烧造。简单的烧造结构决定了坯体的容量，位于燃烧膛和窑室中间的窑箅需要承担坯体的重量和高温，极易塌落，这便限制了窑室可以容纳的坯体，每次点火烧窑能够烧成的成品较少。南京市阴阳营就曾发现过商周时期的砖瓦烧造窑群，形态多为地沟窑、开口窑，便是升焰窑的一种。此外，无顶地沟窑还多用于印度、孟加拉国等地，是常见的砖瓦烧造窑体。

（二）横焰窑

到了汉代，砖瓦窑迎来了一次飞跃进步，这个时期开始出现专门烧造砖瓦的特制窑体，便是横焰窑。顾名思义，高温的火焰从放置砖坯的坯室内横穿而过，独特的空间形态决定了比起上一代的升焰窑，横焰窑的空间使用效率有了很大的进步。横焰窑中不需要设置盛放坯体的箅子，同时，燃烧室也设置在坯室的前方，窑体的改进使得盛放砖坯的坯室空间大大增大，一次烧造的砖瓦成品量增多，使用效率大大增强。这样的变革就大大加大了窑的容量。西安市草滩区阎家村发现的汉代建筑遗址中有两座砖瓦窑，都为马蹄形平面横焰窑。窑内空间前小后宽，火焰横向穿过坯室，经排烟道排出，横焰窑坯室可以容纳的坯体量大，坯室空间也大，所需要的烧制时间比较长。当有窑体外的空气逸入窑内，便极易破坏窑内的还原气氛，将呈青灰色的坯体氧化成红色，从而降低了砖瓦成品的品质。为了尽可能提高优品率，智慧的古人尝试与摸索，探索出一种尽可能保证窑室内的还原气氛，又可以快速降低窑内温度，缩短制作周期提高生产效率的方法——“窨水法”，窨水又称作浇水闷窑。当窑内坯体即将烧制完成时，在窑体顶部的积水池中放水，水从顶部缓缓渗下，进入窑体内部，被高温转化为水蒸气，并在物态变化中吸收大量的热能，降低窑体内部的温度，使窑温迅速降低[9]。窨水法在《营造法式》中便有描述：“凡烧变砖瓦之制，素白窑，前一日装窑，次日下火烧变，又次日上水窨，更三日开，候冷透及七日出窑……”①

① 孙科科．晋阳古城出土瓦件的制作工艺研究 [D]．太原：山西大学，2020.

（三）倒焰窑

宋代之后，砖瓦窑的空间形态又有了长足的发展，建造窑体的材料逐渐从夯土发展成砖砌，因此窑体的空间形态也逐渐变成圆形，开始流行倒焰窑和半倒焰窑，我国学者多将倒焰分为全倒焰和半倒焰，而国外多只统称为“倒焰”。所谓“倒焰”，实际上就是指热气上升之后又被向下的拉力吸引倒流的火焰运行方式。具体来讲，全倒焰有多个活口，烟囱可以深入到窑的底部，这样升上去的所有热气全被均匀地引向窑底部的各处，形成全面的倒焰。而不同于全倒焰窑，半倒焰窑仅仅在窑的尾部设有烟囱，升上去的热气在窑的尾端下降，火焰流动呈半倒焰。半倒焰窑可以将位于升焰窑顶部的排烟孔移至尾部，将其作为有意识的吸烟孔。由于顶棚上没有排烟孔，热气上去后再下来，这样的热气流动模式被称为半倒焰，一般认为半倒焰窑比升焰窑热效率高。

如洛阳市人民路砖瓦窑址，便属于半倒焰窑。《营造法式》中便有倒焰窑的记载，如大窑和曝窑就是其中代表。倒焰窑在窑内空间使用上比起横焰窑又有了极大的进步，为了放置砖坯的坯室空间更大，古代匠人们开始尝试增加窑体的高度，这时窑体内的火焰由燃烧室升起，到达窑体顶部后倒转而下，最后经由底部的排烟道排出窑体。流转的火焰增加了留置在窑内的时间，使火焰的热量被充分利用，从而在一定程度上节省了燃料的使用。

四、砖瓦生产工具

（一）瓦桶

制泥瓦必须之工具。烧砖制瓦工艺，历史悠久。制瓦工具——瓦桶的制作工艺独特。瓦桶高 24 ~ 25 厘米，下口外圆周 80 ~ 87 厘米（也可稍大一点），附带一个手柄。桶的制作材料是：不走形的杉木和不怕水湿的棕毛。由若干根刨光的约 1 厘米宽，近 1 厘米厚，边稍斜的杉木条，中间凿上眼，再将棕毛搓成绳，将小木条串连穿作而成。瓦桶制成后，如装上钢丝弹簧一样的小桶，收弹自如，不软不硬，不松不紧，又圆又合缝，甚至用旧仍是如此（图 4–57、图 4–58）。

使用时，把底托固定在地面上，再把瓦桶放在底托上，用水浇湿木桶外的帆布，然后用泥弓从泥墙上锯下瓦片厚度的黄泥片，用双手捧着贴在瓦桶外壁的湿帆布上，两边连接粘紧，去掉多余的泥料。然后转动底托，用小木棒上下不停地打压黄泥片并抹平，同时用弯盘沾水磨光瓦面，刮匀称，最后用一根一头钉了钉子的木条放在瓦桶边缘转动转轴，把超过瓦长度的泥坯料划齐。

图 4-57　瓦桶（一）

图 4-58　瓦桶（二）

（二）泥弓

泥弓就是用一截带有韧性的细木棒弯成弓形嵌一根钢丝（图 4-59、图 4-60）。

图 4-59　泥弓（一）

图 4-60　泥弓（二）

（三）砖瓦作工具

砖瓦作工具是指对瓦或砖构件进行加工、砌筑、抹面的工具。瓦作工具主要包括瓦刀、抹子、尺、灰板等[①]（图 4-61）。

（1）灰板：是木制抹灰工具，前端是用于盛放灰蒙的平板。后尾带手柄，是抹灰操作时的托友工具。

（2）瓦刀：用铁板制成，呈刀状，是砌墙的主要工具，也用于宠瓦或修补屋面时的瓦面夹垄和裹垄后的赶轧。

（3）鸭嘴：是一种小型尖嘴抹子，多用来勾抹普通抹子不便操作的窄小处，也用于堆抹花饰。

① 邹玉祥. 川西民居瓦石构造技术研究 [D]. 成都：西南交通大学，2017.

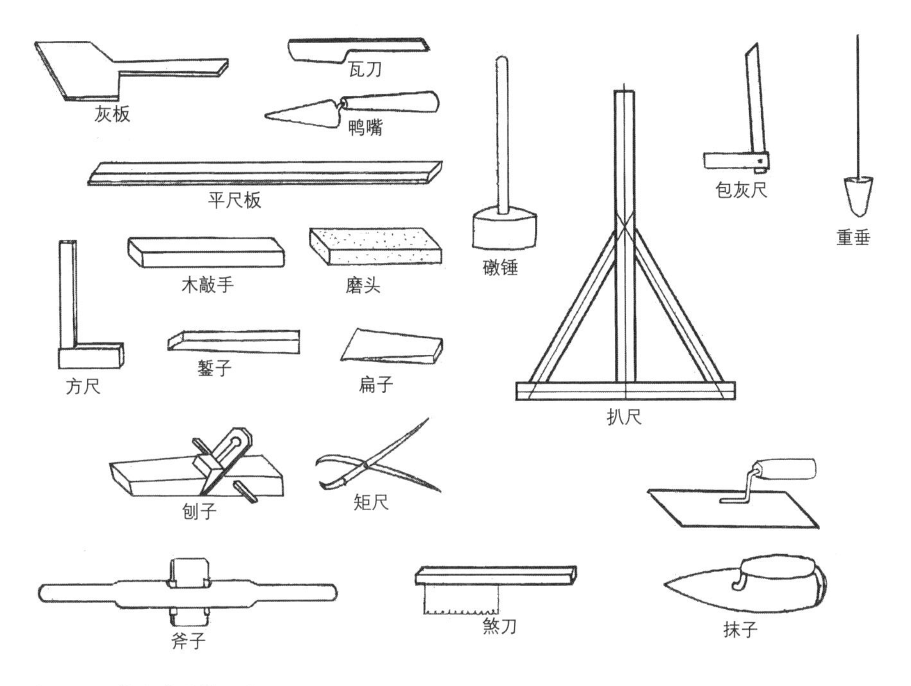

图 4-61　常见砖瓦作工具

（4）抹子：用于墙面抹灰、屋顶苫被、筒瓦裹垄。古代抹子比现代抹灰抹子小，且前端窄尖。

（5）平尺板：用薄木板制成，要求小面平直，短平尺用于画砍砖直线，检查砖棱的平直等，长平尺叫平尺板用于砌墙，墁地时检查砖的平整度以及抹灰时的找平、抹角。①

（6）木敲手：是便于手持的短枋木，作用与锤子相同，但比铁锤轻便，敲击力量也轻柔得多。木敲手多用硬杂木做成，使用时以木敲手敲击扁子、錾子剔凿砖料。

（7）扁子：用扁铁制成，前缘磨出锋刃，使用时以木敲手敲击，用来打掉砖上多余的部分。

（8）刨子：是加工砖表面的工具，与木工刨子相仿。

（9）斧子：是砖加工的主要工具，用于铲平砖面和砍除多余的部分。斧子由斧摇和刃子组成。斧棍中间开有“关口”，可楔刃子。刃子用铁加钢锻造而成，呈长方形，两端为刃锋。两侧用铁卡子卡住后放入斧棍的关口内，两边再用垫料塞紧即可。

（10）包灰尺：形同方尺。但角度略小于 90°，砍砖时用于测量砖的包灰口是否符合要求。

① 李宁．重庆近代砖木建筑营造技术与保护研究 [D]. 重庆：重庆大学，2013.

（11）扒尺：是木制丁字尺。上附有斜向“拉杆”。拉杆既可以固定丁字尺的直角，本身又可形成一定的角度。扒尺主要用于小型建筑施工放样时的角度定位。

（12）方尺：是木制直角拐尺。用于砖加工时的直角画线和检查，也用于抹灰和其他需用方尺找方的地方。

（13）活尺：又叫活弯尺，是角度可以任意变化的木制拐尺。可用于“六方”“八方”的画线和施工放样等。

（14）礅锤：多用加工成圆台体的城砖制成。中间凿孔穿木柄。主要用于砖墁地，将砖礅平。礅实，现代改用皮锤代替。

（15）煞刀：用厚铁皮做成。一侧做出齿形，作用与锯类似，用于切割砖料。

（16）磨头：用于磨平砖面，粗砖、砂轮或油石都可以做磨头。

（17）錾子：用扁铁制成，前端磨出锋刃。

（18）矩尺：用两根前端磨尖的铁条铰接而成。矩尺除可以画圆弧，还可运用两根铁条平行移动形状相同的原理，把任意图形平移到砖上。

第四节　琉璃的生产加工

在我国，虽然三千多年前，就已经开始注意总结烧制琉璃的经验，但在宋代以前，对于底层劳动人民在实践中穿凿的丰硕成果，多只能采取口传心授的方式流传民间。直到北宋崇宁年间出现了我国第一部完整的建筑专著《营造法式》以后，才将琉璃的烧制工艺用文字详细地记录下来。因此，研究古代琉璃烧制技术，《营造法式》必定作为非常重要的历史依据。[①]

古代琉璃烧制工艺主要有垒造窑、制坯胎、制造琉璃釉料和烧窑四道工序，下面简略介绍古代对这四个环节的具体技术措施。

一、琉璃窑的垒造

在我国建筑史上，烧制砖瓦的窑一共就有两种：一种是专门烧造青砖、青瓦的砖窑。一种是专门烧造琉璃砖、瓦和兽件的琉璃窑。宋《营造法式》称一般砖瓦窑为“大窑”，琉璃窑为“曝窑”，还明确规定：“垒窑之制，大窑高

① 惠任. 洛阳山陕会馆古建琉璃构件腐蚀及保护研究 [D]. 西安：西北大学，2006.

二丈二尺四寸、经一丈八尺、门高五尺六寸，广二尺四寸”，曝窑与大窑，从平面看都是圆形的，构造也大致相同。但是尺寸差距却很大，如大窑高为宋营造尺二丈二尺四寸（约合 6.92 米）而曝窑高为宋营造尺一丈五尺四寸（约合 4.76 米），两者在高度上差了 2.16 米。[①] 曝窑的尺寸小于大窑，主要是由于烧制琉璃时需要的温度比烧普通砖、瓦的均匀，窑体小则火力更易集中，效果更佳。

无论大窑还是曝窑，都是采用“倒焰式”的燃烧方法，即在窑门内炉膛上燃烧的火焰，从窑壁向上喷升到窑顶后，利用吸火孔和烟囱的作用，使火焰的尖端在窑内进行扩流，下降到坯件上，再经过坯件间的空隙，进入吸火孔和烟囱排走。这样能使火力均匀，各坯件所受的温度一致，以避免嫩火（即火候不够）或老火（即烧过了头）。

这种琉璃窑，在宋代以前，已经成为传统的形式，往后各代相继使用，至少可以肯定延续到了明朝初期。1958 年在南京中华门外雨花台（明代叫聚宝山）附近，挖掘出土了六座明洪武年间的琉璃窑，其平面为圆形，内径 3 米，比《营造法式》规定的略小一点，而窑门、烟道及升火的方式、原理，都与宋窑基本相同，可见倒焰式窑的历史是十分悠久的（图 4–62）。

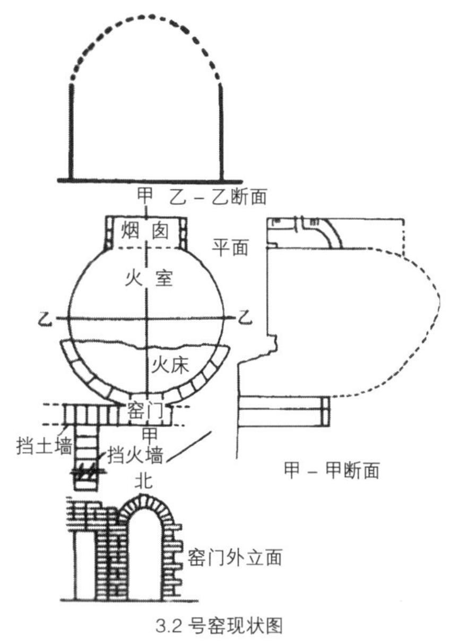

图 4–62　南京明代琉璃窑构造示意图
（图片来源：李全庆、刘建业《中国古建筑琉璃技术》）

圆形的琉璃窑，尽管延续使用过数百年，但它有许多不足之处。比如南京雨花台发掘出的圆形窑，六座窑的顶部均早已塌毁，只有窑身的直墙和窑的券门留存。究其塌毁原因，是由于垒砌这种圆形穹隆顶时，只能采用“逐层各收入五寸，递减半砖”的做法，这种做法不如发拱券的做法坚固，所以经不住时间的考验，都一一坍塌了。除了不坚固外，这种窑顶垒砌时还十分费工，所以明代中叶以后，琉璃窑的传统形式被打破了，新型的琉璃窑，除窑门、烟道等保持了明代以前的基本构造外，都把平面由圆形改为长方形，这样垒砌窑顶时工艺变得较为简单，且成窑后其坚固程度大大提高，应该说，这是在垒造窑的技术上的一个进步（图 4–63）。

① 惠任. 洛阳山陕会馆古建琉璃构件腐蚀及保护研究 [D]. 西安：西北大学，2006.

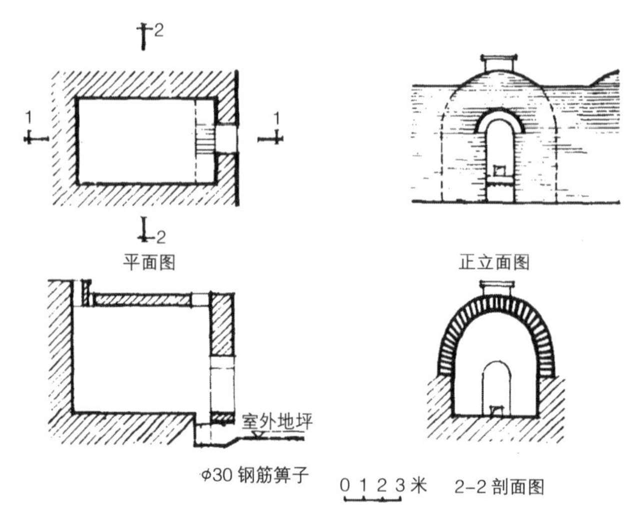

图 4-63 明代中叶建造的新型琉璃窑（图片来源：同图 4-62）

二、坯胎制作

琉璃制品的坯胎，实际上是一种陶器。在坯胎的表面上，烧上琉璃釉，就成了色泽艳丽的琉璃瓦或琉璃兽件等制品，制作坯胎，主要有选土、制泥、塑形三道工序。古代对这三道工序都有严格规定，下面分别介绍这三道工序的具体操作程序。

1. 选土

烧制琉璃坯胎，关键在于选择合适的陶土，这是保证坯胎质量的根本环节，因泥土质量的不同，化学成分也各异，如果制成的土壤胚胎过于黏，易有较大的收缩不能保证规格尺寸，过于松散的土壤，则不易捏合成可塑性很强的泥坯，亦不宜使用。我国古代在琉璃坯胎选土上，历代均有所不同。元代以前，一般使用红色的黏土，明初则开始使用安徽当地出的白泥制坯。无论使用什么样的黏土，都需在坯胎泥中掺入一些颗粒度极小的石质原料，这样会使胚胎在干燥之后，尺寸收缩比较小。同时也是为了防止纯黏土制品的干裂现象。实践证明，增加了石质原料后，坯胎的强度显著提高，所以，这一道工序是必不可少的。

关于制坯胎黏土的要求，《营造法式》卷十五“窑作制度”中规定得十分具体“造瓦坯用细胶土，不夹砂者，前一日合泥造坯，鸱兽事件同”。这里说的细黏土，不但不能含砂，而且连产地都要选择。以后各代，延续相袭，都有固定的陶土产地。比如，从明代南京聚宝山琉璃窑遗址发掘出土的遗物中，发现当时南京制作坯胎所用的陶土以白土泥为主，内中也有少量用红色陶土做成的坯胎，但这种红色坯胎基本上仅做深红色琉璃砖用。上述白土泥，在《明会典》和《天工开物》中都有明确记载。指明此土产于“太平府”。而《太平府志》卷十三中，有一段文字，证实了《明会典》和《天工开物》的记载，“白土出当涂姑孰乡广济圩白云山，一名白土山，取土白色，烧瓦，瓦坚白”。因此，可以断定明代南京聚宝山琉璃窑，用的白土是采自当时太平府的白云山。20 世纪 50 年代，考古工作者在南京聚宝山琉璃窑地的西部山脚下，当地人称作白土塘的地方发现了许多白色石片，可能就是从白云山运来，未经粉碎的白土。

明代太平府直隶南京，其府治在今安徽省当涂县。从安徽当涂县白土山，到南京琉璃窑，经过水运和陆地运输，运程七十余公里。在当时的交通运输条件下、跋山涉水七十余公里运土，是相当困难的，尽管这样，仍然用白云山泥土，可见当时对制坯胎的原料选择之严格。

白云山陶土的主要优点是黏性大，可塑性强，制成坯脏后，坚固耐用，这也正是我国古代选用的陶土的基本特点。

除了白云山陶土外，明、清两代北京、山西等地制坯胎的土，则分别采自门头沟和山西洪洞县。其中山西洪洞县出的陶土，是采自霍山脚下的一种煤矸石，这种煤矸石呈黑灰色，含碳量较低，比煤坚硬，烧制后就变成白色，质地细密，是一种十分理想的烧陶原料（图 4-64、图 4-65）。北京门头沟的陶土，则是由三种原料配合而成的，主要成分是出自当地琉璃渠村的页岩石，此石色黑，呈块状，烧制后转为白色，耐火度为 1000℃，单独使用时，收缩性大且容易出裂缝，所以，一般充做肉料。还要配以当地产的黏子土和页拉石，其中黏子土是一种白、红色间杂黄色的细黏土，耐火度为 800 ~ 900℃，在陶土中起筋络作用。页拉石是黄白色的块状石料，耐火度为 1400 ~ 1500℃，作用是充当陶土的骨骼，三种材料配比为 1 ∶ 2 ∶ 7。有时不用页拉石，则黏子土与页岩石比例为 2 ∶ 8。

由于琉璃坯胎土在早期和明、清时期颜色不同，所以，现在有些文物工作者在判定出土琉璃件的年代时，常常以深红色坯胎为元代以前的制品，粉红色带明显颗粒的坯胎为元代制品，浅黄色为元末明初的制品，浅白色为明、清时代的制品，这种划分虽然不是绝对的，但它说明各时代的选土都是有一定的要求和固定产地的。

图 4-64　琉璃烧制所用的煤矸土

图 4-65　筛完之后的煤矸土

2. 制泥

陶土经过开采，运到窑厂后，并不能马上使用，还必须经过若干道工序的处理，方才可以用来塑造坯胎。从原料制成坯胎泥，这道工序一般称为“制泥”。明代万历《工部厂库须知》的“烧造琉璃瓦料合用物料工匠规则”中的记载，说明陶土的原料是很坚硬的，必须经过去渣晾晒，碾磨粉状，净水浸泡，淘澄沉浆后才能制泥。所谓“去渣晾晒”是指先将运到现场的陶土中的渣子挑出去，然后将原土摊开晾晒 . 晾晒的时间一般不能太短，晾晒的时间越长，陶土的可塑性会越好，传统的窑作甚至有“三伏两夏”之说。“碾磨粉碎”则是将晾过一段时间的陶土用石碾碾轧成粗粒，先用粗筛筛选，去掉土末。再用 70 ~ 80 目的绢罗筛出十分细的陶土粉。碾磨过程中一定要注意保持陶土的纯洁性，夹杂在陶土中的渣子和浮土一定要筛选干净。“净水浸泡”是将陶土粉放在水池中，用清水浸泡，使其沉入水底，被水吃透，浸泡时间不能少于五天，一般掌握在五到七天，窑工们叫做“闷泥”。闷泥的目的是去掉陶土的暴性，增强其塑性。一般来讲，陶土闷的时间越长，陶土会被浸泡得越透，这样，浸泡后的陶土，形成的泥浆就会变得十分滑腻，然后将十分滑腻的泥浆从池子中捞出，用人工反复搅拌，使颗粒间达到完全均匀，陶泥变得十分柔软细腻，可以任意捏塑成各种形状，这时就可入模塑型了。制泥过程中，最艰苦的一道工序是揉合搅拌。由于古代没有任何机具，全凭人工操作，北方多是采取人工用双脚反复践踏的方法。南方则有时用牛来代替人工踏泥。初踏时，泥浆黏度极大，常常难以自拔，但仍需用力践踏直到泥不粘脚，摔之不裂，才算完成了制泥的任务。

3. 塑形

将制好的泥，按照所需要的形状，塑制成坯胎的工艺过程，叫做塑形。塑形工艺较复杂，因为它往往要和雕塑技术联系在一起。但是从本质来讲，琉璃制品的坯胎，同样也是用黏土类的物质塑造而成，而我国对于制陶的历史源远流长，早在殷商时候，就已经相当发达，所以琉璃坯胎制品塑形的工艺，也是很早之前就已经被劳动人民掌握了。

古代塑造琉璃坯胎，主要有三种形式——轮瓦法、模具法、模具与雕塑结合法。

（1）轮瓦法

轮瓦法是一种制造瓦件坯胎的方法，它是一种最简单的塑形法，只适用于制造板瓦和筒瓦的坯胎。据《营造法式》卷十五“窑作制度”中对轮瓦法制瓦坯的工艺过程是：首先准备一个直径可变的圆形轮具（即札圈），根据瓦件的设计尺寸，将轮具的直径定好，注意定直径时应把坯胎经过晒干和烧变时产生的尺寸收缩值考虑进去使轮具直径略大于瓦件设计尺寸。然后在轮具上套上一个布筒，并用水将布浇湿，随之把和好的坯胎泥敷于布筒之上，压实抹出光亮，这时就形成了一个泥圈，待泥的水分蒸发一部分后，泥呈微干时，取去札圈和布筒就得到了一个泥筒。用刀子将泥筒从半径处截开，就制成了两片筒瓦，如果再将筒瓦从中间截开就制成了四片板瓦。

轮瓦法的优点是操作简便，瓦件尺寸误差小，成批生产时能保证速度快，且各瓦件规格统一。但是，这种方法通用面太窄。要想得到一些其他形状的构件，尤其是蹲兽等外形复杂的装饰件，还必须用其他方法。模具法是塑造这类坯胎时比较常用的方法。

（2）模具法

模具法制砖时的程序是先按砖的尺寸（也要把收缩值考虑进去）制成一些木模匣，在模匣内洒入一些灰面，以保证坯胎泥不粘在模匣壁上，然后将和好的熟泥，放入木模匣中，用木杖锤实后放在露天下，让其自然干燥，待微干时，从模匣内扣出，就成了砖坯胎。制砖是模具法中最简单的一种，也是最有代表性的一种，其他如制造形体十分复杂的吻、兽件和工艺品坯胎，基本程序与制砖相同，只是模具的形状比模匣复杂而已。模具法还适用于模印瓦件上的花纹如瓦当（勾头）前面的花饰，小兽件上的纹理等。通过对早期的多种这类瓦件进行观察，发现凡在一个窑址或建筑遗址挖掘出来的瓦件，其花纹基本上形象一致，花纹尺寸也趋于全等，这说明这类花饰是用同一个模子压出来的。

模具法制坯胎在明、清两代广为盛行，成为一种主要的制坯方法，随着模具技术的不断提高，用模具法制造坯胎的范围也越来越广，诸如各种花砖、吻座、剑靶、背兽、套兽、挂尖等都使用模具，尤其是代表明、清两代琉璃基本特征的、数量众多的仿木结构制品如门庑、牌楼、照壁上的琉璃仿木斗栱、梁枋、椽飞和梁枋上的线雕彩画图案等，由于使用数量多，花饰图案又较细腻，不用模具根本不可能成批生产出来。

模具法虽然能制做各种形体较复杂的坯胎，但遇到尺寸很大，外形极复杂的制品，使用模具往往还达不到预期效果。而琉璃制品中，有很多品种，不但外形复杂，就是花纹也十分多变，模具法就更感到无能为力了，遇到此种情况往往要采用模具与雕塑相结合的方法。[①]

（3）模具与雕塑结合法

这种方法，一般分为两道工序，首先按外形轮廓，先制作一个很简单的模具，这个模具在细部形状上不用加工，仅保证泥坯能有个大致尺寸轮廓。将泥放入模具中，拍实待微干后拆除模具，再按每部分的具体要求，雕塑成无花纹，但外形复杂的坯胎，最后再在坯胎上细雕花饰，使其成为一件完美的制品。

① 吴燕春．鄱阳明代淮王府遗址出土琉璃构件制作工艺探析 [D]. 景德镇：景德镇陶瓷学院，2016.

重要宫殿的正吻，由于尺寸很大，花纹要求严格，都采用模具与雕塑结合法制坯，它的加工程序如下：第一步按正吻的尺寸（考虑到泥的收缩变形），准备一副模板，模板不要求与正吻外形一致，只用四块木板拼成一个方框即可，将和好的熟泥放入模板中，注意不要一下放满，而要分层放，放进一层泥后，即上人用脚踩实，踏实后用手在泥面上划出几个小沟，再往上续一层泥，再上人踩，这样放一层踩一层，直到坯泥充满模具。使其稍干能够挺立时拆除方模，用特制的泥拐子、铁弓子等工具，在方形泥坯上，削出正吻的大致轮廓，在阴凉处平放数日，待到粗坯干到能够立放不倒，也不产生压缩变形时，再进行尺寸复核和外形修整，使其各部轮廓符合比例。经过铲削修整后，第一道工序就完成了，这时得到的是一个正吻的表面无花纹粗坯。粗坯制成后，紧跟着开始雕塑，用铲刀、划尺、勾尺等工具，在塑坯身上精雕出各种纹路图案。雕塑花纹时应使用固定的图案谱子，先将花纹印在坯胎上，再逐一雕刻，直到完全符合设计要求。这是模具与雕塑结合法的第二道工序，此时得到的是一个实心的正吻坯胎。将坯胎在阴凉处再风干几天，使坯身有了一定的硬度后，开始第三道工序——掏箱，即将实心坯胎中部的泥用铲刀刮下，并掏出来，使吻坯成为一个中空的箱形，以减轻吻的自重，并保证入窑时能够烧透。掏箱后大吻坯胎已经制成，用芦苇覆盖，二十天左右泥中的水分基本蒸发完毕，就可分块入窑了（图 4–66、图 4–67）。

我们从北京故宫一些古建筑上发现，一些较大的吻兽件，尽管使用在不同的宫殿上，但外部轮廓尺寸和图案风格都完全相同，只是细部花纹线条的粗细稍有出入，可以知道它们都是用模具与雕塑相结合的方法塑造出来的。①

图 4–66　待上釉烧制的鸱吻构件

图 4–67　待上釉烧制的琉璃瓦

三、琉璃釉料配制

琉璃工艺中，配制琉璃釉料是最主要也是最复杂的工艺。琉璃色泽的不断

① 楚辉．琉璃在建筑环境中的装饰应用性研究 [D]. 西安：西安建筑科技大学，2013.

丰富和表面光洁度的不断提高就是琉璃发展的重要标志之一。

尽管在西周时期我国已经掌握了琉璃釉的配制方法。但对详细的配方，在宋代以前却很少有记载，[①] 东汉的王充在《论衡·率性》中写道：“道人消烁五石作五色之玉，比之真玉，光不殊别”。又说“随侯以药作珠，精耀如真”。[②] 这是最早的关于釉料的记载，从中我们知道汉代的琉璃釉是融烁“五石”而成，但五石的成分都不得而知。南北朝时的《魏书》提到了琉璃釉，但仅说：铸石为五色琉璃，比《论衡》中说明还要笼统。唐代颜师古在为《汉书·西域传·罽宾国》作注时，对文中的琉璃有一个专注，其中提到“今俗所用销冶石汁、加以众药，灌而为之”，[③] 似乎比《论衡》详尽，但“石汁”和“众药”到底是什么？还是没讲清。因而，在宋朝以前琉璃釉料的配制，一直是古代建筑中，带有神秘色彩的技术。

我国古代琉璃釉配方，在《营造法式》中第一次有了明确记载，其第十五卷“琉璃瓦等”中写道：“凡造琉璃瓦等之制药，以黄丹、洛河石和铜末，用水调匀．冬月以汤……”这里所说的黄丹是一种矿物，化学成分是氧化铅，颜色为淡黄到红黄色、系含铅硫化物氧化后的产物。洛河石是采自河南洛河中的一种石英石，这种石料，主要成分是二氧化硅。据《宋·史·河渠志》载：“洛河多暴涨，冲击卵石，可得光亮绿色琉璃。”证实了《营造法式》中以洛河石配琉璃釉的说法。铜末就是制成氧化铜的原料。在釉料中充当呈色剂，将这三种材料掺合均匀，经石碾碾压成粉，过筛后得到细面状的混合物，用水调成稀粥状（冬季要用热水），就成了釉料，将它均匀地涂抹在坯胎的表面，入窑经烧变后即成绿色琉璃。

关于三种原料的比例，《营造法式》第二十七卷中有详细数据“造琉璃瓦并事件，药料每一大料用黄丹二百四十三斤，每黄丹三斤，铜末三两，洛河石末一斤”。这个数据是宋代以前劳动人民用一千多年的经验总结出来的，所以一直到明、清绿琉璃釉一直使用这种比例。

《营造法式》还记载：“凡合琉璃药所用黄丹阙，炒造之制，以黑锡、盆硝等入镬，煎一日为粗（出候冷，持罗作末，次日再炒砖盖罨，第三日炒成）”。这段记载足证宋代已掌握多种配制琉璃釉料的方法。在没有天然黄丹矿石的情况下，可用人工方法炒制黄丹，方法是将黑锡（即铅）和盆硝（主要成分是硝酸钾 KNO_3）按一定比例拌合好放入铁锅内加温煎煮一天，使二者经过化学反应，形成一个个的小颗粒。此时停火降温，让小颗粒冷却再上碾子轧碎（或捣碎），

① 李合，段鸿莺，丁银忠，等．北京故宫和辽宁黄瓦窑清代建筑琉璃构件的比较研究 [J]. 文物保护与考古科学，2010，21（04）.
② 樊烨．苏式琉璃传统工艺研究 [D]. 太原：山西大学，2019.
③ 楚辉．琉璃在建筑环境中的装饰应用性研究 [D]. 西安：西安建筑科技大学，2013.

过细箩筛出后继续炒，并用砖掩盖加温三天后即成人工黄丹，作用与天然黄丹相同。

《营造法式》中介绍的仅是绿色琉璃釉的配方，实际上宋代已有褐色（如开封祐国寺琉璃塔）黄色等琉璃构件，其配方仍然没有被留传下来。

明代琉璃技术深入发展，釉色的配制方法，被官家的文献记载下来，这对我们研究釉料配制提供了极大的方便，明万历年间的《工部厂库须知》，对各色琉璃的成分和配比，做了严格规定，现根据原文给以说明如下：

原文：黄色料

黄丹三百六斤，马牙石一百二斤，黛赭石八斤。①

在这个配方中，黄丹与马牙石化合成釉料，黛赭石则起呈色作用，凡在釉料中加入适量的氧化铁，就可烧出黄色。

所谓“一料”就是一次配方的数量，每一料为琉璃瓦一千块。

原文：青色一料

焇十斤，马牙石十斤、铅末十斤，苏嘛呢青八两，紫英石六两。②

苏嘛呢青和紫英石是呈色剂，紫英石主要成分是三氧化二铁。

原文：绿色一料

铅末三百六斤，马牙石一百二斤，铜末十五斤八两。③

原文：蓝色一料

紫英石六两，铜末十两，焇十斤，马牙石十斤，铅末一斤四两。④

原文：黑色一料

铅末三百六斤，马牙石一百二斤，铜末二十二斤，无名异一百八斤。⑤

原文：白色一料

黄丹五十斤、马牙石十五斤。⑥

明代对人工制造黄丹也有了更深入的研究，制黄丹方法已不局限于炒制，如李时珍在《本草纲目》中对氧化铅的生成过程，有很深刻的见解，“锡为白锡，公（即铅）为黑锡，又曰金公，变化最多，一变而成胡粉，再变而成黄丹，三变而成密陀僧，四变而成白霜”。这完全符合铅的氧化过程，将铅与硝石混合后，

---

① 黄丹即氧化铅，取天然矿和人工制作均可。马牙石是一种含二氧化硅极多的石英质石料。黛赭石是铁的氧化物。在这个配方中，黄丹与马牙石化合成釉料，黛赭石则起呈色作用，凡在釉料中加入适量的氧化铁，就可烧出黄色。

② 焇即硝石也称火焇，“钾硝石”、化学成分硝酸钾（KNO:）无色或白色，正多晶体常成针状集合体。在原料中与马牙石和铅末化合成为釉料的主体。

③ 铅末与马牙石加热后，化合成氧化铅.再与未发生反应的马牙石融合成釉料的主料，铜末加热后与主料中的氧合成氧化铜充当呈色剂。绿色琉璃釉配方自宋至明代代相袭，没有发生变化。

④ 焇与马牙石、铅融合后形成釉料主体，紫英石和铜末是呈色剂，这种琉璃釉系钠钙玻璃系统，已不同于汉代以前的铅钡玻璃釉。

⑤ 无名异又称土子，是一种黑色的矿石，经化验其含锰极多，也有少量铁，它的作用是在绿色琉璃釉中起变绿为黑的皇色剂。

⑥ 由于没有使用呈色剂，所以合成的釉料就是白色的。带着各种颜色的釉料，都是在白色釉料的基础上加金属氧化物而形成的。一般称白色釉为釉料主体，使白色变为其他色的金属氧化物为呈色剂。

加温，当温度低于450℃时，氧化过程很慢、产生氧化亚铅（即胡粉），继续加温至500℃时，氧化过程加快，产生四氧化三铅（即黄丹），再加温至500℃以上时，由于氧化过程已近结束，硝石中的氧释放量少了，产生三氧化二铅（密陀僧），如果继续加热则生成白霜。

《本草纲目》中还介绍了另一种制取黄丹的方法，“每铅百斤，熔化削成薄片，卷作筒，安木甑内，甑下甑中各安醋一瓶，外以盐泥封固，济纸封缝，风炉安火四面，养一七便扫入水缸内，依旧封养，次次如此，讼尽为度，不尽者留炒作黄丹”。①

这种方法是利用醋与铅化合成氧化铅的原理，制作方法简便，比《营造法式》有了进步。李时珍还引用独孤滔《丹房鉴源》中的制黄丹方法：“炒铅丹法用铅一斤，土硫磺十两、硝石一两，融铅成汁，下醋点之，滚沸时下硫磺一块，少倾下铅少许，沸定再点醋，依前下少许硝黄，待为末则成丹矣。”这是利用铅汁与硝石（KNO_3）进行氧化还原反应的原理，使铅被充分氧化，产生氧化铅，硫磺在其中可能起催化剂作用，能加速氧化的速度。

明代何春著的《冬余录》，也有一种简便的制丹方法：“嵩阳产铅，居民多造胡粉，其法铅块悬醋缸内，封闭四十九日，开之则化为粉矣，化不面者则炒作黄丹，丹渣为密陀僧，收利甚薄。”这种方法与《本草纲目》介绍的基本相同，凡是与醋反应后没有被氧化尽的铅块，都可利用加热，使其与空气中的氧继续反应，生成四氧化三铅。

从以上文献的记载，可以看出，明代的琉璃匠人，对黄丹的基本成分，已经掌握得很清楚了，不同的地区，可以利用自己地区的原料，以多种方法制造氧化铅。随着历史的发展。琉璃釉料的品种越来越多，清代的一些私人学术著述中，也开始研究釉料的配制，最有代表性的是康熙年间，孙廷铨著的《颜山杂记》，其中有关琉璃釉的一段文字如下：

“琉璃者以石为质，硝以合之，礁以锻之，铜、铁、丹铅以变之。非石不成，非硝不行，非铜、铁、丹铅则不精，三合然后生白如霜。廉削而四方，马牙石也，紫如英，扎扎星星，紫石也，棱而多角，其形似璞，凌子石也。白者以为干也，紫者以为软也，凌子者以为莹也。是故白以干则刚，紫以为软则乐之为薄而易张，凌子为莹则镜物有光。”②

这段论述，不但讲明了釉料的成分，而且解释了各种成分的作用，二氧化硅（石）是釉料的基本原料，硝酸钾（硝）是化合剂，铜、铁、铅丹是改变颜色的呈色剂。有了二氧化硅，这就使得釉料在烧制完成之后能够具备一定的硬

① 郑伊楠．铅毒危害与近代中国妆粉业的缓慢转型（1840—1937）[J]. 鄱阳湖学刊，2020（01）.
② 宋暖．博山琉璃及其产业化保护研究 [D]. 济南：山东大学，2011.

度；而有了凌子石（即硝酸钾），釉料烧制之后便有了一定的光泽；有了紫石（即莹石，化学成分为氟化钙 CaF_2），则便使得釉料有了韧性，能够使得釉料薄薄地均匀敷于坯胎的表面。

对于琉璃釉中各种呈色剂的使用，《颜山杂记》也有详尽的叙述："其辨色也，白五之，紫一之，凌子倍紫，得水晶。进其水，退其白，去其凌子得正白。白三之，紫一之，凌子如紫加少铜及铁屑，得梅尊红。白三之，紫一之，去其凌子，进其铜，去其铁，得蓝。法如白，钧以铜，得秋黄。法如水晶，[1] 钧以画磁石，得耿青。法如白，加铅焉，多多益善，得牙白。法如牙白．加铁焉，得正黑。法如水晶，加铜焉，得绿。法如绿，退火铜，加少碛焉，得鹅黄"。

根据这个记载，我们把清初各色琉璃釉的配方整理如下：

无色透明釉〈即水晶色〉：马牙石（62.5%），紫石（12.5%），凌子石（25%）。

白色：马牙石（62.5% 弱），紫石（12.5%），凌子石（25% 弱），将以上三种材料加水稀释。

梅尊红色：马牙石（60% 弱），紫石（20% 弱），凌子石（20% 弱），加少量的铜屑和铁屑。

蓝色：马牙石（60% 弱），紫石（20% 弱），凌子石（略少于紫石），加铜屑和很少量的铁屑。

秋黄色：马牙石（62.5% 弱），紫石（12.5%），凌子石（25% 弱），加少量铜屑。

映青色：马牙石（62.5% 弱），紫石（12.5%），凌子石（25% 弱），加少量画磁石。

绿色：水晶色的配方中加少量铜末。

鹅黄色：绿色的配方中再多加一点铜碛。

牙白色：白色的配方中多加铅。

正黑色：牙白色配方中加少量铁屑。

以上十种颜色是清初较常用的，到清末，琉璃釉料的色泽种类又有所增加，各色釉料的配方也由窑厂立明文，给以严格控制，釉料的配比更精密，也更科学（图 4-68）。

---

① 王涛，纪皓东．战国—汉琉璃珠赏析 [J]. 文物鉴定与鉴赏，2010（08）.

图 4-68　上完釉的琉璃构件

四、琉璃构件烧制

琉璃构件的烧制，要经过两次烧窑过程。第一次入窑是烧制坯胎，俗称“素烧”，第二次是在坯胎成型之后，涂上釉料，再次入窑，烧制釉料，这样才能烧制出色彩斑斓的琉璃制品。不管是素烧还是色烧，都要经过装窑—烧窑—出窑三道工序。不同的是两次烧窑的温度不一样，“素烧”需要的温度比较高，一般应该达到 900 ~ 1100℃，这样才能保证坯胎的强度；而烧制釉料需要的温度比较低，一般是 800 ~ 880℃，只有保证火候，才能收到色泽艳丽，光泽度高，且釉料附着性良好的效果。

1. 装窑

将待烧的琉璃件，按一定的排列位置，装入窑内的过程叫装窑。琉璃制品的装窑，不是随意将待烧件摆在窑中就行了，有一些技术性的问题，如果处理不当，就可能造成全窑的报废。

明代以前，人们对窑内温度规律掌握得还不全面，因而每一窑内的瓦件，釉料配方是一致的，但长期的烧窑经验证明，每次出来的琉璃件，釉色在光泽度和色调上都有所不同。摆在窑内下部的往往色调艳丽，光泽好，而摆在窑内上部的则往往有时出现“嫩火”，即釉料氧化不够，颜色欠佳，光泽度低的现象。经过反复实践，窑工们才发现，这是由于同一窑内各部位的温度并不相同的原因。窑的下部火焰集中，温度高，窑的上部，离火焰中心较远，所以温度就低一些。同样的釉料在较高的温度下铅很快熔化与二氧化硅发生反应形成釉膜，而同时入窑的置于窑上部的瓦件在同样时间里受到的温度较低，铅熔化得慢，不能及时与二氧化硅发生反应，所以光泽度就低，色泽也不如处于高温位置的艳丽。为了保证同一窑内的瓦件，在相同的烧窑时间内，都充分地进行化学反应，古代琉璃匠人巧妙地调整了釉料的配方，凡处于温度较低部位的瓦件，釉料中适当地减少铅的比例，而多加一些石英，而处于窑底的瓦件则在釉料中适当地增加一些铅，延缓其熔化时间。这样尽管窑膛内上中下部位温度不同，但烧出的琉璃件，却色泽一致。这种不同配比的釉料，含铅量多的称为“软方”，含铅量少的称为“硬方”。装窑时必须特别注意，不能把涂有软方釉料的瓦件放在温度高的部位，也不能把涂有硬方釉料的瓦件放在温度低的部位。

烧琉璃窑和烧瓷窑不同，虽然二者都是要烧出釉色来，但装窑方法都不一样。瓷窑的装窑，是将待烧的器物装在匣钵中入窑。这是因为，瓷器烧变需要高温，如果将被烧的器物直接放在窑中，烈火会将坯胎烧变形，为了保证瓷器的尺寸和形状，只能让被烧件隔匣受热。而琉璃件属于低温烧件，尤其色窑烧变阶段，只需 800℃以上即可，所以用不着匣钵，可以直接入窑。从已经发掘出的各时代的琉璃窑中，我们还没有发现过匣钵。明初南京聚宝山的皇家琉璃窑，是新中国成立后发掘得较为完整的琉璃窑群。这些窑内的琉璃件全是直接入窑，所以可以肯定，我国古代烧琉璃没有使用过匣钵装窑法。

装窑不用匣钵，不仅能节省大批制造匣钵的原料和劳力，操作上也可以减少一道装匣的工序，而且还可以使窑体的容积得到充分利用，使每一窑比烧瓷器产量高得多。但是，这种装窑法也有缺点，那就是如果被烧的瓦兽件放得不平、不稳，很可能造成成堆的瓦兽件倒塌，或出现构件与构件间的熔接现象。为了克服这一缺陷，保证琉璃制品在入窑后不致互相磕碰。在正式装窑前，首先用坯胎泥做成一些垫块，平稳地铺放到窑床上，然后再将瓦兽件，小心地安置在垫块上。南京聚宝山琉璃窑的铺垫程序是，先在窑底铺一层糠渣，然后在糠渣上，有秩序地摆上用白泥做成的支垫，支垫形状取决于被烧件的形状，有些呈饼形，有的呈条状，还有的在上部嵌上几个红陶片做的支承垫，这种铺垫法，是我国古代的传统方法，由于支垫要支承全窑的瓦件，所以必须摆放得十分平稳，放好支垫后，才能按照上部软方、下部硬方的规律，小心地、整齐地将待烧瓦兽件装入窑中，一般都采取立放，尽量避免平放，因为平放很容易造成瓦兽件变形，当放好一层瓦件后，再垫一层支垫，才可装第二层瓦兽件，这样一层瓦件一层支垫一直装到窑顶。

装窑的时间也有严格规定。宋《营造法式》明文写道：“凡烧变砖瓦之制，素白窑前一日装窑，次日下火烧变……琉璃窑前一日装窑，次日下火烧变”。[①] 就是说不管“素烧”还是“色烧”，都应保证在点火的前一天就将窑装好。这是为了使待烧件进窑后，能在窑内稍闷一段时间，既能最后收一收水气，以减少其收缩，又能保证瓦件在窑内的稳定性，避免点火后，瓦件突然坍塌，造成全窑的报废。但是装窑后，又不能迟迟不点火，因为瓦件在窑内摆放的时间过长，会失水过多，骤然加火就要出现龟裂现象，特别是“色窑”阶段，釉料以液体

① 祁海宁，周保华．南京大报恩寺遗址塔基时代、性质及相关问题研究 [J]. 文物，2015（05）.

形态涂在坯胎上，若装入窑中，迟迟不烧，液态釉料逐渐被晾干，烧变时其化学反应过程要受影响，不能保证釉料的质量，所以历代窑匠都十分注意装窑的时间。

每一窑内装瓦兽件的数量，要视窑的大小和瓦兽件的规格来定。宋代以后，琉璃窑的体积一般都不大，而且每一窑装瓦、兽件的数量也都用明文规定下来，防止装得过满影响烧变效果。《明会典》一百九十卷记载："洪武二十六年定：凡在京营造合用砖瓦，每岁于聚宝山置窑烧造……其大小、厚薄、样制及人工、芦柴数目，俱有定制"；"每一窑装二样板瓦坯二百八十个，计匠六人"。这段文字不但规定了每座窑的容量而且连装窑工人的数目都限制得十分严格，可见当时的管理是很有条理的。查聚宝山琉璃窑发掘资料，得知该地琉璃窑窑腔的实际容积为十点五立方米，与装二百八十块二样板瓦的体积相符，可证《明会典》记载无误。如果烧制吻兽件和形体较复杂的制品，装窑时更须十分注意，既要充分利用窑内的容积，提高产量值，又必须保证构件与构件之间有一定的距离，以防止烧变过程中熔接，一般也都使用泥条把构件支平垫稳。

2. 烧窑

琉璃制品的烧变过程，是一道关键的工序。稍有不慎，一窑瓦件就全部报废，所以我国古代劳动人民经过长期实践，对烧窑过程中的燃料种类、数量、烧变时间以及烧变过程中的烧窑方法，都摸索出了一整套经验，虽然随着科学技术的发展，对这几个环节的做法有过不同的要求，但总的规律却一直没有大的改变。

烧窑所用的原料，在宋代以前都是选用柴草，《营造法式》记载："先烧芟草，次烧蒿草、松柏柴、羊屎、麻糁浓油盖掩下令透烟"。艾草是指割下来的较细的干草，初烧时使用细干草，能保证火力不突然过猛，等到烧过一段时间后，细干草的火力就显得软了，不能保证烧变温度，所以改用较粗的蒿草、松柏柴等，以增强火力，这种烧法是很科学的。明代初期烧窑仍使柴草，但已全部使用"芦柴"。《明会典》记载：洪武二十六年"每一窑……用五尺围芦柴三十束四分"大约是一千八百余斤（一束约六十斤），两次烧变需用草三千八百余斤。《天工开物》曾记"每柴五千斤烧瓦百片"，与《明会典》的数字相差较大。据南京聚宝山琉璃窑的考察报告所载的数据看，《明会典》上的数字是较可靠的。到了万历年间《工部仓库须知》又记载了一个数字，"每瓦料一万个片，两火烧出，每次用柴十五万斤共用柴三十万斤"，若将用柴数与烧成的瓦件数相比，则每烧一块瓦须用芦柴三十斤，比明初的用柴数量多了一倍（明初每块瓦平均用柴 14 斤左右），这大概是芦柴，不如松柏柴耐烧的原因，不管烧哪种柴，都由官家文献规定了具体的用柴量，这一方面说明当时对烧窑的规律已掌握得十分熟练，另一方面也说明琉璃工艺是官家十分重视的一项工艺。

明朝后期，煤矿事业兴起，很自然地被引入了烧制琉璃的工艺中去，烧窑的燃料开始由柴草变为煤炭。由于煤炭火力远强于柴草，使窑内温度明显提高，这就大大增强了坯胎的强度。由烧柴到烧煤炭，是烧窑技术的一个大发展，明代以后素烧就大部分使用煤炭了。但是色窑阶段需要的温度并不高，使用柴草火力柔和，效果反而比用煤炭好，所以色烧仍沿用传统的燃料——干草和木柴。

掌握烧窑时间，是烧窑工艺中的一个最重要环节。一窑琉璃件，在点火后，其烧制成色如何，是很难通过直接观察判断准确的。全凭着长期积累下的经验，用准确的连续烧火时间，来保证质量。一窑琉璃件要经过多长时间的烧窑才能合拍的呢？经验证明素烧和色烧所需时间是不同的，宋《营造法式》讲明“素白窑前一日装窑，次日点火烧变，三日开，候冷透及七日出窑”。对色烧阶段的烧变时间则规定为“琉璃窑前一日装窑，次日下火烧，三日开窑火，候冷至第五日出窑”，烧坯胎需要的温度高，且坯胎厚度也大，所以非烧五天不能保证强度，而烧釉色需要的温度较低，且釉料涂敷厚度仅有半毫米很容易烧透，所以，烧窑时间不必太长。在中国古代“素三色五”的烧变规律延续了很长时间，直到明朝中叶，煤炭取代柴草做了烧窑（尤其是素窑）主要燃料，烧窑时间才被大大缩短，一般素窑四天即可达到理想境界，而色窑只需一日便能成釉，近代以来普遍采取“素四色一”的烧窑时间，只有仍使柴草烧窑的地方，还保持着素三色五的传统手法。应该说明的是不管素三色五还是素四色一都只是一种普遍的手法。由于各地窑的做法不尽相同，烧窑使用的柴草、煤炭质量又各不相同，所以也有些窑不采用这两种烧窑时间（图 4–69、图 4–70）。

图 4–69　待烧制的琉璃瓦

图 4–70　待烧制的琉璃构件

3. 出窑

一般来讲，烧窑过程结束，琉璃瓦兽件的烧制工作就已经完成了。经过两窑数日的烧制，琉璃瓦件已成成品，只待冷却后即可取出，所以人们往往忽视出窑这道工序，以为只是简单的搬运工作罢了。实际上，如果不把出窑工序中的几个关键问题解决好，还可能造成部分琉璃成品被损坏，甚至可能出现“塌窑”事故。所以古代窑厂把出窑和装窑、烧窑一起列为烧变过程的三大工序是有道理的。

出窑前一定要保证足够的冷却时间。当烧窑结束后，即将窑门打开，使窑内空气流通，热气很快疏散出来。琉璃制品的温度从数百摄氏度降至二三十摄氏度，是需要一段时间的，而且被烧件是整齐地码放在窑内的，处于外部的瓦件通风条件好，冷却得快；处于中心部位的瓦件被其他瓦件紧紧围裹，冷却速度要慢得多，因此，冷却时间一般至少需要两昼夜，宋《营造法式》中强调要冷透，就是指要保证窑体中心部位的瓦兽件温度降至二三十摄氏度。

冷透后开始往外搬运成品，应注意的是掌握从上往下，从外往里的顺序，切忌从下部抽取或“掏心”式的搬运，那样不但可能造成塌窑，而且会因瓦件间的摩擦碰撞造成釉色破坏和棱角被碰残的后果，这是应特别注意的。

第五节　灰浆的生产加工

一、灰浆材料的分类

中国传统建筑在瓦石工程上用的灰浆种类多达27种，素有“九浆十八灰”之说。所谓“九浆”包括青浆、月白浆、白浆、桃花浆、糯米浆、烟子浆、砖灰浆、铺浆、红土浆；“十八灰”包括生石灰、青灰、泼灰（面）、泼浆灰、煮浆灰、老浆灰、熬炒灰、滑秸灰、软烧灰、月白灰、麻刀灰，花灰、素灰、油灰、黄米灰、葡萄灰、纸筋灰、砖灰。传统灰浆的调制，主要材料还是石灰，具体还是要根据古建筑的使用部位来进行选择。

二、灰浆传统工艺

（一）生产工艺

中国对于石灰制作的历史比较悠久，从文献记载来看，中国古代制作石灰，主要有两种原材料，一种是石灰岩；另一种是牡蛎壳。

1. 石灰岩

中国古代利用石灰石烧制石灰的历史，可以追溯到仰韶文化中期，这个时候，原料主要还是料姜石。到了龙山文化时期，烧制石灰的技术大为发展，并且在一些建筑遗址中发现了白灰抹面的做法。龙山文化时期，主要是利用石灰石烧制石灰。含有较多方解石或者白云石的天然的石材和生物体成为烧制石灰的主要原料。在2004年，陕西旬邑下魏洛遗址出土的窑内（公元前2900—前2100年），发现了窑内残存的块状石灰和石灰粉，还发现了少量的青灰石块和烧过的硅质灰岩石块，此可以作为龙山文化时期利用石灰岩烧制石灰的工艺见证。[①]

关于石灰石烧制的历史，自西晋《博物志》之后多见于史籍之中。《博物志》中记载："烧白石作白灰，既讫，积著地，经日都冷，遇雨及水浇即更燃，烟焰起。"由此可知，当时人已经会利用白石烧制石灰，也认识到了石灰的特性：遇水会消解，放出大量的热气，如蒸如蔚。此后，南梁的陶弘景云："今近山生石，青白色，作灶烧竟，以水沃之，即热蒸而解末矣。……世名石垩。古今多以构冢，用捍水而辟虫。""捍水"指的是防水防潮，"辟虫"则指的是杀菌灭虫。此大意与《博物志》中描述基本相同。除此之外，《周礼》与《十三经义疑》也有相关的描述，《周礼·秋官·司寇》中提到了"壶涿氏"职掌，称其"掌除水虫……以焚石投水"。清代吴浩《十三经义疑》记载"焚石，即今石灰也。故疏云：'石燔烧，得水作声，使水虫惊去。'不曰'石灰'而曰'焚石'，取其热也。"石灰在南北朝时期已经被大量使用，主要是用在建筑之内铺地或者墙壁，可防潮湿，另外也可以用在坟墓之内，可以杀菌防虫，使尸身不腐。

关于石灰石的色彩，《博物志》和《本草经集注》都是将其描述为"白色"或"青白色"，可以视为选矿依据。《天工开物》中则描述为"以青色为上，黄白次之"。实质上，石灰石的主要组成部分是方解石，主要化学成分是碳酸钙，一般为灰白色，如果含有杂质则会呈现深灰、浅红或者浅黄等颜色。通过今天的科学研究表明，"青色"或"黄白色"石材均可烧制出质量好的石灰。古人由于不明白矿物的化学成分，仅仅依靠经验加以总结，往往会出现一定的误差。

2. 牡蛎壳

利用牡蛎壳烧制石灰，在先秦时期的沿海地区便已经出现，这种利用生物体形成的石灰称为"蜃炭"，在房屋营造和修建坟墓的时候，可以用来粉刷墙壁和杀菌除虫。蜃炭主要产自于先秦时期齐国的沿海，也就是今

① 李晓，戴仕炳，朱晓敏．"灰作六艺"——中国传统建筑石灰研究框架初探[J]. 建筑遗产，2015（02）．

天的山东半岛地区，该地在夏商时期被称为东夷，随后周武王分封诸侯，姜太公在此封国建邦，因为其地偏处东部，农业不如中原腹地发达，姜太公便发挥沿海资源优势，煮盐垦田、兴工商，齐国很快成为春秋时期实力强盛的诸侯国之一。周王朝营造宫室所用的蜃炭从齐国运输而来，应是合理之猜测。

图 4-71　烧蛎房法制石灰
（图片来源：宋应星《天工开物》）

自此，以牡蛎壳为原料生产石灰的传统工法遗址延续下来，一直到20世纪才消失。宋应星在《天工开物》中记载：“凡温、台、闽、广海滨，石不堪灰者，则天生蛎蚝以代之。”其书中烧制石灰的插图，原材料“蛎房”就是蛎壳（图 4-71）。

3. 原材料不同导致的产品区别

石灰石可以根据石灰中钙质和镁质含量的不同，分为了钙质石灰石和镁质石灰石（MgO 含量大于 5%），并且两者均为气硬性石灰，其特点之一就是可以在空气中硬化。《天工开物》中所提到的青灰色石灰石，实际上是以钙质为主的石灰石，适合烧制钙质石灰或具有弱水硬性的石灰；而黄白色的石灰石大多数是含有镁的白云岩，故而其烧制的石灰为镁质石灰或者含镁的石灰。

在生产水硬性石灰的过程中，原材料中黏土的含量一般不超过 5%，只有当灰岩中掺杂的黏土含量在 5% ~ 25% 之间时，烧制的石灰因含有能在水中硬化的硅酸二钙（Ca_2SiO_3）成分而具有水硬性，被称为水硬性石灰。但是，由于缺乏关于水硬性石灰的文献记载，在古代是否存在水硬性建筑石灰，目前尚是无法判定的。但是在牡蛎壳中确实是含有少量的硅质、泥质成分，以牡蛎壳烧制的石灰，应该是具有一定的水硬特征的（图 4-72）。

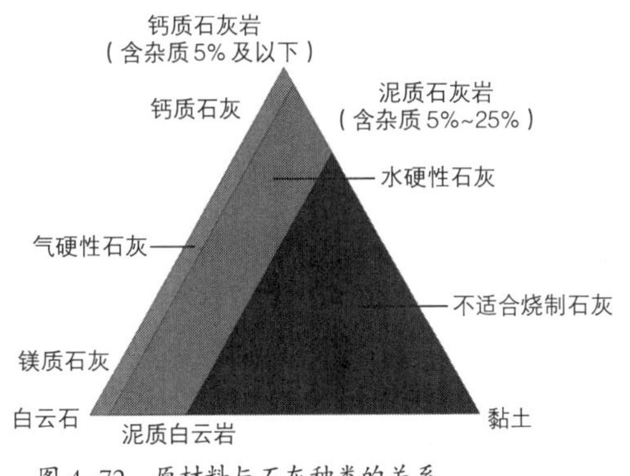

图 4-72　原材料与石灰种类的关系

（二）煅烧石灰的手段与方法

烧制石灰，其中重要的一步就是煅，而立窑煅烧也是古人所用的一种比较原始的煅烧石灰的方法。一般来讲，普通石灰的煅烧温度不超过900℃，这在古代实际上是一个比较容易达到的温度。

1. 煅烧容器

石灰烧制一般是要砌筑烧制石灰用的石灰窑，而竖直式的窑体是历史上最为常见的一种窑体。如前文所述，在陕西旬邑下魏洛新石器时代的石灰窑，就是一种竖直式的窑体，平面为圆形，弧形壁体，火膛在窑体正下方。在窑体上还设置有开口以投放原料。除此之外，在河南巩义发现的唐代石灰窑的遗址，也同样是竖直的圆形窑室，火膛依旧在密室的下部（图4–73、图4–74）。这种竖直式的窑体一直延续至新中国时期，在广大农村仍然在使用这种形式的石灰窑烧制石灰。

图4–73　陕西旬邑下魏洛出土的石灰窑
（图片来源：《陕西旬邑夏魏洛》）

图4–74　河南巩义唐代石灰窑遗址
（图片来源：李辉《河南巩义窑址发现古代石灰窑和各类瓷器遗物》）

实例如广东省河源市龙川县麻布岗镇大吉村的石灰窑。一直到20世纪90年代之后，这种竖直式的石灰窑因为其粗犷的生产方式和环境污染的问题，才逐渐被机械式样的立窑所取代。实际上，不仅是在中国，西方烧制石灰采用的也多是同样的立窑（图4–75、图4–76）。

图4–75　英国Clints Wood古石灰窑

图4–76　广东省河源市龙川县麻布岗镇大古村的石灰窑

用上述所说的竖直式的窑体烧制的石灰，由于缺乏确凿的文献，只能推测这种简单的立窑所采用的原材料可能是优质洁净的石灰岩，也有可能是掺杂黏土等杂质的石灰岩，所烧制石灰的质量主要由原材料的质量和煅烧的温度所决定，流动性比较大。

2. 煅烧温度

石灰的烧制对于温度也有一定的要求，一般而言钙质石灰的温度大致是在900 ~ 1000℃，水硬性石灰的烧制，除去原材料中有泥质和硅质的，温度一般控制在950 ~ 1150℃。温度控制需要把握得当，对于过低或者过高的温度，以及过短的时间，均不能烧制出高质量的石灰。

烧制石灰的温度控制和石头的特性是有一定关联的。如“黄白”或者“白色”的白云石或者白云岩，其烧制温度高于900℃时，石头便会分解，烧制出来的生石灰便无法用作建筑材料，在缺乏测温手段的古代，工匠对于温度的把握主要依靠火焰的颜色，判断温度，把控质量。如清代《陈墓镇志》记载“吾镇石灰其来已久，为独行生理。……然宜兴灰比之陈墓灰善恶大不同。烧以山柴，五、六周昼夜而熟。柴硬，火烈；火烈，灰暴。故用以砌墙不坚，用以粉壁而壁不细。陈墓灰则不然，用稻、柴或菜萁，速者十五周昼夜，迟者二十余周昼夜。日久热退透缓，则性和。故用水化时灰细如面，用去无不得法。”由上文可知，宜兴烧灰因为用山中硬柴，烧结温度高、速度快，石灰过烧情况可能较严重；而陈墓石灰因所用燃料为稻秸等，烧结温度相对低、速度慢，能有效降低过烧率，故而烧制的石灰品质更佳。

除去上述煅烧方法之外，还有其他的烧制方法。如《天工开物》中所述，还有堆烧法，因为牡蛎壳比较薄，采用堆烧法一般对于燃烧数量有一定的需求，用石灰石做原料的比较少，比如在浙江温州，至今仍然有乡民以这种方式生产蛎壳石灰。

3. 煅烧燃料

关于用于煅烧石灰的燃料，我国在历史上很长一段时间都用柴草作为烧制石灰的主要燃料。明清时期，由于华北地区的人口大量增加，柴草供应的缺口加大，促使煤炭逐渐成为主要的燃料。但是在华北地区以外，草木相对还比较丰盛的南方地区，一直到20世纪70年代，柴草都是作为烧制石灰的主要燃料。

在《天工开物》中，不仅有关于烧制石灰具体工艺的描述，还对煤炭具体的开采进行了相关的描述。其中，还有关于用煤炭作为燃料烧制石灰的记载：“先取煤炭、泥，和做成饼。每煤饼一层，垒石一层。铺薪其底，灼火燔之。最佳者曰矿灰，最恶者曰窑滓灰。火力到后，烧酥石性……”如文中所述，提到了在烧制过程中，如果不用煤炭而是使用柴薪，则需要不断地向炉膛内填塞柴草，使得整个烧制过程所需的柴草数量变得巨大。具体数量，《明会典》中有相应的记载，“每窑一座，该正附石灰一万六千斤，合烧五尺围芦柴一百七十八束。”可见耗材量是巨大的。

（三）石灰的消解工艺

石灰作为基本的建筑材料，如果未经消解，一般是不能用于营造的。古代也曾经有过利用未经消解的石灰，使用在坟墓之中而失败的案例。“今中人家葬者，用石灰于砖椁内四旁。其灰须筛过，使去火气，方可纳之，久则萦结坚固。向闻一家用新灰实棺外，本以防湿，不知灰近木，兼土气蒸逼内中，遂自焚毁，椋封随堕陷。”如描述所言，其中的“火气”以及“灰近木”，现在看来，自然是当时人的臆说。而之所以会发生前段文字中的上述情况，主要是因为新石灰，也就是未经消解的石灰，在墓穴中会与渗入墓穴的地下水反应后放热，体积膨胀，进而腐蚀木质的棺椁，挤压墓室砖墙和上部的封土，最后造成墓室上部的封土塌陷。

关于具体的石灰石如何进行消解，有两种具体的方法，一种是“水沃”；一种是“风化”。“水沃”消解主要用于南北朝时期，利用石灰的特性，即氧化钙（CaO）与水反应生成氢氧化钙〔$Ca(OH)_2$〕，并释放大量的热，来对石灰进行消解。到了唐代，除“水沃”之外，还增加了“风化”的消解方法。主要是将烧成后的石灰放在空气中静置一段时间之后，再进行使用。此种方式在文献中也可窥探一二，如唐代的《龙虎还丹诀》中，在“出红银砂子晕方”中有相关的记载：“右取煮洗了砂子，作小挺子，以风化石灰纳铁莆中散安，将挺子插于灰中，固济，不固亦得。”从这句话中可以看出其实在唐代古人可能是无意中，已经注意到了风化消解之后的石灰和其他石灰有性能差异，因而专门提出了“风化石灰”，以此来进行区别。自此，之后的很多中医药方中直接采用“风化石灰”的名称，比如宋代的《本草图经》记载：“石灰，生中山川谷，今所在近山处皆有之。此烧青石为灰也，又名石锻。有两种：风化、水化。风化者，取锻了石，置风中自解，此为有力；水化者，以水沃之，则热蒸而解，力差劣。”非常清晰地总结了风化石灰和新石灰，以及风化石灰和水沃石灰之间的药性差异，很显然，中医所认为的风化石灰应该更有力，而且药性要比“水沃”石灰更好。

用水沃和风吹成粉这两种方式均是石灰的消解方式，而且各自有各自的特点。利用风吹进行消解的石灰石尽管短期强度比较低，但其凝结速度快，有利于缩短工期，但后期强度较高，到明代时期，已经普遍用于建筑营造。且《天工开物》中记载："（石灰）置于风中，久自吹化成粉。急用者以水沃之，亦自解散。"据此可知，在明代，在空气中静置，逐渐风吹成灰，是当时石灰的常规的消解方式。而水沃方式进行消解的石灰，到了清代，随着石灰膏在墙体抹面上的运用，人们发现用水化能够极大增强石灰浆的流动性和细腻的程度，并且保存起来也比较方便，所以，后期用水消解石灰逐渐成为石灰消解的主流工艺。

（四）建筑石灰的配方

建筑所用的石灰在营造活动中，根据使用的部位，可以分为砌筑用灰、粉刷抹灰、地面铺装用灰和防水勾缝用灰等。随着使用部位的不同，石灰具体的配比也是不同的。并且在明清古籍中可以检验出许多配方。古人在石灰配制中也常常掺加不同的骨料（砂和黏土等、加强筋麻丝、秸秆、稻草、棉花等）、有机质（糯米、桐油等），以此来获得性能各异的灰浆。

1.砌筑用配方

砌筑所用的石灰，在使用的时候需要筛去石灰中的石块，然后与黏土混合，形成灰土，或者加水混合形成灰浆。灰土用于砌筑房屋的历史，最早可以上溯到商周时期。南北朝时期，开始使用掺加糯米的灰浆，河南邓州曾经发掘的一座南北朝时期砖墓的分析表明，其胶结材料中有淀粉类物质，可能是糯米浆。至唐宋时期，开始在灰土中添加糯米砌筑城墙，如在南昌发现的唐代城墙和墙基，推测是贞观年间用青砖垒砌而成，采用糯米灰浆勾缝。到元代，在砌筑建筑基础时已经普遍使用三合土，三合土是用石灰、黏土和砂加上水混合而成，固化之后坚实不容易渗水，并且极易就地取材，成本也很低廉。之前曾对圆明园大宫门河道遗址和如园遗址土样的分析表明，其土样化学成分以氧化硅（SiO_2）和氧化钙（CaO）为主，含量比例基本符合三合土的规制。

掺加糯米是常见的三合土砌筑的灰浆形式。在《天工开物》中有专门对于三合土的配比记载："用以襄墓及贮水池，则灰一分，入河沙、黄土三分，用糯粳米、杨桃藤汁和匀，轻筑坚固，永不隳坏，名曰三和土。"关于具体的掺加糯米的三合土配方，在清代官式做法中已经有相应的定例，在《大清会典则例》中记载"合土每灰一石，用汁米六升，每米一石，用熬汁柴二十束。"而具体的加工工艺也有相应的记载，具体可以参见清代李绂的《与兄弟论葬事书》："开穴后即另着人开锅煮糯粥。每锅俱要米少水多，以便久熬，务令米粒极烂、米汤极稠。其石灰、黄土、石子预先掺好，每五分石灰加三分黄土、二分石子，入糯粥和之，以四齿钉钯钯令极熟。粥汤不可过多，但取调和恰好，坚可成团，是谓三合土。”[①] 至清晚期为巩固海防，沿海修筑要塞，糯米拌合的三合土仍是重要修筑材料。

2. 粉刷用配方

粉刷所用的石膏泥做法比较简单，但是配方繁复。直接采用在石灰中加水沉淀，然后过滤添加纸筋，形成抹灰灰浆。具体可参见刘大可对古建筑抹灰做法的系统总结。

3. 地面铺装用配方

利用石灰加砂加土混合而成的三合土夯筑之后还可以作为地坪，起到一定的防潮作用。如果对于地面防潮有更高的要求，则通常采用油灰，即用桐油、鱼油调制的石灰。能有效地防止地下水和地气上涌，也能组织地面水下渗，这层稳固的灰土，能够起到一定的隔水和加固的作用，能够确保古代建筑能够在较长时间内抵御自然的侵蚀。

4. 防水防渗勾缝用配方

掺加桐油以提升灰浆防水防渗的性能，这种做法也多用于一些水利工程和墓葬等需要防水防渗的场所。具体防水性能的差异和桐油石灰的配比是有关系的。北宋的《河防通义》介绍了修筑堤坝时的桐油和石灰的配比：“油八十斤，石灰二百四十斤，三斤和油一斤，为剂固缝使用。”清代在修筑永定河河堤的时候，也记载了所用桐油灰浆的配料比例：“抿大石堤，每缝宽五分，长一丈，白灰一觔，桐油四两。”由此可知，清代作为填缝材料，桐油与石灰的比例为1 ∶ 4，与《河防通义》中所记载的1 ∶ 3 基本符合。

（五）建筑石灰的施工工艺

关于石灰具体的质量，不仅仅与材料本身的性能息息相关，也和煅烧时间、煅烧温度、消解方式以及施工工艺等密切相关。关于古代建筑石灰的施工工艺，种类很多，下文仅对其中的灰土、抹灰以及捶灰工艺做简要的说明。

1. 灰土、灰浆

不论是灰土或是灰浆，其材料的性能都与具体的施工工艺密切相关。倘若施工工艺不够好，其材料的性能便无法发挥。清代徐瑞对掺加糯米浆的三合土施工工艺评价道：“灰土例不粘米汁，有用汁者，未始不佳，然拍打不匀，工夫不到，虽用米汁无益，且易折裂”。文中所讲的“拍打”，为“打夯”之意。灰土也只有经过正确的夯打才能坚固。当灰土用作建筑基础之时，尤其是在清代皇家陵寝工程中，多是采用“小夯灰土”作为建筑基础。并在光绪年间的《惠

① 李晓，戴仕炳，朱晓敏．“灰作六艺”——中国传统建筑石灰研究框架初探[J]．建筑遗产，2015（02）．

陵工程记略》中，也记载了相应的小夯夯筑的技法。其中，针对“旱活”（加水浸润之前），就有打增底、上底半步灰土、纳虚、板口密打拐眼、满打流星拐眼于虚土上、再上底半步灰土、扎需等诸多工序。

除去上述所提及的官式做法之外，民间由于各个地域的不同对于三合土也有不同的做法。福州地区的三合土，是先把黄土加入水中进行搅拌，使其形成黄土膏，然后渗入熟石灰，再加入桐油，用锄头反复拍打，直到能够结块为止。室内地面的夯筑，则是先挖一个深 8 ~ 10 厘米的槽，然后放入成块的三合土进行夯筑平实，根据厚度铺筑 2 ~ 3 次，再用硬木包铁夯筑，最后用木质的牌子拍平地面至出油。

2. 抹灰

不同的阶段都会用到不同的抹灰处理，从基层处理到最后的面层收光，会用到靠骨灰、麻刀灰以及罩面灰等，处理方式也各有不同。靠骨灰分为底层处理（浇水、基层处理、钉麻或压麻）、打底、罩面、赶轧刷浆四道工序。计成所著《园冶》在“白粉墙”一节中记录了一种关于抹灰的改良做法，“历来粉墙，用纸筋石灰，有好事取其光腻，用白蜡磨打者。今用江湖中黄沙，并上好石灰少许打底，再加少许石灰盖面，以麻帚轻擦，自然明亮鉴人。倘有污渍，遂可洗去，斯名‘镜面墙’也。”从材料性能来看，上述所提到的改良的做法主要是利用河砂作细骨料，比黏土具有更高的强度以及更少的干缩性能，所得砂浆的粘结性能良好，更适合用于墙壁找平和粉刷。

3. 捶灰

“捶灰”作为一种传统的灰浆加工工艺，主要是将熟石灰、细炭灰、麻刀等原材料按配方比例，利用传统的人工搅拌，臼窝舂捶等方式制作出石灰的改性材料。在我国现有的古建筑中，乐山大佛就广泛使用了捶灰，我们现在所看到的，佛头顶部的螺状发髻外层为黑灰色的捶灰，厚度大约在 5 ~ 15 毫米；大佛的耳朵也是采用木桩做结构，再在其上面抹上捶灰装饰；鼻梁也是内部用木材，外部用捶灰抹制；除此之外，大佛头部的横向排水沟用捶灰垒砌，佛身外侧有些砖块的外表面也用捶灰。这些大佛身上所用的捶灰，经过检测，实际上是采用石灰、炭灰、麻刀和水按照一定的比例混合，捶打均匀之后，浸泡在水中，然后再将捶灰放置在墙体表面，用敲打的方式将其捶抹于岩石之上。增加了捶灰和岩石之间的粘结力，使得捶灰紧贴岩石。

经过捶打之后的石灰，降低了内部的空气含量和水分含量，也减少了石灰颗粒的大小，使得石灰更加容易碳化。根据研究，灰浆经过捶打之后，孔隙率大，收缩变形小，强度适中，水稳定性和抗冻融性较好。这就使得捶灰有了更好的耐久性，因而得到了大范围的应用（图 4–77）。

图 4-77　工人以传统方法制备揎灰

第六节　地仗材料的生产加工

一、地仗材料

（一）白面

即普通食用白面，另有一种土面，质量次之。白面是地仗中打满的主要材料，也是古建裱糊，做楓糊的材料。上面发黑，杂质多、黏性差。[①]

（二）血料

血料指的是经过加工的动物血（牲畜血），一般多用猪血。牛羊血等经加工也称血料，[②]但黏性较猪血差。血料呈紫红色，挑起带血丝，带一点腥味，呈胶冻状，密度比水要大，具有耐水、耐油、耐酸碱的特点，也可以作为胶结材料。血料在古建筑中广泛用于地仗之中，不适宜长期存放。尤其是在高温天气中，很容易变质、发霉、腐臭，加快变质的速度（图 4-78）。

图 4-78　血料

① 周文晖．古建油饰彩画制作技术及地仗材料材质分析研究 [D]．西安：西北大学，2009.
② 周文晖．古建油饰彩画制作技术及地仗材料材质分析研究 [D]．西安：西北大学，2009.

（三）砖灰

即青砖经碾压分箩后的不同粒度的粉末及颗粒，有粗籽粒砖灰（简称粗灰）、中籽粒砖灰（简称中灰）、呈粉末状的细灰等不同规格。砖灰呈灰色，抗腐蚀性强，亲油性好，是地仗的填充材料，工程用量非常大（图 4–79）。

图 4–79　古建筑地仗骨料——砖灰（上：大籽灰；左：小籽灰；右：细灰）

（图片来源：边精一《中国古建筑油漆彩画》）

（四）灰油

灰油是古建筑地仗中调满的主要材料，专用于古建筑地仗，起胶结砖灰的作用。本质是一种很黏稠的油质材料，由生桐油加土籽粉、樟丹等催干剂经熬炼制成。灰油具有干燥快，防潮、防水性强等特点，还能增加地仗灰壳的强度，防潮、耐水。但是灰油不能作为面层涂料，容易起皱，无光。灰油的油皮，在高温天气下，受热可自燃（图 4–80）。

图 4–80　灰油

图 4–81　生油

（五）生油

生油即生桐油，也称原生油，和熟桐油（光油）相区别（图 4–81）。生油油质透明，略带黄色，耐候性好，不易老化，较光油稀，干燥慢。利用其特点可将其渗透到地仗灰壳中去，能够增加其强度、防水、防潮的作用。生油结皮后易起皱，且光亮度差，故很少作为面层涂料使用。

（六）石灰

均用生石灰，有块状和粉状两种，具有防腐、防潮和烧结作用。地仗中石灰水调和白面打满用。石灰水也是粉刷低等级墙面的涂料。

（七）线麻

以其纤维长、拉力强、黄白干净、光亮、在顺、无杂质为上。在地仗灰壳中起增强拉力、防裂的作用。灰涩无光、变霉的麻不能使用[①]（图 4–82）。

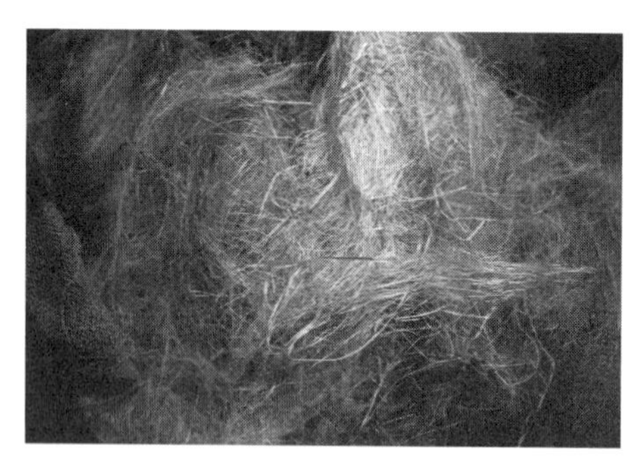

图 4–82　线麻

（八）夏布

用苎布纤维织成的布，布丝粗，有一定孔隙，夹在地仗的灰壳中使用，起增强其拉力的作用。

（九）玻璃布

用玻璃纤维丝制成的布，共布丝粗细、孔隙大小、薄厚各有不同。玻璃布

---

① 张正刚．中国古建筑油漆彩画技术 [J]. 建材发展导向（上），2020（06）．

耐酸碱、耐水、耐侵蚀，永不变质，在地仗中是用于代替线麻和夏布的材料。但玻璃布与地仗灰壳的其他材料结合性能较差，其作用尚待进一步确定。

二、使用工具

主要有铁板、皮子、板子、大木桶、小把桶、麻压子、粗碗、轧子、砂轮石、布瓦片、挠子、铲刀、斜凿、扁铲、轧鞅板、剪子、长尺棍、短尺棍、细竹竿、细箩、小石磨、大缸盆、小缸盆、堂布、大铁锅、大油勺、油棒、调灰耙、麻梳子、小斧子、糊刷等。

三、构件处理

按照传统工艺，在做油活地仗以前，无论木件新旧，外表面都需要处理，使得地仗牢固地与木件粘接在一起。经过处理的木件不会因膨胀收缩而毁坏地仗（表 4–12）。

木构件处理工艺一览表 **表 4–12**

序号	处理程序与类别	使用工具	工艺要求	备注
1	满砍披麻旧地仗	小斧子、磨刀石、小水桶、挠子	砍活时小斧子的斧刃倾斜使用，斜度大约在 45° 。旧木件上的油灰、麻皮要全部砍净，残留在木件上的油灰、水锈污迹用挠子挠净，这样做叫“砍净挠白”，工艺的质量要求是砍净见木，不伤木骨，不损坏棱角线路，木件上糟朽的木质一定要全部砍掉挠净，露出新木茬，斧刃砍入木骨约 2 毫米深，间距 4 毫米左右	
2	局部斩砍旧地仗	同上	一些古建筑木件上的地仗一部分空鼓以至于脱落下来，而另一部分却质地坚硬牢固地粘接在木件上。这种情况下，可以砍掉空鼓不实的那一部分，保留质地坚硬的那一部分。应该特别注意，这两部分旧地仗的交线要砍成一条曲线，不能够砍成一条折线，以免出现死尖角。当空鼓的旧地仗边线和木件裂缝重合或者正留在两件木件接缝处时，则应该向牢固地仗一侧多砍出 50 毫米左右，保留的旧地仗边沿要砍出一个 30° 的小斜面。要求把空鼓的旧地仗全部砍净，不留残余。其他要求同前[1]	
3	满砍单披灰，靠木油旧地仗	同上	只在木件上做油灰地仗，不披麻的做法叫单披灰，在木件上只刮一道血料腻子的做法叫作靠木油。 对于这两种地仗斩砍的斧刃间距要求在 2 毫米左右，砍入木件的深度在 1 毫米左右，其他工艺要求同前。	
4	满砍新做木件	同上	新做的木构件表面光滑、平整，不利于木件与地仗油灰的粘接，同样要使用小斧子将其光面砍麻。这是地仗工艺的第一道工序，不能从简。斩砍新木件时，斧刃斜度掌握在 30° 左右，砍入木件 1 毫米左右深。木件表面的雨锈、杂物、木屑用挠子挠净	

① 冯东升．谈谈北京老城区历史建筑的恢复性修建 [D]. 古建园林技术，2019（02）.

续表

序号	处理程序与类别	使用工具	工艺要求	备注
5	铲除	铲刀、挠子、磨刀石、小水桶	木装修表面的油皮不能拿斧子砍，只能用铲刀铲掉，大木件的地仗不需砍掉，表面的油皮却要铲除，就要施用铲除这种工艺。拿铲刀把油皮表面的疙瘩、曝起的油皮、木件接头、裂缝处松动的油皮铲掉，铲到地仗不松动的位置和深度处为止。而后，用挠子挠净，打扫清理干净。要求保留的旧地仗不松动，无曝皮，牢固的油皮上无疙瘩，茬边铲成坡面	
6	撕缝	铲刀、磨刀石、小水桶、扫帚	木件风干以后裂开的缝过窄，油灰颗粒大往往不能将缝填满，用工具把缝铲得稍大一些叫撕缝。撕缝时，用铲刀把木件裂缝铲成V字形，缝内侧见到新木茬，以便油灰粘牢，门框、窗框线的线口要直顺，线宽占抱框看面宽度的1/3，线口与抱框平面的夹角以20° 为宜。撕缝工作要做得彻底，无论缝的宽度有多么大，或多么小，都要撕开成V字形。 局部找补的旧地仗，经过斩砍以后，用铲刀把保留的旧地仗边铲成30° 的坡面，在麻口上刷一道生桐油，作为新、旧地仗之间的结合层。 这道工序中要顺手把已经松动的铁箍钉牢，铲净糟朽的木质，铁箍上的锈污用钢刷子打磨干净，除锈见新茬	
7	渲缝	刨子、小斧子	木件的缝撕开清净以后，较宽的缝要用木条填齐钉牢，这种做法称作植缝。植缝用的木条要使用红、白松木料，开成20毫米厚的板材，再开成1~2厘米宽的木条。木件裂缝宽度凡大于5毫米的都要植缝，按照裂缝宽度刨到木条宽度为宜，再用一寸至三寸的小钉钉牢。最后用刨子把木条刨到和木件表面齐平，要求植缝达到植实、渲牢、植平的程度为止。同时，木件表面松动的皮层，也要钉牢，低凹不平的部分用薄板补平，孔洞、活节用木块补成相应的形状，要补平钉牢	
8	下竹钉	小锯、小斧子、扁铲	为了防止木件受外界温度、湿度影响膨胀收缩，引起裂缝宽度变化，造成地仗的开裂，用木缝中钉入竹钉的方法可以约束木材的变形，保证地仗不至于开裂。 用小锯把竹子锯成50~80毫米的竹段，再劈成10毫米见方的竹条，一头铲出尖，铲净竹瓤，制成竹钉。木件上的裂缝中间宽两头窄，中间下扁头竹钉，两头下尖头竹钉，竹钉的间距在10~15厘米，先下两端，后下中间，轻轻地敲入，达到一定的深度，再按顺序同时钉牢。 如果裂缝小有抽筋木（一条裂缝被一条木丝皮子分成了两条缝），应该在木筋的两侧呈梅花形下竹钉。 下竹钉工序无论在新木件还是在修缮工程中的旧木件上都要做，每条裂缝都得下钉，不得漏下，才能保证地仗的质量	

四、地仗材料的制备

（一）熬灰油

灰油是占建地仗中的重要材料，直接影响地仗的质量。灰油无成品出售，施工中均需现行熬制，熬制灰油是古建油漆中的一项特殊技术，必须由有经验的技工熬炼。现将其方法简述如下：

熬灰油的主要材料为生桐油，另有土籽粉和樟丹作为催干剂（土籽粉为二氧化锰金属催干剂，在中药批发公司有售、价不高），比例为生油：土籽粉：樟丹 =100 ： 7 ： 4（质量比）。

熬制灰油要准备锅灶、油勺、盛油桶、水碗等用具。传统所用锅灶为烧柴灶，因锅大小而搭砌，锅一般用大型铁锅，锅灶尺寸约为1.6米 ×1. 6米。因锅灶较大，为操作方便，熬油用的勺子的勺把都在 1 米以上，熬油用的铲安装木把的铁裤也应较长，以防烧坏。盛油桶为大铁桶，普通水碗为试油用。

熬油的安全防护是十分重要的，包括场地的选择、灶棚的围搭、灭火器的备用与操作人员的防护等。

熬油的场地一般设在远离建筑物或周围无易燃物的地方，不能在油漆材料房附近。地址选好后随即搭砌锅灶，四周用铁板或石棉板围起，形成一操作空间，并支搭铁棚（或用石棉板）。灶棚附近放置灭火器、砂土、湿麻袋、铁锹等以备使用。个人防护用品包括手套、围裙、护袜、口罩等，主要为防止热油烫伤。

准备就绪后即可进行熬制，步骤如下：

1. 炒土籽粉和樟丹

土籽粉与樟丹这两种催干剂，在未炒之前均含有水分和潮汽，尤其是樟丹更为潮湿，甚至可以用手“挤出水来”，不能直接用于熬油，必须预先加工炒干、炒“熟”，否则熬油时，油会不断炸响，发沫四溢，既影响质量又不安全。炒时可将土籽粉与樟丹按比例同时入锅搅拌均匀，加火使潮汽蒸发，同时这两种材料的颜色也会逐渐变深。加火炒时，材料会呈“土”开锅状，即土中冒气，结合材料色彩的变深程度即可认定炒熟。

2. 加油熬炼

炒熟的材料不用出锅，可随即倒入生桐油继续熬炼。熬时要勤于搅动，因土籽粉与樟丹体沉，易沉于锅底，不利于与生桐油的混合、催化。另外，在熬炼的过程中，尤其是油快出锅时，要进行“扬烟”，即用油勺将油舀起至锅面60 ~ 100厘米高处后再徐徐倒入锅内，反复进行。熬油的温度一般在180℃左右。

3. 试油

随着熬炼时间的加长，油温升高。应注意随时观察油的成色和进行试验。这项工作多年来全凭经验，并无定法，因师承不同而各有所异，但大致方法如下：

（1）色彩识别：樟丹、土籽粉加油入锅时，开始是灰黄偏红色，比较浅，随即越来越深，逐渐变成深驼色，快熟时，油的表面油珠呈黑褐色。

（2）开锅识别：油开锅不像水开锅那样明显易识，油开锅表面不易看出，但这非常关键又很重要。识别方法为：以口含少量清水喷在油层表面，这时会发生炸响，未开时炸响徐慢，开锅时炸响加快，发出“哗哗”的响声。此时应立即撤火。

（3）滴水识别：取一碗冷水，用木棍或铁勺醮取少许热灰油，将油滴入水碗，观察油珠的反应。油熬至适度，油珠滴入水碗后，及时下沉，然后又慢慢复返上来，此时应立即撤火。如果油珠在水面漂浮，不往下沉，证明尚未成熟，需继续熬炼，直至合度。反之，油珠速沉至碗底，不再复起，证明油已熬老。这种方法，实际是测定油的相对密度的一种方法，即冷却后，灰油的相对密度为 1，与水相同。

及时鉴别油的老嫩很重要，往往在很短的时间内就会发生变化。变老的油成稠糊状，严重的会固化胶结而出不了锅。因此，油快熬成时要及时鉴别，出锅。

过老的灰油不能使用，过嫩的灰油粘结力差，干燥慢，影响质量，因此要使用合度的灰油。合度的灰油调在地仗灰中，与灰同时干燥，灰层也很牢固。过嫩的灰油调在地仗灰中，因干燥慢而粘结力差，会出现灰下油不干，灰壳不牢固，易掉粒，甚至掉灰块的现象。油熬成出锅后，还要继续放烟，因油很热，操作者应小心。

关于熬灰油所用催干剂材料的配比，因季节不同比例有所变化，一般冬季土籽分量比例加大，章丹减少；夏季土籽分量减少，章丹增加。

（二）熬光油

熬光油（熟桐油）是我国劳动人民的伟大创举。在古建油漆中熬光油比熬灰油占有更重要的地位，因光油不仅可用在地仗中，更能单独作为罩面涂料，品质好坏直接影响被涂物表面的亮度和地仗的质量。光油虽有成品可购，但成品往往不作为罩面专用油考虑。在古建油漆中，由于光油用量大、要求高，故多自行熬制，熬光油一般由有经验的技工凭经验进行，现将其方法简述如下：

熬光油所要准备的用具与场地选择等，基本同熬灰油，但因熬光油时温度比较高，故应置备 300 ℃温度计一只。

熬光汕的材料仍为生桐油与催干剂，另也有在生桐油中加入一部分苏子油的，根据苏子油与非油的比例不同，可分为净油（不加苏子油）、二八油（二成苏子油，八成生桐油、下同）、三七油、四六油等。熬光油的催干剂为土籽与密陀僧（密陀僧为一氧化铅，土产公司有售）。另据资料介绍，还有在光油中加入少量松香粉的。熬光油所用辅助材料，配比差别很大，因地因人而异，但共同之处是所加土籽和密陀僧用量均少于熬灰油时加入的土料和樟丹的用量。

在北京地区，传统熬光油，一般以二八油最为普遍，具体方法如下：将苏子油（20%）、原生油（80%）倒入锅内，加火同时熬炼，当温度升至150~180℃时（又有说八成开），开始烧土籽。因土籽不经烧炸，直接倒入锅内会引起炸响、溅油现象。烧法为：用油勺盛上料籽，浸入锅内，不断取出颠翻，再放入，直至不炸响为止，然后放入锅内熬。所放土籽比例为油（包括苏子油）：土籽（100 ： 2~3）。土籽放入锅内后，将油继续升温，当油温升至230~250℃时，基本开锅，油锅内小泡沫也由浅变深，像烧焦状，这时将土籽捞出，随即改为慢火熬，并随时搅动。待油温升至260℃时，把密陀僧投入锅内，及时撤火即成。有时撤火过程中以至撤火后，油还会继续升温，所以应将油舀至另一容器内，扬烟除净。在油开锅后，未加入密陀僧之前，要以试样结果决定是否加入密陀僧出锅，其方法是：将油提出，滴在铁件上，放入清水中冷却，提出甩掉水滴用小手指蘸冷油，拉丝看是否能拉出3厘米以上不断的油丝，如能拉成，表明基本熬成，加入密陀僧出锅。

根据经验介绍，油越接近熬成，温度上升越快，所以出锅要及时，否则油温升高到280℃时，只要持续7~8分钟就容易凝结成胶状，不能使用。可准备一部分冷光油，随时掺入，起骤冷作用。

油中加入的密陀僧为黄色粉末，也有呈块状的，现场敲碎后投入锅内。它除起催干作用外，还可改变油质的颜色、增加美观效果。加入密陀僧的时间因熬制方法不同而不同，也有在出锅后加入的，不需捞出。在北京地区，尚有另一种熬法：先煎油坯，就是先把苏油子与土籽熬炼，也有先炸土籽，随熬随扬烟试样。试法为：把少量油滴入水中搅散，再以口吹使油珠全部粘在一木棍上，即为煎好。此时将土籽捞净出锅，得到油坯。以油坯加生桐油熬光油时，不需再加土籽，随熬随扬烟试样，试验方法同前，看是否拉油丝，然后改微火出锅，继续放烟，加入密陀僧，凉后即可使用。光油品质与熬油中加入催干剂的多少及熬制时间长短、火候大小都有密切关系。另外，原生油中有无杂质，存放时间长短都会影响熬出的光油的质量。这些多凭经验，所以熬油的经验是十分重要的。

（三）制血料

血料系由生血制成的材料，必须经加工以后才能在工程上正式使用，否则黏度差，也不好用。制血料的过程称“发”血料，发血料有两种情况：一是用生血发制，二是用血粉发制。前者，血料的质量好，粘结力强。后者，血粉原多做饲料用，袋装，便于运输，但用其发制的血料品质差，既不黏，也不好用，但在无生血的地方，可用其代替生血。现很多地方多有加工好的血料供使用。如自行发制，方法如下：

1. 用生血（血块）发血料

猪血下来以后，凝聚成块状，一般为防止结皮，将其浸泡在水中保存。用时澄出清水，碾细血块，加石灰水发成。碾细块的传统方法用藤瓤子，将其掺在血块中用手反复捏、搓，血块就会变得非常细腻。加石灰水前可先加一部分清水，将其稀化（要视其浓度而定，不可太稀，否则影响胶结力）。加石灰水时应逐渐加入，随时搅排。在一两小时后，血料便产生泡沭，逐渐往上胀，最后聚结，血料即发成。

如碾细血料时没有藤瓤子，也有用刨花代替的，但刨花的木屑易混在血中，不易除净，需过箩，所以在无藤瓤子的地方要用反复过粗箩的方法解决。血料过箩后将箩及时洗净，切记不能用开水烫，否则不易再洗掉。

2. 用血粉发血料

先将血粉过箩，除去杂质。然后用清水浸泡、水要没过血粉。浸泡一夜后，血粉膨胀、变稠，视其浓度可继续加些清水。点加石灰水法同前所述。

用猪血发制的血料品质最好，牛羊血次之，血粉最次。品质次的血料用在工程上，由于黏性差易产生掉灰粒、灰面的现象，实用中常以多加"满"来弥补。

（四）打满

满用白面、石灰水、灰油调成，调制满的过程称打满。满是古建地仗中的专用胶结材料，是调配地仗灰的主要材料之一。对地仗的粘结力、耐久性、防水性、防潮性、坚固程度起重要作用，因此，满在古建地仗中占有重要地位。满无成品可购，需自制。

调制满的三种材料的配合比为：灰油：白面：石灰水 =150 ： 26.7 ： 100。

满的自制方法为：先将白面（如有杂质需过箩）与石灰水调和，先少量放入，调匀后再加足，随加随用力搅拌。白面在石灰水的烧结下，很快成为糊状，之后再按比例倒入灰油、搅拌均匀后即成。调成后的满为膏状物，呈白色，故也称白满。从一些旧灰层断面看，早些时候有的地仗灰层为灰白色，很坚固，清除也较困难，现在的灰层多为黑褐色，说明地仗中满的成分不同，前者即为白满，后者则在其中义加血料，故现有人将加血料后的胶结材料也称满。满具有干燥快、粘结力强、不怕水、不怕油、防潮、防霉等特点。满不仅可以用在古建油漆工程中，也可用于调配古建彩画材料方面，如代替水胶调配沥粉用。

满中灰油与石灰水之比在工程中称油水比，重要的古建地仗工程，其油水比可达 2 ∶ 1，即俗称“2 油 1 水”。

（五）梳理麻

古建中所用线麻原料有丈余长，麻缕粗硬，皮子、麻根又混杂其中，不能直接使用，需经加工整理，去掉杂质，梳理细软方可使用。目前，梳理麻有机器与人工两种梳法，用机器梳理的麻，麻绒细软，排成较宽的条带状，卷成捆，使用时可任意摘取长度，撕成不同形状后用于各种构件，很方便。但机器梳的麻，麻经过细，抗拉能力差。人工梳的麻，麻经较粗，抗拉力较好。

人工梳麻先将麻适当截短，截成约 60 ~70 厘米长的段，再将麻拧成卷，按实，用斧剁即可，然后将麻段挂起分梳，去掉皮、梗、杂质，并使麻经细软、直顺（图 4–83）。梳时用铁钉刷子，又称钉板（图 4–84）。手工梳过的麻，根据构件大小可再次截短。在正式使用前还要弹成“麻铺”，如同弹棉花，用两根竹竿将麻挑起，然后竿碰竿将麻抖松，最后摆成整齐的卷状即成“麻铺”待用。

图 4–83　梳麻（图片来源：边精—《中国古建筑油漆彩画》图）

图 4–84　钉板（图片来源：同上图）

五、颜料光油的制备

颜料与染料不同，颜料为石性材料，不溶于水、酒精、汽油等溶剂，颜料不如染料色彩鲜艳，但颜料性能稳定、耐磨、遮盖力强，具有很好的物理性能和化学性能。配制颜料光油不能加入染料。

（一）洋绿油

洋绿油是传统古建油漆中大量使川的绿色油，由光油与洋绿调成。洋绿是进口石性绿色颜料的旧称，商品名为“鸡牌绿”（德国产）和“巴黎绿”（德国产）。也有用氧化铬绿代用的，但后者不如前者色彩鲜艳。

配制方法：将洋绿倒入带釉瓦盆内，用开水沏两遍，开水倒入多少不限，因洋绿体沉，相对密度大，沉于水底，所以沏后还要适当搅拌。洋绿与开水调匀后静置1~2小时，洋绿沉入水底，将水澄出。这样反复进行两次（传统油漆行业认为，一些颜料内含有的某种成分，调在油内使用会影响质量，必须请除）。当然水是不能完全澄净的，这没关系。再将光油倒入颜料内搅拌，因光油易与颜料粘合。所以析出水分，故称“出水”。出水一次入油要少，按颜料的十分之一逐渐加入搅拌，逐渐将析出的水澄出或吸出，这样颂料逐渐变得黏稠。水全部出净后，再加适量的光油调至适合使用的程度。洋绿有毒，作业人员应按防护措施操作。

（二）樟丹油

由光油与樟丹调配而成，调法同洋绿。传统工艺认为，樟丹应出水沏三遍，因颜料内含铅，否则太易干燥，不便使用。古建筑油漆中。樟丹油多用于打底和与其他油调和使用，也用干防锈。现多用成品樟丹漆。

（三）白铅粉油

用光油与白铅粉调和，颜料白铅粉又名中国粉、定粉，学名碱式碳酸铅，因成品用木箱包装，故行业中称“原箱中国粉”调配白铅粉油方法同洋绿，但在加油时更应从少量开始，否则水不易出净。白铅粉光油传统多用于室内油饰，现多用白醇酸磁漆、白醇酸调和漆代替。

（四）广红土光油

广红土，简称红土，为紫红色颜料，原料易得。由于广红土具有耐晒、不褪色、遮盖力强、耐腐蚀，材料细腻不需再加工等特点，所以在古建筑中用量很大。广红土光油调制方法很简单，只要颜料干净，无杂质，检验纯正即可。调时先把颜料过细箩，除去杂质，然后把光油徐徐兑入，搅拌均匀即成。调制广红土光油不需“出水”，但颜料应充分干燥。否则还要经锅炒，使其水分蒸发干净再用。

在高温气候下，静置数日的广红土光油，其颜料中的大部分杂质均沉于油的底层，这部分色彩不纯正，此时浮于上面的油则变得艳丽纯正。利用这一点将其分离使用，下面的打底，上面的油罩面。

（五）柿红油

调制好的广红土光油加调制好的樟丹光油即成柿红油，两种油的比例不同，柿红油会有不同的深度。多加广红土光油色深、沉稳，多加樟丹色彩艳丽，视不同用途而定。柿红油在传统油漆中用途很广泛。

（六）银朱光油

用颜料银朱加光油调制而成，调制方法基本同洋绿，仍需先出水，但颜料可不用开水沏。入油的颜料银朱质量要好，颗粒细，色彩鲜艳，无杂质，使用时以商标或商品名鉴别，传统用“合和牌”银朱和“正上牌”银朱，现可用“佛山银朱”与“上海银朱”代替。现大部分工程已改用红醇酸磁漆。

（七）炭黑油

炭黑，俗称黑烟子。为极细而轻松的粉末，炭黑加光油仍需出水，方法与洋绿、银朱出水均不同。因炭黑极轻，水倒入后，颜料会漂浮在水面上，很难与水调匀。所以应先用细纱布或渗水性好的棉性纸，将其全部覆盖严、按实，再徐徐倒入酒精或普通白酒，就会很容易渗至颜料中，之后以同样的方法倒入少量开水，使颜料充分浸泡透，再按前法出水入油。入油时，撤去纱布、棉纸，从一处少量加入，搅出水后再逐步多量加入。炭黑体轻，入少量油即成适当稠度，但由于炭黑遮盖力强，可以多加入些油。具体情况由试验而定，视其覆盖力足够即可。

六、古建地仗灰的配制

古建地仗灰包括中灰、细灰、粗灰等灰料，这些灰料系由砖灰、满、血料等材料共同调和而成，与前面所述的干粉状砖灰有本质上的区别，但干粉砖灰也根据颗粒大小分为粗灰、中灰、细灰，为了使两者有明确的区别，有人将调制后的砖灰称油灰，但油灰又容易和建筑中作为腻子的油灰相混淆。故按习惯，仍称此为中灰、细灰。根据用途不同，概念也不同。

古建木构件有的用于室外，有的用于室内；有的木面表面粗糙，有的较平整；有的部位工作面大，有的则较细小；有的易受日晒，风雨侵袭，有的程度次之：故所选用的工艺及地仗灰材料的配比也不同。

（一）上、下架大木用灰

油漆工艺将古建大木分为上架与下架两部分。上架大木指檐下之檩、垫、枋、角梁、抱头梁、穿插枋等较大的构件，这部分多绘有彩画。下架大木主要指柱子、坎框等较大的构件，多涂刷油漆。这两者事前均做地仗，所用灰料配比均相同。这部分用灰配比要考虑构件较大，各种缺陷明显（如木筋突出、缝隙大等），同时容易受环境的影响，故灰的强度也相应较大，又因工序多，故灰的种类也多。另外，由于建筑物的其他部位，如椽头、山花、博风、连檐瓦口、大门、挂檐等部位，虽不是大木，但所处环境与大木相同，甚至有些地方如山花、椽头等部位，其破裂程度、危害情况与大木相比，只有过之而无不及，所以这些地方，为使地仗坚固耐久，也用大木灰，只是工艺较简化，使用灰的种类有限。调配古建灰料传统以人工为主，人工调配灰料费工、费力，劳动强度很大，目前已有专门的调灰机械，只要按比例将各种材料投入即可。

1. 捉缝灰

捉缝灰主要用于填补构件中的缝隙和垫平明显低洼不平之处，因其直接与木骨结合，故要求灰的强度要大，不易塌落，附着力好。同时还要能有效地与下道工序的灰层结合，故捉缝灰的特点为灰料籽粗大，满的比例大。配合比为满：血料：砖灰 =100 ：114.4 ：157（质量比，下同）。捉缝灰所用砖灰，不是纯粹的灰粒，还要加入适量的细灰，使其更为密实、坚固，能够很好地与木面结合。粗细灰的比例粗灰占 70%，细灰占 30%。

2. 通灰

又称“扫荡灰”，即满涂于木面之上的意思，也与木骨直接接触，故灰的强度、配比仍同捉缝灰，但为操作方便，也有将其中血料比例略微加大的。

3. 粘麻浆

这不是灰料，是把麻、夏布、玻璃布等粘在灰层上的材料，因它夹在灰层中使用，材料也为灰层的胶结料，故也作地仗灰料的材料。粘麻浆用满加血料两种材料调成，黏性很大，防潮、防水、易干燥。配合比为满：血料 =1 ：（1.2~1.37）。粘麻浆调制方法简单，可随用随调，剩余材料还可调灰用。现有人直接用聚醋酸乙烯乳液胶作为粘麻材料，使用方便，亦很牢固，但耐久程度如何尚待考验。

4. 压麻灰

压麻灰为附在麻层上面的灰料，故称压麻灰。如附在布上，不论是夏布还是玻璃布，则称压布灰。灰是一种，配合比均一样。压麻灰所用的籽粒小于通灰籽粒，可用中籽灰，同时加一定细灰，两者比例仍为 7 ∶ 3。压麻灰各项材料配合比为满∶血料∶砖灰 =100 ∶ 183 ∶ 221。

5. 中灰

中灰籽粒小于压麻灰，用小籽粒灰，也可按 7 ∶ 3 比例再加入细灰，配合比为满∶血料∶砖灰 =100 ∶ 288 ∶ 303。

6. 细灰

细灰因用在表面，还要便于修磨，故细灰灰料应细腻，无杂质，强度不宜过高。调细灰有两种材料配比，一种为满、血料、砖灰三种材料（同前）；一种为光油、血料，砖灰。后者为现在常用配方，其中光油取代满的作用。配合比为光油∶血料∶砖灰 =100 ∶ 700 ∶ 650。另外调配细灰还可适当加入清水，以减小其强度，便于修磨。传统把加水的做法称“行龙”，加入水的细灰不能过多，过多会导致灰壳开裂，附着力差，也不好用：如果不加水，则干后又太坚固，无法修磨成如意的形状。所以两者要统筹兼顾，具体加多少可试验决定，即刮一块样板，一掌见方即可，厚度为 1~2 毫米，夏季一两小时即干燥，用一号砂纸用力打磨，以能掉粉面为准，传统用砂轮打磨。

（二）斗栱、椽望、装修用灰

古建的其他部位，如斗栱、椽望、装修等部分，因构件较小，相对各种缺陷和裂缝都较小，使用大木灰料已不恰当，如捉缝，在有的部位就不能用籽粒粗糙的灰调制，其中细灰仍加适量水。细灰也可用大木灰料的配比。

天花使用的灰，根据天花的大小、使用部位和工艺程序而定。如大天花、旧天花，用于室外的天花，可选用大木灰：新天花，用于室内的天花，可选用装修灰料。

（三）地仗配料及操作工艺

常见的原材料有血料（即新鲜的猪血），大仔灰、中仔灰、小仔灰、中灰、细灰（这五种灰是用旧城砖、瓦块碾碎磨细，制成颗粒状或粉状）、生桐油、苏油、煤油、面粉、生石灰、线麻、夏布，等。[1] 血料、生桐油要经过初加工，制成熟料用于调灰，初加工要在施工现场完成。

清代的地仗有两种配料方法，一种掺血料，另外一种不掺血料（大漆地仗也不掺血料），以前者所见为多。后者不斩砍木件，直接在新木件上做灰。捉缝灰、扫荡灰等各道油灰用油满加水拌成，地仗从里向外加水量逐道加大，油灰强度一道比一道低，也有在其中掺入糯米汁的做法，而披麻浆用油满不掺其他材料。操作工序是：钻生桐油一道—捉缝灰（用中灰配成）—使麻—压麻灰（油满加中灰配成）—钻生油—满上一道细灰浆—上细腻子（油满中加土粉子）。如做修缮工程要斩砍挠白、操生油、捉缝灰、扫荡灰、使麻等工序同上，增加一道扫荡灰。

地仗的材料做法是根据工程使用功能的需要而确定的，一麻五灰做法多使用在古建筑的柱子、檩、垫、枋、抱框、槅板、板墙等处，[2] 因要抹上五道油灰，披一层线麻，故称一麻五灰（表 4–13）。开始施工前要做好料具准备，使用的材料如第一部分所述，必备的工具有：铁板一套、皮子一套、轧子一套、麻压子一套，以及木桶、把桶子、线麻（经过加工的成品）、尺棍、糊刷、生丝头、磨刀石、布瓦片、轧鞅板、板子、砂纸、砂轮石等（表 4–13）。

9 种类型的油灰配比及一麻五灰操作工艺一览表　　表 4–13

序号	类型名称	材料配比	操作工艺	备注
1	配油浆	油满比净水是 1 ∶ 20，倒在一起以后用油棍（白蜡杆）搅匀，水的用量也可以据木基层质地情况适当增减		油浆直接用在木基层上面，在木件和地仗之间起到结合层的作用
2	操稀底子油	生桐油中掺入 30%~40% 的煤油或稀料，拌合而成	操稀底子油是以前的老做法，现在用汁浆代替。在砍光挠净的木件上用刷子满刷一道稀底子油，要刷严、刷到。汁浆有两种材料，一种是油满加血料，加水；另一种是生桐油和煤油各 50%，搅拌而成	作用同上
3	捉缝灰	按重量 3 份中灰 2份大仔灰拌匀。1 份血料，1 份油满，按体积拌合成浆料。将拌匀的灰和浆料按重量各 1 份掺合在一起搅拌成捉缝灰	在施工以前，要清扫施工现场，把构件上下、建筑内外用扫帚扫净，手持把桶、大粗碗装满油灰，用铁板打起油灰，向构件裂缝里面刮油灰，要横找、横挤、挤满、挤实、挤严，顺着裂缝刮净余灰。构件的低洼不平与缺棱短角处用铁板皮子补平、补直、补齐，柱头、柱根、鞅角处要找直借圆，自然风干。用铁钉子扎木件上的油灰，扎不动就算是干透了，拿砂轮石或石片把干油灰的飞翅磨掉，修齐边角，湿布抹去浮灰，打扫干净	用于堵塞木件缝隙，填补低洼凹面。拌料要求在使用以前 4 个小时调好，使灰仔被油浆浸透，便于使用

① 王正昌．传统木结构典型构件火灾性能试验研究 [D]. 南京：东南大学，2018.
② 李卫俊．仿古建筑油漆彩绘地仗工程施工工艺 [J]. 山西建筑，2015，41（35）.

续表

序号	类型名称	材料配比	操作工艺	备注
4	扫荡灰	与捉缝灰完全相同	扫荡灰是麻层的垫层，用这道灰找直衬平木件的表面。扫荡灰操作需要三人一组，前道工序和后道工序密切配合，分上灰、过板和找灰。前者用皮子上下反复上灰，要用较干的油灰，浮灰入木骨，然后在捋过的灰上面覆第二遍灰。随着前面上灰，后面用特制的板子刮平、刮圆即过板。第三个人用铁板找细，检查余灰和落地灰，把木件上的油灰找得达到要求的平直度。这道油灰的厚度以木件表面的最高点计算，应以一灰仔约 2 毫米厚为准。油灰风干以后，用砂轮石磨去飞翅、浮仔，拿湿布抹干净	
5	披麻油浆	按体积 1.2 份血料中掺入 1 份油满，搅拌均匀	操作过程分开头浆—粘麻—轧干压—潲生—磨麻—水压—修理活七道工序。 做好披麻准备以后，拿糊刷往木件的扫荡灰层上刷抹披麻油浆，浆的厚度约 3 毫米，要注意随披麻的厚度调整浆的厚度。把已经加工好的线麻平铺在油浆上，要横着木纹铺粘麻丝，遇到木件的裂缝或者是两根木件的接头缝，麻丝也得横着缝的走向铺粘，麻丝层的厚度要均匀一致，随着铺麻随用麻压子将麻丝压实、压平。压麻的顺序是先压鞅角（木件阴角、接缝）边线，后压大面，压到表面没有麻绒为止，这道工序叫“轧干压”。反复轧压麻绒完全压实以后，在四成油满中掺入六成的净水，刷在压实的麻面层上，以刷到不露麻丝且不过于厚为限，这就是“潲生”。随着潲生随用三寸小钉或者用麻压子尖把压实的麻翻虚，翻找一遍，以防内部有虚麻和干麻。而后，再一次轧压，这叫“水压”。水压以后的麻层就基本上被压实了，挤出多余的油浆，达到不窝浆、无干麻的程度。鞅角用麻鞅板轧压严实，如有空虚处会造成崩鞅，最后再满压一遍，过于潮湿的地方把油浆挤净，压均匀，干燥不实的地方再刷上少量的净水压实，擦净四边棱角上的余浆。如果出现棱角松动、局部崩鞅的现象，应该修整，补齐成活。油浆和麻丝自然风干以后，用砂轮石或石片磨麻，磨到起麻绒，包括鞅角线路都要磨到。披麻工序是一麻五灰地仗的主要工序，不允许有崩鞅（鞅角开裂）、露仔、涡浆。线麻要铺得均匀一致，麻要用足、用够，通常大木下架展开面积算每平方米用七市两麻，上架大木每平方米用线麻六市两，麻层中不能有干麻包	用于粘结线麻。配料后，表面用牛皮纸盖严，淋上一层净水，以免风干。披麻在地仗层中起到拉结的作用，使得地仗的油灰层不易开裂，延年耐久
6	压麻灰	1 份中仔灰、1 份小仔灰、2 份中灰按重量比拌匀。按体积 2 份血料、1 份油满搅匀成油浆。1.5 份砖灰、1 份油浆合成压麻灰	披麻以后，用扫帚把木件清扫干净，再拿湿布揩擦一遍，开始上压麻灰。拿皮子把压麻灰抹在麻层上面，反复抹压叫做干浮操，使油灰与麻层粘牢平实，然后在上面满覆一道油灰，过板，把木件过圆、过平、过直，灰层约一仔厚约 2 毫米。油灰干透以后再轧线，用轧子轧出各种线角，轧成的线路要求粗细一致、直顺，达到三停三平，门窗框线宽度占抱框看面宽的 1/10。完全干透以后，用石片磨去疙瘩、浮仔，打扫干净，用湿布抹净浮灰。做过压麻灰的木件大面要平整，曲面要浑圆、直顺，无脱层空鼓	其他要求同前。这道灰用在线麻层上面，强度略低于扫荡灰

续表

序号	类型名称	材料配比	操作工艺	备注
7	中灰	8份中灰掺两份中仔灰，按自身重量拌合。按体积油满1份，血料3份搅成油浆。用砖灰1.5份，油浆1份，搅拌成中灰	把拌好的中灰用皮子在木件的压麻灰上往返溜抹，满溜一道，而后在上面覆灰一道，再用铁板满刮靠骨灰，收灰，刮平，刮圆。灰层的厚度以压麻灰最高点算约1~1.5毫米，最低以找平找圆为准。中灰干透以后把板痕、接头磨平，轧线使用细灰，操作要求同前，最后用湿布掸净浮灰。中灰要做到鞅角、线棱齐整，干净利落，线路宽度一致，基本直顺	中灰的强度低于压麻灰，砖灰也细些
8	细灰	按重量，血料1份，熟桐油0.005份，水0.3份配制，把桐油倒入血料，随搅拌随加入净水，这种做法叫"行容"，配成浆料，1份浆料、2.5份细灰拌成	细灰是最后一道灰，也叫找细灰，特点在细上。用铁板在中灰层的棱角、鞅线、边框上刮贴一道细灰，找直、找齐线路，柱头、柱根要找齐、找严、找圆，厚度约1.5毫米。梁枋、槛框、板类宽度在0.2米以内者用铁板刮，以外者过板子，柱子、痹条等曲面构件以及坐凳板、榻板使用皮子浮灰，而后过板子，灰厚在2毫米左右，接头要求整齐。对于细灰的质量要求比较严格，鞅角线路要齐整、直顺，干净利落，圆面要圆浑对称，无脱层、空鼓、裂缝。应该注意，上细灰要避开太阳暴晒和三级以上大风天气施工，如果条件所限必须施工，就应将现场遮挡起来再操作	细灰是五道灰中强度最低的一道，质地最细，完全用细灰配制
9	细腻子	血料1份、熟桐油0.005份、水0.15份，按重量拌成浆料，用于头道腻子。二道腻子血料1份、熟桐油0.005份、水0.2份。浆料按体积1份掺入土粉子1.5份拌成	细灰干透以后，用停泥砖从上到下打磨棱角线路，磨到整齐直顺，表面全部达到断斑。平面要磨平，圆面要达到上下浑圆一致，每磨完一件构件马上钻上生桐油。生桐油中不掺入其他材料，如果时间太急，赶不过来，生桐油中可以掺入少量灰油或苏油（也可以用稀料）。生桐油要把地仗钻到、钻透，钻至地仗油灰不喝为止。停放4~5个小时后，用麻头擦净表面吃不进去的浮油。 磨细钻生工作不可在暴晒和三级以上大风天气下操作，细灰地仗不能着雨或水淋湿。钻生以后地仗不能再脏污瓦石作和木作	

从以上3~9种油灰的配比可以看出，掺入油满多、骨料级配粒径大油灰强度就高。油满用量小，骨料级配粒径小，油灰的强度就低。最后以至于掺进了净水，强度就更低了。这也说明地仗内层油灰的强度高于外层油灰的强度，由里向外逐层递减是合理的。

通过上表中的2~9八道工序，一麻五灰地仗就完成了，要求地仗地面不能出现鸡爪纹（指钻生交活的地仗地面出现的龟裂纹），生桐油要钻透，一次钻好，不能间断，也不可以钻油过量，使油外溢（称顶生）、挂甲，而影响下道油活的质量。[1]

① 刘馨，汤大友，王欢.浅谈中国木结构古建筑的油漆彩画工艺[J].中国涂料，2015，30（05）.

七、大漆地仗

大漆是天然漆。大漆油饰多用于我国的南方建筑，在北方只油饰匾额、家具等体积较小的木器。在南方，气温湿度适宜，大漆易于存放；在北方就要人为地制造一个阴凉、通风、潮湿的环境并与带有酸、碱、盐等的腐蚀性物质隔开。另外，大漆原料在桶中不能装得太满，桶内没有余地会引起爆炸或者火灾，也不能存放时间太长而造成变质退化。

（一）大漆工艺的主要工具及其制作方法

传统大漆工具主要有油栓、五分捻子、圆捻子、大棕刷子、戈锹等。其制作过程如表 4-14 所示。

大漆工艺做法 **表 4-14**

序号	工艺名称	工艺作法	备注
1	捆栓	把犀牛尾截成长 0.4~0.5 米，用木梳梳顺，放在案子上，按油栓宽度放 5 mm 厚，刷上由 1 份血料 1 份油满配成的油浆浸透，包在夏布中，用一根圆木棍从中间向两头碾压，挤净余浆。为了避免风干造成弯曲，用两块木板夹住油栓连绳捆紧，压在重物之下放两天，取下重物晾一天，正反两面翻来覆去地反复晾，直到干透为止。五分捻用一层犀牛尾便可，油栓要将两层叠在一起成一支，圆捻子是圆形的用头发制成	
2	上漆灰	1 份生漆中掺 1.5 份土仔灰拌成漆灰，用铁板向油栓上刮灰，灰厚约 0.5 毫米，叫刮漆灰，油栓的两边用布条勒灰，捻子用布条浮灰，做成以后放在潮湿的窨棚或湿木桶中，过 24 小时就干透了。用 1 份生漆掺 3 份土仔灰拌成漆灰，用漆灰糊夏布，糊成入窨过 5 个小时以后干透。夏天干得较快，冬天干得较慢。再上一次漆灰约 0.5 毫米，入窨 2 个小时以后干透。以 1 份生漆 1.5 份细灰拌成细漆灰刮上约 1 毫米厚，入窨 12 小时，出窨以后用砂轮石水磨到断斑	
3	上生漆	在做完地仗的灰漆上刷生漆，入窨干透，再刷退光漆入窨，干透以后就可以使用了	
4	开鬈口	使用油栓以前把油栓一锯两开，把锯口一头的漆灰约 15 毫米长，锯掉，露出犀牛尾，砸开棕毛，在垫铁板上烫出整口（就是栓头一面烫出一个斜坡，使油栓成尖头），每锯一次叫一口，用秃了再继续一口、一口地开，直到用完为止，新口烫完以后现拿砂纸磨细就能使用了。大棕刷子、金帚子是用猪鬃制成的，制作方法和油栓一样	
5	广东阙	猪鬃用血料油满粘在一起，用两块木板夹在中间，用于拉山墙子母线	

（二）一麻五漆灰地仗（漆灰）

做漆灰地仗和血料地仗用的工具和材料相同，此外，还有剪子、木梳、连绳、白布、原生漆、煤油、土仔灰、线麻夏布等。

大漆油饰的木胎一般材质较好，裂缝宽度超过 3 毫米就要溜缝，钉牢松动的木质，刮掉水锈，打扫干净，准备操生漆（表 4-15）。

一麻五灰地仗工艺一览表 表 4-15

序号	名称		工艺作法	备注
1	搭窨棚		北方气候干燥、湿度低，不同于南方，在这种湿度下大漆不干，不能进行漆活的施工。因此，要人为地创造一个环境条件，搭一座窨大漆活的棚子，叫“窨棚”。窨棚用 3~4 层席搭成，棚子要做得严实，内部用水潲得很湿，保持一定的温度和湿度，使其闷热潮湿，适合大漆干透	
2	操生漆		原生漆搅拌均匀、不出水的生漆可以直接使用，出了水就在其中加 20% 的煤油，操生漆不用其他工具，只是手拿丝线沾上生漆往木胎上擦，传统叫法是“搓”，然后用手掌心顺，或者用扁帚操头道生漆，要刷匀、刷到，再用手掌顺，操成以后入窨，干透	
3	上漆灰	调制漆灰（中漆灰）	土仔灰过四十目的箩成中灰，原生漆 1 份，放在木桶中，中灰 1.5 份分两次向木桶中放，拿木棍拌灰，木棍要沿着同一个方向转动，可以避免出水，如果出少量的水可以掺入少量的煤油以后继续搅拌。调灰要适量，随使用随搅拌灰，漆灰不能存放，要尽量减少浪费	
		捉缝灰	漆灰放在大碗中，用铁板打灰捉缝，把构件的裂缝、四边棱角、鞅线找平，找齐，塞实，然后入窨	
		扫荡灰	捉缝灰干透以后用铲刀铲掉捉缝灰的飞翅。漆活的平面用板子刮平，曲面用皮子浮灰，用大漆拌成的扫荡灰，漆灰的厚度 1 毫米左右，刮、浮漆灰要沿着同一个方向操作，不能往返浮，这样就会出水，灰上完以后入窨，干透	
		披麻	以生漆 1 份，土仔灰 0.35 份拌成漆灰浆。把上好的麻丝捆成直径为 80 毫米的麻捆放在平板上用木梳梳顺，如果活小，可以把麻剪短。注意拌灰时要沿着同一个方向搅拌，搅匀为止。用扁帚涂抹灰浆，浆厚在 3 毫米左右，麻丝要横着木纹铺，铺顺，铺匀，压麻时要沿着一个方向轧压，压实，麻层要薄厚一致，不得涡浆，一直压到无干麻时为止，入窨，干透	
		压麻灰	麻层干透以后，用小刀削掉干麻包和鞅里空鼓的漆灰，用铁板、板子、皮子上漆灰，过板子，压麻漆灰厚度在 3 毫米左右，上平以后入窨，干透	漆灰地仗不做中灰，与血料油满地仗不同
		细漆灰	细漆灰的拌制方法与中漆灰相同，用细灰拌料。用铁板、刀子把干透的中灰飞翅、疙瘩铲掉，上成细灰以后入窨，干透。用砂轮石沾上水磨平，磨圆，磨断斑，把棱角磨直，磨顺，用水冲净	

续表

序号	名称		工艺作法	备注
3	上漆灰	操生漆	在生漆中加入 10% 的煤油，用丝头沾上生漆搓，搓匀以后用手掌顺，鞅角用手指顺（现在用油刷子上膝，上完以后用薄皮子顺），顺平，入窨，干透	
		退光漆	用戈锹干刮一道漆腻子，漆腻子是用 1 份生漆、1 份细淀粉适当加一点煤油拌成，上平，入窨，干透，出窨以后用水砂纸磨光，上一道退光漆或生漆	

除以大漆地仗工艺外，其他还有两道半布五道灰、一道半布四道灰、一道布三道灰、溜布条二道半灰、单披灰、三道半灰、二道半灰、一道灰、操生漆、一道半灰等做法，其基本步骤和方法类似，唯工序繁简上有所不同。

八、其他做法

清式建筑油漆作地仗中一麻五灰做法是最典型的一种，也是有代表性的一种，还有其他几种做法，如使用在门窗装修上的单披灰、楹联匾额上的一麻一布六灰等。做这些地仗使用的材料、工具与一麻五灰地仗完全相同，只不过是工序上的增减，一道至四道灰多用在次要的建筑和部位（表 4–16）。

其他油漆地仗做法工艺一览表　　表 4–16

类型序号	名称	使用范围	工序	备注
1	四道灰	建筑的上架椽望多用四道灰做法，次要建筑的木架结构构件也有时采用	汁浆—捉缝灰—通灰—中灰—细灰—磨细钻生[①]	
2	三道灰	建筑的木装修多用三道灰，如裙板花雕、套环、斗棋、花牙子，栏杆、垂头、雀替和室内椽望、梁枋等	汁浆—捉缝灰—中灰—细灰—磨细钻生	
3	二道灰	在旧地仗绝大部分保留较好，损坏的地仗被修补以后，多在构件上满做两道灰	汁浆—捉中灰—找细灰—磨细钻生	
4	靠骨灰	完全新做的木结构，构件表面没有较大的裂缝，整齐光滑的情况下，也多采用靠骨灰	汁浆—细灰—磨细钻生	

① 何秋菊．中国古代建筑油饰彩画风化原因及机理研究 [D]. 西安：西北大学，2008.

续表

类型序号	名称	使用范围	工序	备注
5	找补旧地仗	有些维修工程，地仗做些简单找补以后就做油饰，做找补打点使用的工具材料同上	找补一麻五灰地仗：斩砍处理以后，在保留的旧地仗和要补做地仗的木件相接处，用铁板刮灰，捉缝灰和扫荡灰一次完成，找补的面积较大时要过板子，找齐以后，把沾在旧地仗油皮上的余灰刮净。在木件接头和铁箍处披麻时，先横着缝隙披一道麻，麻丝和缝垂直，再随大面麻丝横着木纹披一道麻，披麻以前要把铁箍打磨干净。在头道灰中只要中灰不掺仔灰。 找补两道灰地仗：用铲刀铲净爆皮，向后在裂缝上支一道浆，满上一道中灰、一道细灰，磨细以后使新旧地仗找平。保留的旧地仗表面上的油皮要磨掉，满钻一道生桐油，钻透以后擦净多余的生油	配料：1.5份油满中加1份血料，1份油浆中加15份的中灰，其他做法与一麻五灰完全相同
6	一麻一布六灰	这种做法多用在重要建筑，如宫殿的重要部位	材料做法与一麻五灰相同，在压麻灰上面增加一道中灰，中灰上面用油浆粘一层夏布，再做中灰、细灰，磨细钻生	
7	二麻七灰一布	清代晚期多用插榫包镶的形式制成柱子，为了保证地仗不开裂，便出现了二麻七灰一布的做法。木构件裂缝过多的情况下也有采用这种做法的	材料做法与一麻五灰相同，在压麻灰上加做一道麻一道灰，上面再糊一道夏布做一道灰，做中灰、细灰等	
8	一布四灰	受经济条件所限，用糊夏布代替披麻的简易做法叫一布四灰	捉缝灰—扫荡灰（灰中不加大仔灰只用小仔灰）—糊夏布—压布灰—中灰—细灰—磨细钻生（捉缝灰、扫荡灰合成一道工序）	
9	糊布条	老式门窗隔扇上用糊布条	在八字榫、裙板的缝口上汁浆，宽约80毫米，上一道中灰厚度不超过1毫米，糊一道夏市，做中灰、细灰，逐道找平，磨细钻生	
10	汁浆（靠骨灰）		用1份血料掺0.15份的水，再加0.02份的熟桐油配成浆料，1份浆料里加两份细灰，搅拌成专用的细灰。在木件上用皮子和铁板上灰，干透以后磨细钻生	
11	山花寿带	寿带是歇山建筑山花板上装饰的彩带，地仗做法与一麻五灰相同	披麻时，把线麻剁成50~60毫米长，抖开，顺直，先披寿带，披满压实以后，再披山花地，披成以后做压麻灰等	
12	堆扣梅花钉	梅花钉是钉博缝板的博缝钉的外装修，一檩七个钉，当中一枚，四周六枚，梅花钉的直径约占博缝板宽的1/8，钉与钉间隔半个钉径	高桩梅花钉是在博缝钉上缠麻，麻团上抹扫荡灰，让油灰浸透麻丝，随抹灰随缠麻，干透了上粗灰，用刷子沾水刷均匀，干透了上细灰，磨细钻生	

续表

类型序号	名称	使用范围	工序	备注
13	轧线	地仗的线路在梅花柱子上的是梅花线，包在柱子的四角，木门窗框上是框线，梁枋包角呈半圆形也要轧线。线的宽度占柱子宽或抱框看面的1/10，若构件过大可以收窄一些，构件过小可以适当放宽一些，做的比例适当为宜。 轧线用的工具轧子用铁皮折成，梅花线是两个曲线对接成阳角。梁枋棱线、云盘线轧子随木件形状折成近似半圆形	随着一麻五灰工序，逐道灰轧线，以柱子大面和抱框边棱为依托，轧子靠在棱角上，死窗扇用木尺靠着，往返捋灰，把线角捋直，捋顺。灰线干透了以后，用小块石片磨直、磨平，磨掉接头的印迹，磨到接近成活，换用麻头反复捋磨，把细灰的浆皮磨破，不要损伤框线的棱角，再用砂轮石磨到成活。门窗框线的肩膀要磨尖，达到三平三停的程度	

第七节　油漆的生产加工

一、工具与材料

北方传统油漆作油饰所使用的工具和材料是油工师傅自制自配的，工具有：五分捻子、油桶、丝头，缸盆等。原材料有石青、石绿、银碟、樟丹、铅粉、黑烟子、高广红（也称红土子）、佛青等。油料有熟桐油、苏油（表4-17）。

色油是用颜料和熟桐油在工地随用随配的，例如：中国银珠、石青、石绿等。

传统油漆材料配比表　　表4-17

序号	名称	材料配比工艺要求	备注
1	绿油（深绿）	石绿块状用开水沏泡两次，停放3~4小时，颜料自然沉淀，水面高于颜料约50毫米倒出其中的大部分，稍留余水。用铁勺把绿颜料搅匀，倒在小石磨上磨细，流入缸盆再停放4~5小时，颜料完全沉淀了，控净余水，用油棒搅均匀。把熟桐油慢慢倒入颜料中，随掺随搅拌。颜料中的水分渐渐被桐油顶出来，熟桐油和颜料调和成坨，用粗白布把坨上的水挤净，这种做法叫出水。再倒入熟桐油，用油棒砸开油坨，不停地搅拌，倒入适量的煤油稀释。材料掺量是：1份石绿，0.8份熟桐油、0.25份煤油，头道油要稀一些，二道油浓一些，按重量配比	
2	章丹油	用开水沏章丹粉，章丹中含有硝，要过出去，最少得沏二至三次，过净为止，樟丹油的配制方法与掺料比例与绿油做法完全相同	
3	银殊油	银碟颜料粉状不需要开水沏，可以直接和熟桐油，掺料重量比例按1份银殊、0.2份樟丹、1份桐油，配制过程同前	
4	二殊油	四成银殊中加六成樟丹，按体积掺，配制过程同前	
5	广红油	红土子（高广红）按体积1份，熟桐油1份，参好拌匀以后放在太阳下面晒1~2天，滤出上面的漂油，留做最后一道光油用，沉在下面的油做垫光油或者油饰上架椽望用	

续表

序号	名称	材料配比工艺要求	备注
6	白铅油	把块状的中国铅粉磨细成粉（洋铅粉是粉状），倒入开水泡开，1 份铅粉里掺 1 份熟桐油，配制过程同前	
7	黑油	黑烟子是粉状放在八十目的细箩中，在黑烟子上面铺一块布，用手轻轻向下揉，使烟子粉末慢慢落入下面的缸盆里。在过了箩的烟子上面铺上一张牛皮纸，用手把烟子按实，拿去牛皮纸，在黑烟子上掏一个窝，把预先在酒嗉子温热的白酒倒在窝里，酒的温度要达到将要沸腾的程度。500 克烟子倒三两酒，在倒酒的地方倒入开水，水淹没烟子随倒水随搅拌，一直拌到稠状为止。停放 24 小时黑烟子沉淀下来，澄出浮水，倒入浓度较大的熟桐油，拌合出水的工艺与配绿油做法完全相同。倒入少量熟桐油砸开油坨，分三次倒熟桐油，随倒随拌，黑烟子和熟桐油按重量配制，即 1 份黑烟子，1.5 份熟桐油	
8	蓝粉油	按重量 1 份佛青（粉状）中掺 1 份熟桐油，直接掺入搅拌而成。配好后和白铅油拌合淡化成蓝粉油。调油要以大色为主，在白铅油中兑蓝油，浅色油饰要做色标样板，按试成的比例兑油	
9	黄油	按重量石黄 1 份，熟桐油 1 份，配制的方法和绿油相同	
10	光油	熟桐油不掺不兑直接用于罩光油 配成的各种油料要过一遍细箩，拿牛皮纸盖严备用。应该注意洋绿、佛青、石黄颜料均属毒品，要采取措施妥善保管。擦油用过的麻头，盖油用过的牛皮纸燃点很低，在夏季的烈日下可能自行燃烧，用过以后应该立即销毁	

二、工艺做法

在油饰以前还要在磨细钻生的地仗上做一道细腻子，上油的方式与现在油刷刷油不同，用丝头搓，这样可以节约用油①（表 4–18）。

油饰工艺做法一览表　　表 4–18

序号	名称	工艺做法	备注
1	上细腻子	用铁板在做成的地仗上满刮一道细腻子，反复刮实，接头处不要重复，灰到为止，在细灰地仗的边角、棱线、柱头、柱根，柱鞅处的小缝、砂眼、细龟裂纹要用腻子找齐，找顺，圆面用皮子桨，叫做溜腻子。曾做过浆灰的地仗用一道细腻子，没有做过浆灰的地仗找两道细腻子，腻子干透了以后用一号或一号半砂纸磨平、磨圆、磨光，鞅角棱线要干净整齐，不显接头，磨成活以后用湿布掸净②	
2	刷油	刷油以前把建筑物内外地面打扫干净，洒上净水，把要刷油的构件掸净。刷油部位不同，使用的工具也不同，上架椽望油饰用丝头（纺丝剩下的丝头）搓油，就是拿着丝头沾上油向椽望上擦油，用油栓顺均匀。下架木件只用油栓沾上油就行了，顺着构件抹油（就是来回刷），横着蹬匀，再顺匀（蹬就是把油竖着拉匀）轻轻漂栓（刷去栓的痕迹）。头道油叫垫光油，如果是银殊油饰就用章丹油垫光，其他颜色用本色油。第一道是底油要刷到、刷匀、刷齐，油的用量要适当，过多会流坠，过薄则不托亮。油干了以后刷一道青粉，再用零号或者一号砂纸磨垫光，磨到断斑（表面无疙瘩），边角棱线都要磨到而后用干布擦拭干净	

① 李红权，孙英男，林立中，等.仿古建筑彩绘修缮保养浅议 [J]. 工程质量 A 版，2011，29（4）.
② 由懿行.青海撒拉族传统民居门窗研究 [D]. 西安：西安建筑科技大学，2018.

续表

序号	名称	工艺做法	备注
3	二道油饰（上光油）	头道油以后如有裂纹、砂眼，可以用油腻子找齐、找平，上油的方法同前	
4	三道油饰（罩清油及熟桐油）	上油前用干布把木件拭净，用油栓沾上清油一遍成活，不能间断，栓垄要均匀一致，横平竖直。 椽望油饰的颜色，绿椽肚占椽帮的 1/3，椽根占椽子全长的 10%~13%。凡有彩画就有绿椽肚，无彩画就无绿椽肚。有闸挡板就有椽根，没有闸挡板就没有椽根，椽根要刷得整齐一致。① 油饰以后的表面要达到不流、不坠，颜色交接线齐整，无接头，无栓垄，颜色一致，光亮饱满、干净利落	

三、大漆地仗

大漆油饰一般可分为生漆、退光漆、银珠紫、罩漆、龙罩漆等（表 4-19）。

大漆油饰主要做法与工艺一览表 **表 4-19**

序号	工艺名称		工艺过程	备注
1	生漆饰面		上头道漆入窨干透，不打不磨。重复上第二道生漆和第三道生漆，干透交活	
2	退光漆（紫罩漆）	上细腻子	在做成的地仗上刮一层细腻子，细腻子是用生漆和淀粉配制的，入窨干透以后用零号砂纸磨光	
		上退光漆（头道漆）	上漆以前把窨棚浇上水泼好，但是水珠不能向下滴，棚内清扫干净，关上窨门，此时要求无灰尘，四周不得有闲人走动，窨棚内温度要保持在 15℃以上。上漆最好是把木活立着放，和地面垂直。用戈锹先把大漆铲开铲匀，用漆栓用力横着蹬匀、顺匀，漂栓（轻轻顺栓，使表面不显栓垄），入窨 6 小时左右，不能过窨（在窨中放的时间过长），过窨就糊了	
		出窨打磨	出窨以后，用羊肝石水磨，到断斑，然后回窨 3~4 小时，用白布擦干净，手掌心把漆面振净	
		上第二道退光漆	入窨干透以后如果没有毛病，光亮饱满一致就成活了，如果糊了就要上第三道退光漆，到光亮为止，这时漆表面能照出人影，则算饱满成活了。 退光漆是在阳光下晒成的，存放在猪尿脬中。 养护漆活的窨棚内不能见风，有了风大漆就干不了，漆活入窨以后要不断地打着手电检查，用手摸漆面掌握出窨的时间，出入门要快进快出，关严窨门	
		磨退	退光漆最少要上三遍漆，磨退三遍，每一遍都要用羊肝石磨断斑。磨退的方法是：把细灰放在水中，把漂在表面的细粉过滤两次，用头发沾着澄出的细浆磨退（磨退就是来回地擦），直到退出光泽。用净水把泥浆冲净，再拿干头发擦到光亮饱满一致，最后用软布沾上少量香油反复地擦，把香油擦净，使得漆面黑亮光丽成活	

① 张俊杰，殷涛，毛宝江，等. 古建筑椽子的现代表现技术 [J]. 科技与企业，2015（21）.

续表

序号	工艺名称		工艺过程	备注
3	大漆银殊紫		制作工艺同前，在大漆中要掺入银殊，成活以后是紫红色。大漆 1 份，银殊 0.8 份，拌料方法是：把银殊放在盆中或大碗中，倒入少量大漆，砸开银殊，使得大漆和银碟混合在一起，陆续放大漆，搅拌而成	
4	罩漆油饰	配料	在退光漆中加入 40% 的大坯油（大坯油是生桐油中加 40% 的苏油，熬制方法和熟桐油相同），拌匀，在烈日下暴晒而成	罩漆大多用在家具、佛像、落地罩
		刷色	露木纹松木色，用松木、积子、大红熬成。用刷子在木胎上满刷一道松木色	
		上大漆金胶油	如果是金活就在贴金的部位上用丝头搓油，用油栓顺，要搓到，挂匀，鞅角、棱线要搓一致，肥瘦适当，无栓垄，无接头，光亮饱满，入窨 10 小时就干透了，可以出窨	
		罩漆	熟桐油加退光漆是罩漆的材料，这种漆在国漆店加工。先上一道熟桐油叫净油，放 4~5 天干透。再上一道罩漆。放在烈日下暴晒十几天，黑色稍退，变成紫色	
		旧罩漆底子处理	要除掉旧罩漆底子重做油饰，可以用炭烘子在罩漆皮上面烤，使得漆皮和地仗同时打卷，揭起来，不会损伤木质，再用铁板清理干净，用搓草搓洗，过一遍碱水，就可以做新地仗了	
5	金银箔罩漆	大漆金胶	大漆金胶是用退光漆 3 份掺罩漆 7 份，搅拌均匀以后，放在烈日下暴晒而成的。	佛像油饰常用金银箔罩漆
		打金胶贴银箔	在做成的一麻五漆灰地仗上刷一道净油，上一道大漆后，用丝头沾上大漆金胶在活上搓，再用油搓顺，上匀以后人窨 12 小时出膛就可以贴银箔了。贴成以后停放三天再上罩漆，搓罩漆时手不能摸到银箔	
		上罩漆	丝线卷成卷沾满罩漆，手心把丝线卷按在银箔上转动，使得罩漆滚沾到银箔上，叫搓罩漆，要搓得均匀适量，用力适当，搓成后入膛，干透，过几个月漆面渐渐变成紫红色，俗称是“搓出来了”	
		金箔罩漆	真金箔多用在佛像头部，工艺做法和银箔罩漆相同，成活以后比银箔罩漆颜色略红一些。也有铜箔罩漆叫做“顶真”，成活以后和金箔罩漆相近	
6	龙罩漆		按刷色露木纹、上一道净油、上龙罩漆进行。退光漆中加 50% 的大坯油配成，用丝线搓顺罩漆、龙罩漆搓成以后入膛 10 个小时左右，出膛暴晒 12 天成活，其颜色略浅于紫罩漆	

第八节 彩画工艺

传统建筑的彩画类型很丰富，地域特色也明显。本节以北方官式做法为例，分述如下。

一、工具与材料

古代的彩画所用的材料以天然矿物颜料为主，1840 年鸦片战争以后逐渐又采用了一些进口的化工颜料。总体来看，清代彩画所用的材料分为：矿物颜料、植物颜料、近代化工颜料、虫胶类颜料及金属颜料，还涉及某些矿产干粉、动物质粘结胶、某些树脂油等。彩画所用工具，有过谱拍子、扎谱麻垫、谱子针、沥粉器、沥粉老筒、沥粉尖子、修粉刀、金夹子、通针、坡楞尺、界尺、鲁钵、大小瓦盆、碗落子、猪鬃刷子、头发刷子、粉碾子、各类毛笔、猪鬃裱刷、糊刷等（图 4-85）。

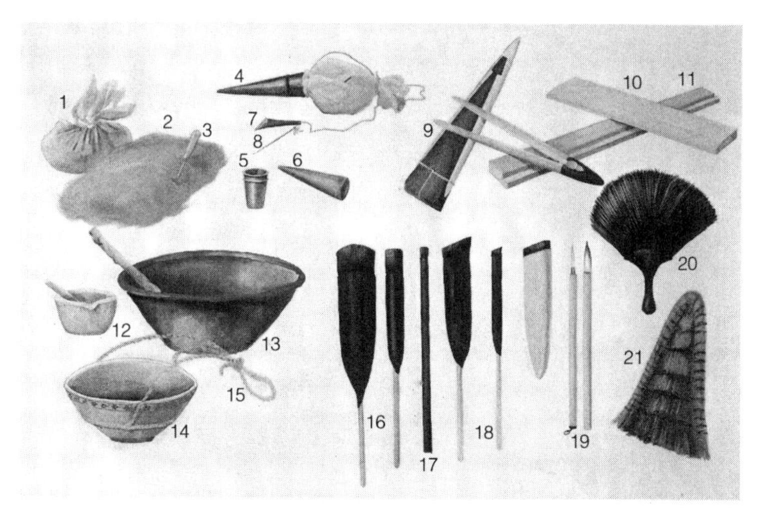

图 4-85　彩画工具（图片来源：《中国古代建筑技术史》）

1. 过谱拍子；2. 扎谱麻垫；3. 谱子针；4. 沥粉器；5. 沥粉老筒；6. 沥粉尖子；7. 修粉刀；8. 通针；9. 金夹子；10 坡楞尺；11. 界尺；12. 鲁钵；13. 大小瓦盆；14. 大小瓷碗；15. 碗落子；16. 猪鬃刷子；17 头发刷子；18 粉踝子；19. 各类毛笔；20 猪鬃裱刷；21. 糊刷

二、工艺做法

按先后顺序，清代彩画工艺的基本工艺流程为三十八道，分述如下。

（一）拓描或刮擦旧彩画

在彩画的设计与施工中，为了保留或按原样恢复某些旧彩画，对于有沥粉纹饰的旧彩画取样，有拓描和刮擦两种方法。

拓描旧彩画分两个步骤：

首先是拓，拓即捶拓，方法与传统的捶拓碑文基本相同。[①] 彩画拓片用纸

① 卢朗 . 彩衣堂建筑彩画记录方法探析 [D]. 苏州：苏州大学，2007.

一般为高丽纸，拓前须将高丽纸略加喷湿，使其具有柔软性。捶拓用色，在黑烟子中加入适量胶液，如需要缓干还要加入少量蜂蜜。捶拓工具需备两个包有棉花的布包，一为净棉花包，专用做捶卧纸用；另一包为专用做沾色捶拓用。①捶拓方法是：将拓纸蒙于旧彩画表面并加以固定，先用净包对纸面进行反复拍打，将纸卧实，使旧彩画的沥粉纹凸起于纸面，然后再用含色的布包反复捶拍，沥粉花纹便显现于纸面，取下则成为旧彩画拓片。

其次是描，所谓描，指真描及踏描。真描，指对拓片上不清晰的线纹做加重的复描。踏描是指用透明或半透明纸，蒙在无沥粉的旧彩画的纹饰上面，按纹饰原样如实地过描。

刮擦旧彩画的方法是：用高丽纸稍加喷湿，蒙于有沥粉的旧彩画表面，后用较软的小皮子对纸面做反复轻刮，使纸面卧实并凸显出沥粉纹，再用包有黑烟子粉的布包反复轻擦，沥粉纹亦可较清楚地显现于纸面，取下亦可做成旧彩画的样片。②

（二）丈量

运用长度计量工具，对要施工的彩画构件的长度、宽度做实际测量记录。

（三）配纸

亦名拼接谱子纸。按实际需要的尺寸，运用拉力较强的牛皮纸，经剪裁粘结为彩画施工起、扎谱子进行备纸。配纸要求做到粘结牢固、平整，位置、尺寸适度，在纸的端头用墨笔标出具体构件或构件部位的名称、尺寸等。

（四）起、扎谱子

起谱子在清代早、中期称为“朽样”，后渐称为起谱子，是一项相对独立的工作，要在其相关的配纸上，先画标准样式线描图。

彩画施工中，凡同构件同纹饰在彩画中重复出现两次以上的，都要求起谱子，谱子的纹饰、形象、尺度、风格应与设计或与旧彩画相一致。

扎谱子，是用针按照谱子的纹饰，扎成均匀的孔洞，以通过拍谱子显现出谱子的纹饰。扎谱子时针孔不得偏离谱子纹饰，要求针孔端正、孔距均匀，一

① 蒋广全. 历代帝王庙保护修缮工程的油饰彩画设计 [J]. 古建园林技术，2004（03）.
② 涂潇潇. 明清官式建筑彩画颜料保护与修复技术研究 [D]. 北京：北京化工大学，2017.

般要求主体轮廓大线孔距不超过 6 毫米，细部花纹孔距不超过 2 毫米。

（五）磨生、过水

磨生，又称磨生油地，即用砂纸打磨钻过生桐油并已干透的油灰地仗表层。磨生的作用：一是磨去即将施工的彩画地仗表层的浮灰、生油流痕或生油挂甲等瑕疵；二是使地仗表面形成细微的麻面，以利于彩画的沥粉、着色等。过水，即用净水布擦拭磨过的生油地的表面，使之彻底去掉浮尘。[①]

（六）合操

合操是油灰地仗磨生、过水后的下一道工序。是用较稀的胶矾水加少许深色（一般为黑色或深蓝色）均匀地涂刷在地仗表面。这可使得经磨生、过水已经变浅的地仗色，再由浅返深，利于拍谱子时花纹的显示。同时，又可防止下层地仗的油气上咬，利于保持及体现彩画颜色的干净鲜艳。

（七）分中

分中，即在构件上面标画出中分线。一般多做在水平大木构件，把水平构件的上下两条边线取中点并连线，此线即为该构件的中分线，同开间立面，长度大体相同的各个构件（如檩、垫、枋三件）的分中，以最上端构件的分中线为准，向其下做垂直线，为该间各构件的分中线。构件的分中线，即彩画纹饰左右对称的轴线，该线是专用为拍谱子标示所必须依的位置线，一经刷色便不复存在。故分中线必须准确、端正、直顺、对称无偏差。

（八）拍谱子

亦名打谱子，即将谱子纸铺实于构件表面，用能透漏土粉的薄布，包装土粉或大白粉，对谱子反复拍打，使粉包中的土粉透过谱子的针孔将谱子的纹饰印在构件表面。对拍谱子的要求是，使用谱子正确、纹饰放置端正、主体线路衔接直顺连贯、花纹粉迹清晰。[②]

---

① 张俊宏. 谈彩画的施工 [J]. 商品与质量·学术观察，2011（01）.
② 蒋广全. 清式旋子彩画金线大点金龙方心异兽活盒子绘制的基本工艺流程及术语解释 [J]. 古建园林技术，2001（03）.

（九）描红墨与摊找活

描红墨是清代早、中期拍谱子后的一道工序。该工序是运用小捻子（画工自制画刷）蘸入胶的红土子色，描画校正补画拍在构件上的不端正、不清晰或少量漏的纹饰，描画出不起谱子的花纹，如挑尖梁头、穿插坊头、三岔头、霸王拳、宝瓶、角梁等构件上的纹饰。这道工序，清代晚期以来逐渐被“摊找活”所取代了。

（十）号色

是在彩画施工涂刷颜色前，按彩画色彩的做法制度，预先对设计图、彩画谱子或对彩画纹饰的各个具体部位，运用彩画专用的颜色代号，做出具体颜色的标识，用以指导彩画施工的刷色。

（十一）沥粉

是我国传统古建筑彩画做法的一种独特的工艺，清式各类彩画凡贴金处绝大部分都先进行沥粉。沥粉是通过沥粉工具，经手的挤压，使粉袋内的半流体状粉浆经过粉尖子出口，按谱子的纹饰，附着于彩画作业面上的一种特殊作业方式，各种纹饰一经沥粉，则成为凸起的半浮雕纹饰。通过这种工艺，不但可以体现花纹的立体质感，同时还可以有效地衬托这些花纹上所贴金箔的光泽效果。

清式彩画沥粉的粉条粗细一般分为三种，粉条最粗者称大粉，稍细者称二路粉，最细者称小粉。大粉普遍用作彩画的主体轮廓大线；二路粉和小粉，分别用来表现彩画的细部花纹。沥大、小粉的程序是，先沥大粉，后沥二路粉及小粉。

沥粉应做到气运连贯一致，粉条表面光滑圆润，粉条凸起度饱满（一般要求达到近似半圆程度），粉条干燥后坚固结实，沥粉无断条、无明显接头及错茬，无瘪粉，无蜂窝麻面、飞刺等各种疵病。

（十二）刷色

即平涂各种颜色。包括刷大色、二色、三色，抹小色、剔填色、掏刷色。

刷色程序应先刷各种大色，后刷各种小色。刷青绿主大色，应先刷绿色后刷青色，因洋绿色性质呈细颗粒状，入胶后易沉淀，又因其遮盖力稍差，用作涂刷基底大色时，一般要求涂刷两遍成活。

银殊色性质呈半透明、遮盖力较差，用做涂刷基底大色时，必须先在底层垫刷章丹色，再在面层罩刷银殊色。

刷色应做到均匀平整，严到饱满，不透地虚花，无刷痕及颜色坠流痕，无漏刷，颜色干燥后结实，手触摸不落色粉，颜色干燥后在刷色面上再重叠涂刷他色时，两色之间不混色。刷色边缘直线直顺、曲线圆润，衔接处自然美观。

（十三）包黄胶

简称包胶。包黄胶的用料包括用包黄色色胶（清代传统彩画的包黄胶由黄色加水胶调成）和包黄色油胶（现代直接运用黄色树脂漆或黄色酚醛漆）两种黄胶。

包黄胶的作用是为彩画的贴金奠定基础，通过包黄胶，可阻止下层的颜色对上层金胶油的吸吮，利于金胶油的饱满，有效地衬托贴金的光泽；同时向贴金者标示出打金胶及贴金的准确位置范围。

包黄胶要用色纯正，位置范围准确，包严包到，要求包至沥粉的外缘，涂刷整齐平整，无流坠，无起皱，无漏包，不玷污其他画面。

（十四）拉大黑、拉晕色、拉大粉

拉大黑：在彩画施工中，以较粗的画刷，用黑烟子色画较粗的直、曲形线条。这些粗黑线，主要用做中、低等级彩画的主体轮廓大线及边框大线。

拉晕色：晕色是对彩画的各种晕色的总称，晕色是色相上基本相同，而色度有明显差别的颜色。凡晕色，其颜色明度必须浅于同这种晕色相关的深色，例如，三青作为一种浅青色，与大青色相相同，则可以作为大青色的晕色。粉红作为一种浅红与朱红色相基本相同，则粉红可以作为色度较深的朱红的晕色，如此等等。所谓拉晕色，是指画主体大线旁侧或造型边框里与大青色、大绿色相关连的三青色（或粉三青色）及三绿色（或粉三绿色）的浅色带。

拉大粉：用画刷在彩画中画较粗的白色曲、直线条。这些白色线条，拉饰在彩画的黑色、金色、黄色的主体轮廓大线的一侧或两侧。白色在色彩中为极色，色彩明度最高，故在上述大线旁拉饰大粉可使这些大线更为醒目，同时也起晕色作用，使彩画增强色彩感染力。若在金色大线旁拉大粉，不仅能起到上述作用，还可以起到齐金的作用。

由于大粉是依附在各色大线旁的，所以拉大粉必须在大黑线、金线或黄线完成以后才可进行。另外，凡在金线旁做晕色的，必须待金线及晕色两项工艺完成后才可拉大粉。

无论拉大黑、拉晕色、拉大粉，凡直线都要求依直尺操作（弧形构件，必须依弧形直尺），禁止徒手进行。直线条，要做到直顺无偏斜、宽度一致。曲形线条弧度一致，对称，转折处自然美观，凡各种颜色的着色要结实，手触摸不落色粉，均匀饱满，整齐美观，无虚花透地，无明显接头，无起翘脱落，无遗漏，无不同色彩间的相互污染。

（十五）拘黑

拘黑，是指用中、小型的捻子，按旋子彩画纹饰的法式规矩，圈画出细部旋花的黑色轮廓线。拘黑工艺应当在彩画主体纹饰框架大线完成之后进行。有金旋子彩画应当在贴金工序完成以后进行。拘黑起到两个作用：一是勾勒出旋花等花纹的轮廓线，二是对有金彩画起到齐金作用。

文物建筑旋子彩画的施工，还要求在拘黑前必须第二次套拍谱子，拘黑按谱子粉迹纹饰完成。

（十六）拉黑绦

拉黑绦（亦称拉黑掏），是指在彩画的某些特定部位拉饰较细的黑色线，当彩画工程主要工序已经完成，在打点活工序前，在以下主要部位一般都要拉黑绦：

（1）在两个相连接构件相交的鞅角处（如檩与垫板、大额枋与由额垫板、檩与随檩枋、柁与随柁枋等两构件相交的鞅角处），在自构件内侧箍头线之间一般要拉黑绦（包袱式苏画的黑绦线须隔开包袱拉饰）。

（2）彩画的主体轮廓大线为金线者，和玺彩画在线光心金线的外侧、圭线光金线在白色线的另一侧、找头圭线及岔口金线在金线的内侧做拉黑绦；金琢墨石辗玉旋子彩画的旋花部位，在两端轮廓大线的外侧、金琢墨石辗土、烟琢石费土、金线人尽显名口的金线，在金线白粉线的内侧做拉黑绦；金线苏式彩画，在方心岔口金线内侧、找头金圭线内侧、池子岔口金线（池子外的圭线）内侧做拉黑绦。

（3）角梁、霸王拳、穿插枋头、挑尖梁头、三岔头等构件做金老者，方心、雀替做金老者，均在各金老外圈拉黑绦。

（4）青、绿相间退晕金龙眼椽头，在金龙眼外圈画黑绦。

清式彩画表现形式多样复杂，关于应拉黑绦的范围，本书仅介绍了其主要部分。

彩画的拉饰黑绦，目的主要是起到齐色、齐金，增加色彩表现层次，使得彩画效果更加细腻、齐正、稳重、美观。拉黑绦应做到位置准确，完整，宽度一致，不污染其他颜色。

（十七）拉黑老

“老”，又称随形老。在彩画的方心、箍头、角、斗、挑尖梁头、霸王拳、穿插枋头等部位，接着这些部位的外形在中央缩画的图形称为“老”。其中只用黑色画的称为黑老，用沥粉贴金表现的称为金老。

压黑老工序多在彩画基本完成以后进行，压黑老要做到黑老居中、直顺，造型、力度及宽窄适度，颜色足实。

（十八）平金开墨

平金开墨，泛指在平贴金的地子面上，运用黑色或朱红色以勾线方式，描画出各种花纹，该工艺一般由描金专业人员完成。随着时间的推移，逐渐被画作所取代。对所勾描花纹要求做到利落、清晰、准确。

（十九）切活

清代早、中期称为“描机”，以后逐渐改称“切活”。

切活工艺广泛地运用于清式各类彩画中，尤其用于旋子彩画中。如做在活盒子岔角上的切活、枋底以及池子心上的切活、宝瓶上的切活等。

切活亦称为“反切”，即于青色或绿色丹色的地子上，通过用黑色进行勾线平填，使地子色变成为花纹图形，所勾填的黑色却转变成地子色的一种表现纹饰的工艺做法。

彩画切活，一般不起谱子，要求做到一切而就。由于切活用的是黑色，一旦切错不易修改，因此要完成好切活，要求作者对各种图案的构成画法必须十分纯熟。切较为复杂的图案时，可以先做些简单的摊稿工作。大多数简单的切活，都是凭作者的技能，直接切出各种纹饰造型。

清式彩画活盒子岔角的切活规则要求，凡三青底色者，必须切卷草纹；凡三绿底色者，必须切水牙纹。

彩画的切活，应先涂刷基底色，后做切活。要求底色深浅适度，纹饰端正对称，主线和子线宽窄适度，勾填黑色匀称，线条挺拔，花纹美观。

（二十）吃小晕

又名吃小月。用细毛笔或较细软的捻子在旋花瓣等纹饰的轮廓线里侧，依照纹饰走向，画出细白色线纹。由于该白线较细，色彩明度又最高，可使整体花纹产生醒目提神的作用，同样也起到晕色作用，故名为吃小晕。

彩画行业中，历来有“丑黑俊粉”的说法。是说施工中所拘的黑色花纹不一定都是规范的、美的，但通过吃小晕，对不规范的“丑黑”部分可以有所纠正，使之达到圆直俊美。

吃小晕应做到线条宽度一致，直线平正，曲线圆润自然，颜色洁白饱满，无明显接头、毛刺。

（二十一）行粉

亦名开白粉。泛指在彩画攒退活中画较细白色线道的工艺，其用笔、用色、作用、要求等，基本与上述“吃小晕”相同。

（二十二）纠粉

纠粉，是在基底色花纹上渲染白色的一种做法。多用于木雕刻构件，如花板、雀替、花牙子、三福云、垂头、荷叶墩、净瓶等。

木雕刻花纹做纠粉前，都要按设色规矩先垫刷各种重彩地子色，如大青、大绿、深香、紫色等色，之后用毛笔（一般用两支毛笔，一支专用抹白色，另支笔专用做搭清水渲染），沿花纹的边缘，做白粉渲染，经渲染使着白粉的边缘由白过渡为虚白，由虚白过渡到基底色。由于纠粉是用白色对深色做渲染，故通过纠粉木雕花纹，可产生轮廓清晰醒目、单纯素雅的装饰效果。

纠粉要做到渲染白色下兜起基底色，对白色要纠得开，白色与基底色之间色彩过渡自然美观，无白色流痕，不同颜色间不相互污染。

（二十三）浑金、片金、平金、点金、描金

1. 浑金

即在彩画的全部或彩画某些特定部位的全部都贴饰金箔的一种彩画做法。清式彩画中常见的：大木沥粉浑金彩画、柱子沥粉浑金彩画、木雕花板及雀替浑金彩画、斗栱浑金彩画。以沥粉贴两色金的浑金皤龙柱为例，其操作程序为：拍谱子、摊找活、沥大小粉、垫光米色油、打金胶贴赤金、打金胶贴库金、贴赤金部位罩光油。浑金彩画，可产生豪华浑厚、高级凝重的装饰效果。

2. 片金

是使金活成片儿样为特征。它是清式彩画纹饰表现的基本做法之一，如片金龙、凤，片金卡子，片金西番莲等。片金做法，是相对于其他做法而言的，是一种比较粗放的做法，其工艺程序为沥粉、包黄胶、打金胶、贴金，由于金色纹饰在光的作用下非常显著，在彩画中多被用于主体大线、部位构件造型的边框线、金老及各种花纹造型的表现。片金花纹图案在整体彩画中不是独立存在的，它是在各种颜色背地的衬托下，共同用于彩画装饰的。这种彩画可产生金碧辉煌的效果，清代各种中、高等级彩画普遍采用。

3. 平金

亦称平贴金。多用于斗栱各部件彩画的边框轮廓贴金及雀替彩画的金边贴金。平金的做法、作用、效果等基本同上述的片金，只是在做法上免去了沥粉工序，等级略低于片金。

4. 点金

在花纹的某些局部做有规律的撒花式的贴金，而其余大部分纹饰及地子用其他颜色表现称为点金。点金的做法效果基本同片金。由于点贴金的用金量有限，又为分散的装点形式，这种彩画在光的作用下，可产生平实中见高级和繁星闪耀的效果感受。

5. 描金

用细毛笔，运用泥金做颜色，在重彩画法的人物画或彩画的特殊部位勾画较细的衣纹或图案轮廓等金色线条的操作工艺称为描金。

彩画图案或重彩人物画一经描金，便会产生较精致高级的装饰效果。

以上所述的浑金、片金、平金、点金，一般都要求做到金胶油纯净无杂物，打金胶整齐光亮，无流坠无起皱、无漏打现象。贴金面饱满，平整洁净，色泽光亮一致，两色金做法金色分布准确，无遗漏，无口，无崩秧，贴金面罩光油严到，光亮一致，无流坠起皱。

描金线纹要求道劲准确，符合纹理规范，颜色饱满光亮。

（二十四）贴两色金

贴两色金，即按花纹、部位分贴红金箔（相当于库金箔）及黄金箔（相当于赤金箔）的一种贴金做法，多用于清代早、中期高等级的和玺彩画、旋子彩画、苏式彩画等。因彩画种类、纹饰构成的不同，具体贴两色金的做法是不拘一格的。具有共性的一点是：彩画的主体框架大线（箍头线、皮条线、岔口线、方心线、盒子线、天花井口线及其方圆鼓子线等）及构件造型的边框轮廓线（椽枪头、挑尖梁头，穿插枋头、角梁、斗栱等）一般多普遍贴库金，而其他各细部纹饰，有的可与大线一样贴库金，有的则贴赤金，使得不同色彩的贴金与不同色彩的运用一样，能产生色彩对比的效果。

（二十五）攒退活

攒退活的“攒”，主要指图案的着色结果，是多层次颜色的积聚重叠，其中主要指同色相的多层次的晕色。“退”，指图案的绘制方法，是向表层接工序的移退式操作方法。

攒退活，可分为三种常见的等级性做法，它们依次是金琢墨攒退、烟琢墨攒退及玉做。除上述三种常见的做法外，还有两种不大常见的做法，一种是烟琢墨攒退间点金，另一种是玉做间点金。

用于攒退活的主要颜色是各种小色，攒退活用的小色，彩画等级高的，一般由多种小色（如三青、三绿、粉紫或粉红、黄色、浅香色等）岔齐颜色。彩画等级较低的，一般由两种小色（常见为三青、三绿）岔齐颜色，有的甚至只用一种小色。

做在某种小色中间、中央或一侧的同色相的深色称为“色老”，色老在操作中被称为“攒色”或“压色老”。

攒退活图案边缘轮廓色的做法，因做法及等级的不同，或为沥粉贴金，并在金线以里描白粉线或圈描墨线，并在墨线以里描白粉线，或只描白粉线。

攒退活描白粉的方法不同，其名称也不同。凡在图案的两侧描白粉线，两白粉线之间留晕，晕色的中间攒深色的做法，称为“双夹粉攒退”；凡在图案的一面描白粉，另一面攒深色，中间留晕色的做法，称为“筋斗粉攒退”。

金琢墨攒退：图案的外轮廓线以做沥粉贴金为特点。其操作程序为沥粉、抹小色、包黄胶、打金胶贴金、行白粉、攒色完成。此种做法的效果是高级华贵、工整细腻。

烟琢墨攒退：图案的外轮廓线以圈描黑色线为特点。其操作程序为抹小色、圈描黑色外轮廓线、行白粉、攒色完成。此种做法的效果是工整、稳定。

玉做：图案的轮廓线以圈描白色线为特征。其操作程序为抹小色、圈描白色轮廓线、攒色完成，此种做法的效果是工整、单纯、素雅。

（二十六）接天地

接天地是彩画白活涂刷基底色工艺的统称。彩画的白活，如硬抹实开线法、洋抹山水、硬抹实开花卉、硬抹实开或洋抹金鱼等类的绘画，都要先接天地。

接天地，主要用白色（中国铅粉）及浅蓝色（浅群青色或普蓝加白色合成的浅普蓝色）涂刷基底色，在两色未干时，经涂刷润合，使两色间形成搭接自然相互过渡的色彩效果。将浅蓝色置于画面上端，白色置于下端称为接天；相反称为接地。

还有一种不太常见的做法，将浅蓝色用于画面的上下两端，白色用于画面的中部，这种较特殊做法，用于某些方心或池子画花卉。

接天地的刷色要求，原则同上述的“刷色”，同时还要求做到：刷色所运用的浅蓝色应深浅适度，白色与浅蓝色的衔接润合自然，不骤深骤浅，无明显刷痕，色彩洁净。

（二十七）过胶矾水

过胶矾水，是在已涂刷了颜色的地子表面，涂刷由动物质胶、白矾及清水合成的透明溶液，使之充分地浸透饱和地子色的一项工艺。地子色一经过胶矾水并干燥后，当在其上面再重复地做渲染时，原地子色不再容易吸收水分，从而起到封护地子色及利于再做渲染的作用。

过胶矾水，要求每涂刷一遍颜色或每渲染一遍颜色后，只要该色遍以后仍需要再做渲染，则都须过胶矾水一遍。

（二十八）硬抹实开

硬抹实开是彩画白活的一种画法，一般多用来画花卉、线法、人物等，称为“硬抹实开花卉”“硬抹实开线法”等。

硬抹实开画法有以下四个基本特点。

（1）为达到写实的白活绘画效果，在涂刷基底色时一般要做接天地的技术处理。

（2）对所摊的画稿，先满平涂各种颜色，即所谓“硬抹”成形着色。

（3）对造型的轮廓线，要通过勾线加以肯定，根据需要，有的要勾墨线，有的要勾其他色线。

（4）绘画内容的着色，是通过平涂、垫染、分染、着色、嵌浅色等多道工序完成的。

硬抹实开画法工细考究，一般又多采用矿物质颜料，题材造型是通过勾线及多道次的润色渲染完成的。经这种画法所绘制的作品，艺术效果写实逼真，画的保持也更延年持久。

（二十九）作染

作染是对包括花卉、流云、博古、人物等写实性题材渲染技法的一种泛称。古建彩画通常指作染花卉、作染流云、作染博古等类绘画。

以常见的作染花卉为例，一般又多指绘于某些彩画（主要是苏画）某些特定部位的，在大青、大绿、三绿、石三青、紫色、朱红等色地上，绘制作染花卉基本同硬抹实开花卉的画法程序。不同之处是：其基底做平涂刷饰，不强调花卉造型的轮廓普遍要勾线。

（三十）落墨搭色

落墨搭色是写实性白活的一种绘法，一般多用作画山水、异兽，翎毛花卉、人物、博古等。该画法特点，一般都先落墨勾线作为造型的墨骨，在墨骨的基础上，画地坡、山石、山水树木等类题材，还要按需要，采取皴、擦、点、染等技法，表现题材的质感。这些凡施墨色的，都属于落墨的范畴。

在落墨基础上着染其他色彩，只染透明清淡的色彩，故名“搭色”，所搭染之色，既达到着色目的，又能显现底层之墨骨墨气。

落墨搭色画法无论画什么题材，主要是运用墨色表现绘画形象。其他着色，只是辅助手段。所以该画法所绘之画，能给人以书画气的感受。落墨搭色作为一种基本画法，为彩画白活长期运用至今。

落墨搭色画法是经涂刷白色基底色、摊活、落墨、过胶矾水、着染其他彩色几个主要程序完成的。要求立意、章法、设色等符合彩画白话的传统，落墨线条具有力度神韵，墨气足实，着色明晰，造型自然生动美观。

（三十一）洋抹

洋抹，顾名思义，应为西洋画法，它是我国古建彩画吸收国外绘画技法而形成的一种画法，约兴起于清代中期，盛行于清代晚期，多用来画山水、花卉、金鱼、博古等题材。

洋抹画法，涂刷基底色时也接天地，作画一般不起稿，都是凭着作者娴熟的造型功力，直接用颜色抹出所要绘制的形象，表现形象一般不勾线，绘制效果以追求写实逼真、具有深远感、质感为目标。

（三十二）拆垛

拆垛是彩画纹饰表现的一种画法，此种画法，是在苏画特定部位上，绘散点式的落地梅、桃花、百蝶梅、皮裘花以及藤萝花、葫芦、牵牛花、香瓜、葡萄等小型花卉。某些低等级苏画的白活中，有时也画一些较大型的花鸟画。

拆垛，术语又称为“一笔两色”。特点是用笔锋很短的圆头毛笔或捻子，先饱蘸白色，然后在笔端再蘸所需的深色，在调色板上轻轻按压，使笔内所含白色与深色，形成相互润合过渡的色彩，再凭作者作画的造型功力，在画面作各种花卉。其中凡较小圆点花瓣，只需经按点；较大面积的图形，除运用按点方法外，有的还要采用抹画方法成形；长条形图形（如长条形叶片、花卉枝丫等）一般要用侧锋拖笔画成。出于形象表现的需要，对有些部位，往往还要运用深色做些勾线和点绘。

拆垛用色不同，对只用白色与蓝色的拆垛画法称为“三蓝拆垛”或“拆三蓝”；对用白色与其他各种颜色进行的拆垛画法，称为“拆垛”或“多彩拆垛”。折垛应符合彩画传统，章法有聚有散，布局合理，造型生动美观，色彩鲜明。

（三十三）退烟云

烟云用于指苏画包袱的边框、方心及池子岔口等部位，其纹饰呈由浅至深，由多道色阶线条构成的一种独特表现形式。通过退烟云工艺，能产生出一种很强的立体空间效果，以烟云作为彩画重点部位的装饰边框，能有效地衬托起中心部位所表现的主题。

早期苏画包袱的烟云，多为单层式的软烟云，烟云的色阶道数多者可达九道，烟云的用色还比较单一，一般只用黑色或蓝色。清晚期苏画的烟云，无论画法设色都发生了明显变化，画法方面出现了既用软烟云，同时兼用硬烟云的画法。凡烟云普遍都由烟云筒和烟云托子两个部分构成。烟云筒的色阶道数可分为三、五、七、九及十一道，其中以五道和七道的画法为常见；烟云托子色阶道数为三道或五道，其中以用三道为多见。一般说来，烟云色阶道数多的用于中、高等级的苏画，反之用于低等级的苏画。

清晚期（尤其在清末期）苏画烟云的色彩运用面大大地拓宽了，烟云主要部分的烟云筒，在仍运用早期的黑色、蓝色的同时，还兼运用红色（朱红色）、紫色（用银珠与群青合成的紫色）、绿色（洋绿）等色作为烟云颜色。这个时期，包袱或方心池子的烟云，烟云筒与烟云托子的配色是有规矩的：一般黑烟云筒配（深浅）红托子；蓝烟云筒配（浅黄、杏黄）托子；绿烟筒配（深浅）粉紫托子；紫烟云筒配（深浅）绿托子；红烟筒配（深浅）绿或深浅蓝托子。

退烟云，即绘制烟云，退各种形式的烟云，都必须先垫刷白色。当退第二道色阶时，首先留出白色阶，再按从浅至深的顺序，每退下道色时，必须留出适宜宽度，并叠压前道色阶多填出的部分，循序渐进地绘制。

硬烟云筒的色阶必须分成横面与竖面“错色退或倒色退”，退时两个面之间必须错开一个色阶，直至退完两个面的全部色阶。如烟云筒横面的第一色阶用白色，则竖面的第一色阶就不能也用白色，必须用深于白色的第二道阶色做竖面的第一道色，竖面的第二道色阶要用第三道色阶色……依此类推。

硬烟云托子退法分两种：一是完全与上述退法相同；二是不分横面竖面，其色阶均自白色起，由浅至深退成，只是色阶的横竖线道都必须随顺外轮廓线的走向。

（三十四）捻联珠

联珠是一种在条带形地子内的圆形成连续式排列的图案。该图案见于清式各类彩画，尤其常见于清中、晚期苏画箍头的联珠带纹饰。

所谓捻联珠，即用无笔锋的圆头毛笔或捻子画联珠，捻联珠虽然比较简单，但都是按一定的规范完成的，如联珠带的基底设色，各种颜色珠子的联珠带基底色都一律设成黑色。单个珠子的色彩构成，一般由白色高光点、圆形晕色及圆形老色三道晕构成。凡构件主箍头为青色的，则其侧联珠带的珠子必须做成香色退晕；凡构件主箍头为绿色的，则其侧联珠带的珠子必须做成紫色退晕。联珠在联珠带内放置时，在捻联珠前，应首先根据构件位置统筹规划并确定珠子间的风格距离，珠子的数量及大小，珠子在枋底的放置形式，珠子如何避开构件棱角及鞅角；珠子的放置方向为：无论构件为横向或竖向，其联珠带的珠子都必须捻成侧投影式的朝向上端方向（即珠子的白色高光点和晕色置于珠子的上端，老色置于珠子的下端）。枋底联珠带，必须置一个坐中珠子。所谓坐中珠子，即珠子的白色光点、晕色和老色圆形成俯视正投影。总体工艺要求是，珠子要求捻圆，珠子的直径及间距一致，相同长度宽度的联珠带，珠子的数量对称一致，珠子不吃压旁侧的大线，颜色足实，色度层次清晰。

（三十五）阴阳倒切、金墨倒里倒切万字箍头或回纹箍头

阴阳倒切或金墨倒里倒切万字箍头或回纹箍头，是苏式彩画活箍头的两种不同等级的做法，其中金墨倒里倒切箍头等级高于阴阳倒切箍头。

阴阳倒切万字箍头或回纹箍头做法是：纹饰的轮廓线用白粉线勾勒，纹饰的着色统一用同色相但色度不同的颜色表现，经切黑、拉白粉完成。其纹饰做法程序为，涂刷基底色，用晕色写（画）万字或回纹，切黑，拉白粉。这种箍头，一般用于金线苏画以下等级的各种苏画。

金墨倒里倒切万字箍头或回纹箍头做法是：纹饰的轮廓线用沥粉贴金线勾勒，靠金线以里拉白粉，纹饰的着色分为里色与面色，其中面色或为青色或为绿色，凡为青面色者，其基底色为大青，晕色为三青，其里的基底色则为丹，晕色为黄色；凡为绿面色者，其基底色为大绿，晕色为三绿，其里的基底色为朱红，晕色为粉红，其纹饰的做法程序为沥粉，涂刷基底色，包黄胶，拉白粉，切黑。这种箍头，一般只用于最高等级的金琢苏画。

（三十六）软作天花用纸的上墙及过胶矾水

彩画软天花，一般采用具有一定厚度和拉力的手抄高丽纸，因历来市场供应的高丽纸都为生纸，故不能直接运用，要把生纸变成熟纸，需对用纸过胶矾水。

对高丽纸过胶矾水，需将纸张上墙或上板，先用胶水粘实一面纸口，然后用排笔通刷胶矾水，待纸约干至七八成时，再用胶水封粘纸张的其余三面纸口，充分干透后即可采用。

高丽纸过胶矾水，应矾到、矾透，所矾高丽纸以手感不脆硬，着色时不洇、不漏色为准。

（三十七）裱糊软天花

裱糊软天花，是把做在纸上的天花彩画粘贴到天棚上去的工作。粘贴时，既要在天花的背面刷胶，也要在被粘贴天花的面上刷胶，胶要刷严刷到，但不

宜过厚。裱糊天花要求做到端正，接缝一致，老金边宽度一致，不脏污画面，严实整齐牢固。

（三十八）打点活

打点活，即收拾找补已基本完成的彩画。打点活是彩画绘制工程的最后一道工序，十分重要。通过该工序，要对已施工彩画的所有内容，如纹饰的画法、做法、设色的质量，是否全面实现了设计要求，是否符合各项制度及规范要求，是否达到了各项质量标准等，进行一次认真全面的检查，对检查中发现的各种问题，一一做修改补正，以使彩画的绘制工作全部达到工程验收的水平。

第五章

北京老城官式建筑材料生产加工技艺的传承

在本章中，主要根据在此次采访中针对技艺传承人的采访资料整理而成，着重于北京老城官式建筑材料生产加工技艺的传承，在本次所调研的厂家中，目前拥有技艺传承人的，或者说，关于建筑材料生产加工技艺传承得比较好的，当属石材和琉璃以及血料部分，因此本章关于技艺的传承部分也着重于这三种材料的生产加工技艺的传承现状。

第一节 北京石作技艺的传承

石作技艺，是石匠艺人们所集体创作、集体享用，并以口传心授方式世代传承的，其内容相当丰富。石作匠人们通过辛勤劳动，在长期的石材开采加工、雕刻过程中，创造出敲、打、滑、拉、安五项基本传统石作技艺，其中的每项技艺都包含着许多具体内容和复杂的工序。根据敲打方式和加工繁简之差异，匠人们能雕刻出人物、石兽、华表、门墩、石碑、栏板等数十种石制品，其基本程序首先为选料、放线、打荒，再经过挖、打、吹、剁、扁光细作、打磨雕刻等工序完成。这些传统石作技艺，是故宫、天坛、颐和园等古建维护和修缮所必需的，因此，保护古都历史文化风貌，就必须传承保护传统石作技艺。①

金、元、明、清几个朝代，皇家为修建宫殿、园林、陵寝等工程，从今河南、河北、山西、陕西和山东等地调来数以万计的石匠艺人，汇聚北京西山和燕山山脉。他们世世代代以石为业为生，通过辛勤劳动创造出一整套开采加工和雕刻的石作技艺及其传承谱系。

一、石作技艺传承方式

北京石作技艺传承谱系，一般分为开采加工和雕刻两大类，但也有不作分类的。

在北京都城营建史上，最重要的采石地点就是房山大石窝，其石作技艺传承分为开采加工和雕刻这两类。据当地调查资料，大石窝石作开采加工的传承人分为三支：续姓、高姓和李姓；雕刻类传承人分为六支：宋姓、丁姓、梅姓、李姓（两支）、刘姓。而在石景山石府石作技艺的传承人分为高姓和牛姓两支，都是集开采加工和雕刻于一体进行传承的，没有明确分工。

① 苑焕乔.文化生态视野的北京非物质文化遗产的传承与保护——主要以京西非物质文化遗产为例[J].2010北京文化论坛，2010（07）.

新中国成立前，石作技艺传承主要采取两种方式，即家族传承和师徒传承，两者之间既相对独立，又彼此联系。如开山采石、打荒料等基本石作技艺，基本上是通过家族传承的，依靠家庭的熏陶、感染；而精深的雕刻技艺，则需要专门的拜师学艺。学习技艺的方式，为师傅口传身授，实践为主，没有专门的教材。随着社会的发展，石作技艺传承发生了很大变化，并出现多样化传承方式。

（一）家族传承

家族传承，主要是以父子间传授为主的同姓家族内部沿袭、传承石作技艺的一种方式。如京郊山区过去的石匠户，祖祖辈辈以石为生为业，儿子从小就跟着父亲探山、采石，并学打荒料，十三四岁就成了所谓的“糙石匠”，即开山采石类石匠。而糙石匠里的“作头”是石作技艺最高的，其技艺是从祖上一代接一代传下来的，是来自家族内的熏陶和密授，其祖传、密授的技艺一般是不外传的。

一般情况，糙石匠的手艺，只是能够混个家庭温饱，如果还想深造就必须到家族外去拜师学艺了。

（二）师徒传承

新中国成立前，拜师学习石作技艺，师傅与徒弟之间有时要有中间人担保，要举行隆重的拜师仪式。学习石作技艺，一般学期为三年，最后出徒要通过师傅的考试，徒弟加工制作一件合格的石雕作品，才算通过，而后徒弟收到师傅赠送的礼品（如工具或石刻作品），相当于拿到毕业证书，就可以出徒做石匠了。

著名石匠牛连贵，石景山石府人，新中国建立初期参加了“人民英雄纪念碑”的雕刻和北京十大工程建设。13 岁时，他到天津拜河北曲阳的任师傅为师，师从学习雕刻技艺，一般要三年或三年零一个节气（即三年零三个月）出徒，他却多学了一年，师傅在第四年才把看家的本事传授给他。牛连贵的出徒，正赶上任师傅揽了一个棘手的石活儿，是给一个清朝太监刻碑文。那通碑文的字写得特别漂亮，所以刻写的要求也很高。任师傅有意考验爱徒，对牛连贵说：“你要刻好了这块碑，你就可以出徒了。”于是，牛连贵精雕细刻，石碑刻好了，那位太监很满意，师傅赚了一大笔钱。等到那位太监给牛连贵赏钱，他却不要。为纪念自己出徒，他向人家要了那张碑文纸，并珍藏到 20 世纪 60 年代“文化大革命”时期。牛连贵的石作技艺远近闻名，不仅参加了国家大型工程项目，还为妙峰山等地刻石碑，其石雕作品，精美绝伦，显示了一代老石匠的高超技艺。

一位石匠经过石作行技艺高超名师的指导，出徒后在社会上才有希望承揽大的石作项目，在传统的石作行业才有地位。师傅的地位和名气，将影响徒弟一生。

新中国成立后，推行农业合作社、生产队。在京郊，有石作传统的农村生产队里，掌握高超技艺的石匠们招收徒弟往往由生产队领导集中安排，或者由石匠本人从生产队里挑选人员，传授石作技艺。20世纪六七十年代，由于政治原因，要割资本主义尾巴，不许生产队搞副业。为此，房山大石窝的石作开采、雕刻一度停止了好多年。到了“文化大革命”末期，石窝村的老支书看到掌握高超技艺的老石匠年事已高，再不传给年轻人，在石窝村已传承了几百年的古建石作传统技艺马上要失传了，于是，偷偷组织四位70多岁的老石匠，并选拔本村的几位年轻人，成立了一个雕刻小组，悄悄地让年轻人学起来。三年后，雕刻小组培养的第一代出徒，又接着培养第二代……

改革开放后，京郊出现了集体、私营的石料厂或石雕公司，其石作技艺传承形式又发生了变化。因为公司职员多为外村甚至外省市人员，使石作技艺传承范围再次扩大。因此，京郊石作技艺传承，从传统的“不传外姓人”“不传外村人”，到今天的“既传外姓外村人，还传外省市人”。随着社会生产方式的变化，其传承方式必将发生改变。

二、石作技艺传承人

京郊山区石材的开采、雕刻及其利用历史，可追溯到汉代。自隋代房山云居寺刻经开始，历经金、元、明、清几个朝代皇家修建宫廷、园林、陵墓等工程，从山西、河北、河南、陕西等地调来数以万计的石匠艺人，在京郊西南、西部及北部山区皇家石场开山采石，并定居下来，逐渐形成自然石作民俗村落。石匠艺人们以石为业为生，通过辛勤的劳动，创造出整套石作传统技艺，并对其加以发展、传承，至今已形成了独特的京郊文化区域，是北京石作文化乃至中华石作文化的重要组成部分。

在京郊历史上，曾出现了房山大石窝（以大石窝、高庄为代表的几个自然村落）、门头沟石厂、石景山石府和怀柔石厂等石作民俗村落。目前，随着京郊城镇化和生态保护政策的推行，只有房山大石窝石作文化村落存留至今。石作技艺主要传承人代表有房山大石窝石作技艺传承人宋永田和石景山石作技艺传承人高雨云。

（一）房山大石窝石作技艺传承人

据《房山县志》记载："大石窝在房山西南六十里黄龙山下，前产青白石，后产白玉石，小者数丈，大者数十丈，宫殿建筑多采于此。"房山大石窝石材资源储量丰富，材质优良，品种繁多，有"十三弦"（十三个品种）之称，即白玉、明柳、砖渣、麻子石、大弦、小弦、青白石、黄大石、黑大石、大六面、小六面、艾叶青、螺丝转。这里的石料开采可追溯到汉代，已有两千多年的历史。

色泽光洁、易于雕琢的汉白玉，自古以来为建筑石材之瑰宝。北京故宫、天坛、圆明园、颐和园等所用汉白玉石料，主要采自大石窝。新中国成立后，人民大会堂、人民英雄纪念碑、毛主席纪念堂等的营建，离不开大石窝的石材；改革开放后，大石窝镇的汉白玉雕刻和石材加工有了长足发展，石作雕刻技艺广泛用于现代园艺建设。因此，大石窝的石作产品不仅销往全国各地，还走出国门远销世界其他国家和地区。大石窝因石作雕刻技艺精良，博得了"石雕艺术之乡""书画之乡"和"中国民间艺术之乡"的美誉。2004年8月，国家发展改革委将大石窝列为国家石雕产业特色小城镇；2006年底，大石窝石作文化村落入选北京市非物质文化遗产名录。大石窝凭借优质石料产地的优势和祖祖辈辈传承的石作开采、加工和雕刻技艺，培育了一代代技艺精湛的石作匠师，为北京历史和现当代创造了无数的建筑辉煌。

1. 大石窝历史上的石作技艺

据调查，房山大石窝石作文化村落的人们祖籍多为山西，还有山东、河北和河南等省。当地人祖祖辈辈以开山采石、加工雕刻石材为生；改革开放后，许多村民所从事的职业发生了很大变化，出现了多样化的谋生方式。近年，据房山大石窝村统计，本村石作传承人分为两类：一类是开采加工类，有续姓、高姓和李姓三支；另一类为雕刻类，即宋姓、丁姓、梅姓、李姓（两支）、刘姓六支。其中，有名气的石作传承人有宋克强、徐福存、郝廷贵、刘明、刘永刚、刘克生、李士玉、宋永田、李德生、王富等。

1949年，新中国成立后，开始从京郊传统石作村落挑选工匠承担中南海修缮工作。当时大石窝村年仅18岁的宋克强等人被选中，同时，还有来自著名的雕刻之乡——河北曲阳的石匠，参加了中南海的修复工程。在20世纪50~70年代，宋克强曾参加北京十大工程建设，参与组织毛主席纪念堂的采石工作。

新中国成立以来，大量使用大石窝汉白玉建造的国家重点工程中，最著名的有两个，一是1958年建成的人民英雄纪念碑，另一个是1977年修建的毛主席纪念堂。①

① 张帆．汉白玉传奇[J]．绿色环保建材，2014（07）．

人民英雄纪念碑由17000块花岗石和汉白玉砌成，碑心石长14.7米，重70吨。纪念碑台座分两层，四周环绕汉白玉栏杆。上层须弥座周围镌刻由牡丹、荷花、菊花等组成的八个花环；下层须弥座束腰部四面镶嵌着八幅巨大的汉白玉浮雕。天安门人民英雄纪念碑的兴建，不仅聚集了当时全国各地的能工巧匠，而且在京西开采汉白玉石料的场面也颇为壮观。当时房山大石窝组织了石窝、高庄和新庄三个村的石匠、壮工二三百人，在四个塘口同时开工，分三班轮换，日夜劳作，在地下二三十米深处，开采出了修建人民英雄纪念碑所需要的汉白玉石料。

1976年初冬，房山县委接到北京市委办公厅的电话，说为修建毛主席纪念堂，急需大石窝优质汉白玉石料大约1200立方米，主要用来雕刻毛主席坐像及纪念堂外的360套栏板、720根柱子等，并要求1977年3月底完成。这么大的任务量，在平时，一年多时间才能完成，而现在仅限5个月。于是，房山县委决定由房山南尚乐公社（后改为大石窝镇）10个村同时开展采石工作。几天后，两三千人奔赴各自的采石现场。在东西约8里、南北约2里的工地上，24小时不间断工作，人员实行三班倒，夜晚灯火通明。一个多月过去了，多数村还没有开出石料。于是，南尚乐公社指挥部决定调整方案，把施工重点放在石窝和高庄两村。当时的石窝村党支部书记徐福存等人具有丰富的开采经验，了解地下石料的储藏情况，把目光集中到绛蓬山下一个长30多米、宽20多米的旧坑塘。这个坑口不仅破烂不堪，而且还有10多米深的积水。为了找到最好的汉白玉，村大队安装了6台抽水泵，昼夜不停抽了20多天。同时，村里调集石匠150人，壮劳力200人组成采石队，开始在坑塘北面由东向西进行阶梯式挖掘。

雕刻毛主席坐像的石料，无论尺寸大小还是石材质地，要求都非常高。当他们挖到第10层石料时，所出石料仍是次品。指挥人员下令继续抽水、开挖，最后终于挖出了大块汉白玉。这块石材长3米、宽2米，但仅厚30厘米，距2米的厚度要求相差甚远。当挖到40多米深时，竟然在一层花岗岩下发现了3米厚的汉白玉，但这块汉白玉仍不够雕刻毛主席坐像的尺寸，只能派作他用。这时已经到了1976年的严冬季节，夜里气温曾达到零下22摄氏度，但人们仍充满信心地向地下深处开挖。第三层汉白玉终于露面了，这是一块面积很大又洁白无瑕的石料，当整块石料被挖掘出来后，一量尺寸，正好符合雕刻毛主席坐像的要求。

2. 大石窝当代石作技艺传承人—— 宋永田

宋永田，1964年出生，大石窝村人，是大石窝石作技艺传承人，现任北京石窝精艺雕刻有限公司总经理。

据他介绍，其太爷在清代是开山采石的老石匠；其爷爷是大石窝村的第一个党员，曾南下去过湖南；其父亲，就是前面谈到的宋克强。中学毕业后，宋永田也继承了祖辈、父辈所从事的石作行业。从小耳濡目染，等到自己真正学起来，也就能一点就通。他说，无论是雕刻人物还是动物，都要用黄金分割法。如雕刻一个人，一般要“六个头”，即头和身子的比例为 1 ∶ 5，在现代，人们以瘦为美，为了凸显人物修长的身体，雕刻一个人要“七个头”，即头与身子的比例为 1 ∶ 6，这说明他在继承传统的同时，又有所创新。至于雕刻狮子，则要采用“三七打狮子，四六分线”的比例，等等。

从交谈中可以得知宋永田对佛学和中西方绘画艺术有相当的认识。他几次谈到人要“心中无节”，要修“善行”。笔者很认同他的说法，人要“心中无节”才能“无结”！另外，他说西方人的画是具象的，而中国人的画则是抽象的，是讲求“形意”的，就如同一位画师在谈中西方艺术之差异。

从宋永田的办公室出来，深深感到作为一位石雕艺人，要创造出精美绝伦的撼世力作，不仅要具备相当的艺术修养和审美观，还要懂得一些基本数学、力学、光学、文学等方面的知识，并且还要有耐心细致、一丝不苟的劳动态度，和持之以恒、刻苦钻研的精神。

1998 年，时任石窝雕刻厂厂长的宋克强，因车祸不幸去世，儿子宋永田接替了厂长职务。新上任的宋永田首先继承了父亲“诚实待人”的品格，只要客户有需求，“甭管你有没有钱，先拣好的石头拉走，有钱就给，没钱就算先帮你忙”。靠着这种“实诚”，给厂里赢得了不少回头客。宋永田谈到父亲宋克强时强调：“父亲的德行是少见的，父亲卖的力气是少见的，父亲付出的代价更是少见的。”他的父亲宋克强自 1989 年担任濒临倒闭的石窝雕刻厂厂长起，便没日没夜地苦干，揣上干粮到四处跑销路，使村办企业越来越红火。如果说父辈宋克强那一代人，具有拿命拼、事事冲在前、“没条件要创造条件”的实干精神，那么到宋永田这一代则在企业管理上有自己的独到之处。他认为要把企业职工视为“兄弟”平等看待，只要工人提的意见是对的，必要时厂长可以当众给工人赔礼道歉；同时对企业实行金字塔式管理方法，把主要精力放在企业干部身上，坚持每天开碰头会，对个别事务现场办公解决。

另外，在谈到石作传统技艺传承问题时，宋永田表现出些许担忧：现在大石窝真正掌握精湛石作技艺的师傅已不太多，有的年事已高，也长期不做手工了；现在有很多石作产品粗制滥造，加上劳动强度高，产品质量不能得到保证。为此，他提出了几点建议：

第一，对于技艺精湛的老石匠，进行社会定级，给名分。他认为，现在的状况是民间老石匠艺人的地位、名誉和其产品不对等。书画大家在社会上很有地位、有名分，他们的劳动成果得到社会的认可，而石作这项民间工艺却没有得到应有的承认。如果石匠艺人的社会地位提高了，有了名分、知名度，其工艺产品的价钱就提上去了，恢复石作传统技艺也就不是难事了。

第二，保持传统文化，融入现代工艺。在宋永田看来，不少石材厂家把赚钱放在首位，很多汉白玉被浪费，雕刻不再像过去那么细致了，石雕作品中缺少感情、缺乏语言。“就拿毛主席坐像来说，现在的人做不出来。过去整个坐像里充满了当时人们对毛主席的敬仰，现在人达不到。”过去石匠手艺大多是父传子承，而现在大石窝镇上设立了培训班，一个外来打工者经过一两个月的培训，就变成了熟练工，很多速成作品也就没了灵魂。因此，他提倡“用心去领悟艺术的灵性，潜入雕琢的精髓”“与前人对话，把传统工艺移植到现代艺术中！”

为此，宋永田提高了对公司产品的质量要求，一般石雕产品项目不接也不做。他说，石狮子一对比，质量不同，价格就不一样。就像买名牌衣服，与普通牌子的相比，就是不一样。同时，宋永田也在想尽各种办法，帮助老石匠师傅使用手工，提供销售渠道，提高价格。

宋永田，作为房山大石窝也是北京市石作传统技艺的传承人，正努力将传统石作技艺、传统文化，融入现代雕刻工艺中，并积极为传统手工石作产品寻找销路、市场，以实际行动践行一位传承人的社会责任。

（二）石景山区石作技艺传承人

石景山区石府村分为上石府和下石府，那里曾是一个风景秀丽的山村，方圆有 1.1 平方公里，北靠黑石头，西临五里坨，翠微山横亘在东面。整个村落东高西低，三面环山。一百多年前，村民在山上的洞穴里发现过石质的八仙桌和太师椅。村子周围有八大处、法海寺、承恩寺、双泉寺、隆恩寺、慈善寺等古寺庙；有明代以来的许多皇亲贵戚墓地；有历代都在修葺的永定河石卢段河防工程；还有许多摩崖石刻，如明代成化年间的“翠微山石刻”、清代的“青龙山石刻”、民国时期的“冯玉祥石刻”等。

石府村村民大多祖籍山西。据当地老人讲，戴家、施家、魏家来得最早，都是明朝王府的看坟户。后来，人越聚越多，成了一百来户的大村。从村口龙王庙前的古槐看，村子应有500多年的历史。村里原有明代王爷墓地和高僧墓塔，还有报隆庵、龙王庙、山神庙、老爷庙等，现在仍有一个雕刻精致的石香炉在村外果树园里。

石府村现今已经拆迁，村里曾有一座石料厂——石景山区金顶街雨云石料加工厂，位于东山的水流沟里。过山神庙和报隆庵，就到了厂部。其门联是“采得深山稀世宝；掘出大地罕见材”。据石府村石作技艺传承人高雨云介绍，石料厂原是当年的“牛家石塘”，厂子的出口叫“牛家过道”，作业面上还保留着旧时石匠开采的遗留痕迹。该石料厂参与过卢沟桥、香山勤政殿、承恩寺、慈善寺等古建的修复，出产传统的阶条石、腰线石、石磨、石桥栏板、石桌石凳、石狮、门墩等。石府石材在当代北京市古建修缮方面仍在大放异彩，发挥着重要作用。

1. 石府村历史上著名石匠

石府石别号“小青子”，为豆青色，中粒砂岩，由石英石、长石、方解石和微量云母组成，硬度高、质感细腻、结构紧密，这使它自古就被建筑师看中，不仅成为古建筑材料，而且还适合做油磨，清末以来，石府的油磨远销华北、东北，成为名扬天下的特产。石府石也曾是古代皇家的建筑用材。石府村盛产的青石，多用来做建筑基石、铺御道、架桥梁等。历史上，石府石开采出来后，常要运到大石作胡同去加工。经过世世代代的耳濡目染，石府村诞生了一代又一代技艺高超的石匠艺人。

自清代直至新中国成立之初，石府村的著名石匠有高明亮、牛仁、牛连贵、牛连仲、牛连富、牛麟、牛旭、高永江、高骐、高骏、高戎、高世忠等。他们修缮过中南海；参加过人民英雄纪念碑的雕刻；参加过西山八大处寺庙、道桥工程、墓塔等工程，以及天泰山冯玉祥将军书写的石刻等。其中，牛仁和牛麟的名字，曾出现在清代“样式雷”的皇家工程档案中（表 5–1）。

石府村著名工匠 表 5–1

姓名	籍贯	年代
高明亮	石府村人	清道光年间
牛仁	石府村人	清光绪年间
牛麟	石府村人	清光绪年间
任师傅	河北曲阳人	清末
牛连贵	石府村人	民国时期
高雨云	石府村人	1957 年生
高阳	石府村人	1985 年生

高明亮，石景山石府村人，为石景山区石作技艺传承人高雨云的六世祖。曾于清道光年间刊刻西山八大处的寺庙石碑，号称“铁笔”。

牛仁和牛麟，石景山石府村人，清光绪年间参加过“样式雷”皇家工程项目。

任师傅（名字不详），清末生人，是牛连贵的师傅，河北曲阳人，死后葬在石府村。民国时期，任师傅在天津开了个石头铺，他的石作技艺远近闻名，尤其精于凿活、透活和圆身的浮雕等雕刻技艺，对他来说，雕刻狮子、雕凿柱础、打个抱鼓石，简直就是“小菜一碟”。

清朝末年，任师傅的石作样品，参加过在中国南方城市举办的展览会。民国年间有一天，任师傅的石头铺，来了一位租界的法国使节，他看了任师傅的手艺活，赞不绝口，但随即给任师傅出了一道难题：“你手艺好，能做个泥塑的天坛吗？”任师傅想，咱可不能丢中国人的脸，就接口说：“那你一年后再来。”一年后，泥塑天坛的模型造出来了，比例精确，造型美观，那个法国人都看傻眼了。接着再看泥塑天坛的预算，天哪！要做泥塑天坛的话，连墙的价钱都支付不起呀！就撂下一堆银圆，把泥塑天坛的模型搬走了。

牛连贵，石景山石府村人，拜河北曲阳的任师傅为师，学习了四年零三个月，掌握了任师傅的看家本领，为一位清朝太监刻了一块漂亮的墓碑后出徒。牛连贵参加过新中国成立初的北京十大工程建设，参与了人民英雄纪念碑正面大字碑文的雕刻，以及西山天泰山慈善寺摩崖石刻等工程，是当时北京城有名的石匠。

2. 当代石景山区石作技艺传承人—— 高雨云

高雨云，石景山石府人，1957 年出生。14 岁起上山采石，跟老石匠学艺。1973 年，拜牛连贵为师，学习雕刻技艺。1982 年，高雨云在石府成立“雨云石料加工厂”，正式领工参与北京市古建修缮工程。此后的三十来年间，高雨云带领雨云石料加工厂的工人参与过卢沟桥、香山勤政殿、历代帝王庙、承恩寺、慈善寺等工程的修复，做过传统的阶条石、腰线石、石桥栏板、石桌石凳、石狮子、门墩和石磨等。

2007 年，以高雨云为传承人的“石府石料开采和加工技艺”，正式列入北京市石景山区非物质文化遗产名录，高雨云也成为石景山区石作技艺传承人。

高雨云由于心灵手巧，又有名师指点，再加上多年实践，积累了丰富的石作经验。他在开山采石、石料加工、雕刻、古建石材的制作方面，既坚持传统石作技术要求，又勇于创新发展，尤其擅长摩崖刻石技艺和石碑雕刻。如香山公园内乾隆石碑和“蟾蜍峰”三个大字的补刻、修复，都出自他手。著名古建专家罗哲文和杜仙洲对高雨云的石作技艺极为欣赏，曾为其题写厂名和赋诗称颂。

近年来，高雨云除了将掌握的石作传统技艺传授给自己的儿子外，也对外地石匠进行技术指导。目前，得到过他指导的石匠已有数百人，其中有不少人已在自己的家乡担当石作工程建设的主力。

高雨云之子高阳，1983 年出生。自小随父学习技艺，并参加过多项北京古建修复工程，目前已能够独立领工完成石材制作和安装的整套工作。2011 年初，高阳开始在全国唯一的一所雕刻艺术学院（在河北省曲阳县）深造。

早年，靠山吃山，大多数村民以种山坡地和“吃”石头为生，不少人祖祖辈辈靠开山采石、加工雕刻石材养活自己。村里原有“牛家石塘”和“高家石塘”两个石塘，曾为官府和民用采石，村周围不少山坡碎石累累，是数百年来石府人开山采石的“实物记录”。目前，依据北京市西部生态发展带定位，以及非煤矿山关闭产业政策，北京市国土资源局于2011年11月22日颁发公告，注销了69家矿山企业的采矿许可证，其中包括石景山区唯一一家石料加工厂——雨云石料加工厂。因此，石府石作传统技艺的传承，眼看即将出现断层，处于濒危状态。

三、石作行业民俗

石作民俗文化，是石匠艺人在长期石作劳动中共同创造或接受，并共同遵循的行业习俗，包括石匠节、祭山神、劳动号子、石作民俗禁忌等。

为营建北京城，几朝皇帝从各地征调数以万计石匠艺人，在北京西北部山区世世代代以石为业为生，逐渐形成了许多石作民俗村落，如房山大石窝民俗文化村落（七个村）、门头沟石厂村、石景山石府村和怀柔石厂村等等。

这些石作文化村落，在长期的石作传承发展过程中，逐渐形成了具有民族和地域特色的石作民俗文化，如每年农历三月十七过石匠节，细石匠拜鲁班，山石匠拜山神；在长期集体劳动中形成的“石匠号子”，以及共同遵循的石作民俗禁忌等。这些都是北京地域文化的重要组成部分。

（一）石匠节

中国人自古就有尊师敬祖的传统，每年农历三月十七，是京郊的石匠们为祖师爷过生日的日子，这也是中华民族“敬祖”的文化传统在北京石作行业的具体体现。

据京郊的石匠们介绍，石匠分为细石匠和山石匠。细石匠，即雕刻石匠，也称花石匠，因沿袭使用鲁班留给后人的三件法器（墨斗、尺板和弯尺），尊鲁班为祖师爷；而山石匠，即开山石匠，也称糙石匠，常把“山神”作为自己的祖师爷。为此，石匠节这一天，细石匠去鲁班庙或关公庙敬香，而山石匠去山神庙或开山石塘敬香，祈求祖师爷鲁班、关圣帝和山神佑护平安。过去在石匠节这一天，有经济条件的石匠还要请戏班演戏，着实庆祝一番。现在，在石匠节当天中午，京郊石雕厂和石料厂一般会在饭店里犒劳全体职工，借此聚餐庆祝祖师爷的节日，并加强员工间的感情，促进企业内部的和谐。

（二）祭祀山神

祭山神，是山石匠在每年春天开工前和石匠节当日举行的祭祀、跪拜山神、祈求佑助平安的行业民俗活动。古代，人们普遍认为山有山神、水有水神……万物皆有神灵。历史上的中国人，上自皇帝，下到平民百姓，对山神格外崇拜。京郊石匠祭拜山神，是中国人原始自然崇拜的具体表现。

在传统农业社会，京郊许多山地的平整顶端或者缓坡山口，一般都有石头房子——山神庙。对于靠山吃山、以石为生的石匠们来说，为求得平安，要在每年春天开工之前，备好三牲（猪头、牛头和羊头），去山神庙或石塘祭祀、叩拜山神，祈求山神的保佑。现在，石匠们祭祀山神，叩拜礼仪较过去简单得多，而祭品与过去相比也随意得多，常常是购置一些水果、几斤猪肉作为供品，点上几炷香，三叩头，也就了事了。

至于山神是什么形象，石匠们都说不清楚。过去，在京郊不同的山神庙、不同山村石匠的心目中，山神是大相径庭的。有的山神是牛头马面，也有是四不像的，还有的像龙王爷，也有将《封神榜》中的黄飞虎作为山神来供奉的，等。

（三）民俗禁忌

民俗禁忌是人们出于对某种神秘力量的畏惧，基于某些经验、观念和情感而形成的行为指向和行为方式上的自我限制。

在科学不发达的古代社会，那些世世代代为皇家宫廷服务的石匠艺人为求得自身安全，为开山时能出合格石料，并按期完成工程任务等，在长期石作过程中，逐渐形成了许多石作行业民俗禁忌。

在京郊房山和石景山等石作民俗村落，有着这样不成文的石业行规：房山大石窝开白石山的石匠，不能吃血豆腐，免得把山吃出红点、红线来，开山干活的怕见了红（指出工伤事故等）；开红石山的石匠，不许吃虾米，怕把山给吃瞎了，乱了层；不许在石头山上杀生；不许妇女下采石的坑塘，怕不吉利。在石景山石府村有这些行规：上山采石的人不许进暗房（妇女坐月子的房子）；早晨出门，如果遇上倒尿罐的，立刻回家不上山；夫妻吵架或与家人拌嘴，也不许上山，以防晦气，等。

随着时代的变迁，石作民俗信仰发生了很大变化。新中国成立之后，由于反对封建迷信、“破四旧”等政治运动，石作行业民俗活动一度被取缔。改革开放后，随着私人创办石作产业的发展，传统石作民俗如石作行业的石匠节、祭山神等活动渐渐恢复，体现了中国传统文化中敬重祖师的观念及祈神护佑平安的心态。

第二节　北京琉璃烧制技艺传承

一、琉璃烧制技艺传承方式

北京门头沟区龙泉镇琉璃渠村琉璃官窑，琉璃烧制技艺700年传承有序。[①]据《刘敦桢文集》载："现存琉璃窑最古老，当属北平（北京）赵氏为最，即叫官窑，或西窑。元时由山西搬来，初建窑（于）宣武门外海王村，嗣扩增于西山门头沟琉璃局（琉璃渠）村。充厂商，承造元、明、清三代宫殿、陵寝、坛庙各色琉璃作。垂七百年于兹。"[②]文中说，山西赵氏家族来北京烧制琉璃，最早的窑厂建在北京宣武门外的海王村，即现在的琉璃厂一带。清代乾隆年间因污染环境，才从北京城迁到远郊门头沟琉璃渠村，建立窑厂，俗称"南厂"。而在此之前，琉璃渠村已是赵氏窑的分厂，叫琉璃渠窑南厂，官家"南厂"建成后，赵氏后人随厂进驻琉璃渠村。原琉璃渠南厂也相应地被百姓改称为"北厂"。北厂的窑主是王姓家族，他们应该比赵氏家族更早进入琉璃渠。赵家之所以名声大，除去赵家一直担任朝廷主持琉璃生产的主事，影响广泛之外，还有一个重要原因是，"官琉璃赵"家族的"南厂"一直保留至今，而王氏家族的"北厂"却遗迹难寻。因此，说起琉璃渠琉璃烧制的传承本应有王氏家族重重一笔，遗憾的是历史资料不足，只有等待后人去挖掘了。

据《琉璃窑赵氏访问记》记载，琉璃渠村的琉璃烧制技艺是由琉璃世家赵氏家族由山西传入的，此后有琉璃渠郭氏三代传承北京琉璃烧制技艺。琉璃烧制技艺有依据的资料是在乾隆时期，因此，现在依据史料记载，只能从乾隆年间那会儿述说北京琉璃烧制技术的传承脉络。

（一）家族传承

如上文所述，在清代至民国时期，琉璃瓦的烧制技艺主要由赵氏家族和王氏家族把控，技艺传承也主要依靠家族传承。在琉璃渠几百年的时光里，涌现出了一批优秀的技艺传承人。其中就包括了赵氏家族的赵邦庆、赵士林、赵春宜等以及王氏家族的王立敬。

① 周轲婧.北京琉璃渠村公共空间研究[D].北京：北京建筑工程学院，2011.

② 王文涛.关于紫禁城琉璃瓦款识的调查[J].故宫博物院院刊，2013（04）.

赵邦庆，山西榆次县人（生卒年不详），“官琉璃赵”后世传人，清康熙晚期至乾隆中期琉璃渠村官琉璃窑（南厂）主事之一，同时兼任京西一带煤窑理事。在他主管琉璃渠窑南厂期间，正值清皇家修建“三山五园”，故宫也历次修缮以及京城各大王府也要修缮，这几处大的建筑所用琉璃制品，近一半产自赵邦庆所管辖的琉璃渠窑厂。① 乾隆二十一年（1756 年）秋季，赵邦庆琉璃渠琉璃窑厂为皇家御苑（今北海公园）烧制了光彩夺目的九龙壁，受到皇家的高度赞赏，并加官晋爵。这次加官晋爵，让赵邦庆领衔的“官琉璃赵”家族，成为当时北京城以及京西地区（当时称宛平县）琉璃烧制业领域中，举足轻重的一代皇商。赵邦庆成为皇商，有了一定的影响力，便和琉璃渠村另外名人王朝蓝等人合作，修建了琉璃渠地界内的“山西义坟”。乾隆二十七年（1762 年）高宗亲批库银 36850 两交赵邦庆全权负责，重修西山煤窑一带泄水沟．赵邦庆所作这些业外的公益事业，为今日的琉璃渠村留下了一批宝贵遗产。

赵士林，赵邦庆的侄子，清乾隆末年至嘉庆年间琉璃渠村官琉璃窑（南厂）主事人之一。在他主事期间，除供应“三山五园”及其他亭台楼阁扩建用琉璃瓦构件制品外，紫禁城内的乾清宫、交泰殿重建所用琉璃瓦件均由他负责烧制。这期间他所负责生产的官式琉璃制品，除要印上生产年代外，还要打印上各主要生产环节负责人的姓名，两章同用，这在故宫内琉璃制品上是不多见的，这样的做法促使琉璃渠官窑的地位大大地提升。赵士林为琉璃渠村做出的重大贡献是，他全程出资出力对琉璃渠村内的关帝庙进行了落架大修。

赵春宜，字花农，清末琉璃渠村官式琉璃窑厂最后一位窑主。在他任职之时，中国已经进入清末，皇家统治日益衰微已到苟延残喘之际，皇家只有少量官式琉璃用场，赵春宜艰难维持琉璃渠官窑的生计，尽心竭力完成了天坛、紫禁城和故宫太和门、颐和园等皇家建筑所用琉璃制品的烧制任务。赵春宜长期居住在琉璃渠村，早已成为琉璃渠村举足轻重的头面人物，他倡导和资助重修扩建了琉璃渠村万缘同善茶棚和三家店村内的山西公议会馆，他还担任了山西会馆理事。多次出资捐助京西地区十三档民间花会去涿州进香走会。

王立敬，生卒年不详，清朝琉璃渠窑北厂承办人之一。清末时期故宫的隆宗门、太和门、熙和门等处皇家建筑及修建昌陵所用琉璃制品均由琉璃渠北窑厂烧制，随着清王朝的衰落，王氏家族关闭了窑厂。

（二）师徒传承

新中国成立之后，琉璃渠的琉璃窑的制作逐渐工厂化，不再单纯的是以之

---

① 王宇倩．琉璃渠村琉璃烧造工艺与其建筑环境的保护与利用研究 [D]. 西安：西安建筑科技大学，2018.

前的家族传承为主了，主要是以师徒之间的技艺传承为主，从新中国成立之初，到改革开放，再到 21 世纪，琉璃厂家不断地进行企业革新，烧制技艺也是一代一代的传承了下来。其中有名气的就包括了朱启录、萧瑞稳、武文志、郭万隆、郭占华、郭立生等一批优秀的匠人。

朱启录，民国时期琉璃窑厂（时称中华民国官琉璃窑）技术兼业务负责人。主持烧制了民国时期国家顶级建筑项目——南京中山陵所用琉璃制品以及国民政府主席官邸、谭延闿墓等大小工程数十项。新中国成立初期，他带领琉璃渠窑厂工人集资入股，办起了协泰琉璃窑厂。1954 年，协泰琉璃窑厂归属故宫，朱启录成为技术负责人之一。20 世纪 60 年代初退休。其子朱庆华从 50 年代到 80 年代一直负责此厂（现明珠琉璃瓦厂前身）的配釉色工作。

萧瑞稳（1905—1982 年），七级技工。1926—1931 年，他参与了烧制南京中山陵所用琉璃瓦件制品的任务。1932 年，参与了国民政府主席谭延闿陵墓所用琉璃瓦件制品的烧制。新中国成立后，萧瑞稳是故宫琉璃厂烧制组技术负责人之一。1959 年，北京修建著名的“十大建筑”需要大量琉璃瓦构件。琉璃渠是官式琉璃窑，当仁不让地承担了这个伟大的任务。由萧瑞稳师傅负责具体的琉璃瓦构件的烧制。他大胆革新创造了大型角梁斜椽插洞装法，大型博缝板平装法，充分利用了琉璃渠琉璃古窑内有限的空间，进行技术革新，大大提高了北京官式琉璃产品烧制水平，为圆满完成北京的“十大建筑”琉璃烧制任务做出了巨大贡献。

武文志（1909—1983 年），新中国成立后我国建筑琉璃制造业最著名的八级技师之一，琉璃烧制技术相当全面。20 世纪 70 年代初退休后，又受聘于故宫博物院北窑厂任技术厂长。在他任琉璃瓦厂技师期间，国家级大型建筑所用琉璃制品多半由他设计、画样、预算和技术安装。比如，占地面积达 72 万平方米的故宫博物院，从新中国成立初期到 1970 年翻建维修工程，所用各种琉璃制品的制作、安装和预算大部分出自武文志之手；有近万间殿宇楼阁的紫禁城，什么地方用何种级别的琉璃制品、尺寸多少，武文志都能做到了如指掌，如数家珍的地步。

郭万隆（1912—1992 年），原北京西通合琉璃厂制作车间七级技工。1954 年，北京兴建总面积 10.4 万平方米的北京西郊友谊宾馆，他负责宾馆所用琉璃制品的烧制。1958 年，为支援修建北京“十大建筑”，上级把郭万隆调到琉璃渠村琉璃窑厂，参与了北京“十大建筑”所用琉璃制品的烧制任务。1959 年，因工作出色，被评为北京市劳动模范。20 世纪 60 年代初，被中央美术学院聘为陶瓷系讲师，传授琉璃烧制技术。70 年代，又调入故宫博物院工作。1977 年，他和武文志等人在故宫西华门内北侧为故宫博物院烧制仿古工艺品。1979 年，他和武文志负责重建故宫所属海淀区北窑琉璃砖瓦厂，负责烧制了沈阳故宫四样正脊龙吻、承德避暑山庄的滚龙大脊、沈阳东北奉天火车站等大型古建和仿古建筑上所用的琉璃制品。1984 年，郭万隆负责重新组建了琉璃渠村五虎少林会，并在北京龙潭湖庙会上表演并获奖。

郭万隆在工作中从不保守，尽心尽力培养下一代，琉璃渠官式琉璃烧制技艺的后起之秀——肖永刚、范淑英等就是他的得意门生。

郭占华，郭万隆的长子，为郭氏第二代琉璃烧制技艺的传人，在琉璃渠北京市琉璃制品厂工作，是北京琉璃烧制技术高手。曾参加了天安门、人民大会堂、毛主席纪念堂、北京站等著名建筑的修缮。他负责琉璃瓦构件和琉璃装饰品工艺的设计制作。

郭立生，郭万隆长孙，作为郭氏的第三代琉璃烧制技艺传人，现在在北京西山琉璃厂工作，负责琉璃制品设计、制模。郭立生先后参与琉璃九狮壁、黄鹤楼、青海塔尔寺等建筑琉璃设计与制作。

二、琉璃烧制技艺传承人

（一）国华琉璃厂——蒋建国

蒋建国，1969 年初中毕业，来到北京市延庆县永宁公社小庄科插队，1976 年 12 月企业招工，被生产队优先推荐，来到门头沟区琉璃渠村，在隶属于北京市建材局的北京市琉璃瓦厂当上了一名学徒工人，从事琉璃瓦制作。跟蒋建国同时招工的知青共有 19 人，经过一个星期的学习培训，蒋建国被分配到了半成品车间件活一组。

北京建筑琉璃，对一个学徒工来说是陌生的，而蒋建国对琉璃更是一无所知。既然是学徒工，一切都必须从零开始。对于琉璃瓦的烧制，经过一段时间的培训学习，才开始知道一些，比如，琉璃瓦工厂的历史和变迁、琉璃瓦的用途、琉璃的生产过程等。有了琉璃瓦烧制方面的这些感性认识，到了班组后，和工人师傅在一起劳动，才真正看到生产工人是如何工作的。

琉璃渠窑厂是生产官式琉璃制品的官窑。烧制琉璃瓦构件，延续古老的传统做法，没有大工厂的机械化生产，一切构件都是人工操作，劳动强度是比较大的，比如，推泥、打坯、铲套等活儿。好在蒋建国有过农村插队的锻炼，体力上还是没有什么问题的。虽说是体力活儿，但是也有一定的技巧。师傅手把手地教他如何拿铲，如何铲套：一要眼注视前方，二要手把铲端平，只有这样才能把坯铲平、铲直。蒋建国按照师傅的指点，一步一步地学习，终于掌握了铲套的最初基本功。

琉璃瓦厂半成品车间，当时叫做第一车间，主要从事琉璃瓦构件的生产加工。分为半成品一组、半成品二组，工艺品一组、工艺品二组、筒瓦组、板瓦组和其他辅助工种。蒋建国所在的半成品一组是一车间的主要班组。因为老师傅所占比例很大，经验非常丰富，所以，厂里一般技术性较强的生产任务都会安排在这里。正因如此，使蒋建国有更多的机会跟老师傅学习，接触到很多技术性强的活儿。由于蒋建国自己的勤奋，工作中任劳任怨，在领导的眼里他是一棵好苗子，很有培养前途，于是班里只要有技术性强的活茬儿，如捏活儿、倒模、抠活儿等，都特意安排蒋建国跟老师傅一起干，在干这类技术性强的活儿的过程中蒋建国非常注意学习，用心模仿老师傅们干活儿的技法，有时干完活以后，主动要求师傅检查自己的产品，在心里记住师傅是如何改正的，自己的产品错在什么地方，一一记在心里，在下次做的时候就能避免出现错误，提高自己的技术，保证产品的质量。

两年的学徒生活很快就结束了，蒋建国也转正当了二级工，成为名名副其实的工人。虽然是二级工，但他在工作中已能独立完成领导交给的生产任务，并且能超额完成每天的生产任务。又过了几年，蒋建国出徒了，自己也成师傅了。

琉璃渠官式琉璃烧制技艺的传承，历史上没有文字记载，也没有指导提高琉璃烧制技术的学习资料，几百年来，琉璃渠官式琉璃烧制技艺都是以父传子、子传孙代代口述、带徒相传的方式承袭下来的。旧社会更有“琉璃不传外乡人”“教会徒弟，饿死师傅”的说法，琉璃烧制传统技艺，很多都是老师傅靠经验日积月累，通过辛勤地劳动一点一滴总结出来的。很多东西就如同一张窗户纸，一捅就破，但是这层窗户纸没人教你怎么去捅破它，窗户纸就变成了一头雾水，让你认识不到，领会不深它的真谛。这个道理对于初入琉璃制作的青年工人蒋建国来说，是深有感触的。过去，工人师傅们的文化水平低，很多人都没有上过学，一些技艺都是以口诀形式相传的，以方便记忆。诸如什么“六五斜七”“一九、二八、三七、四六”等，如果师傅不传授给你，靠自己掌握是很费劲的，需要下非常大的功夫，还不一定能入了正道。蒋建国一方面向师傅虚心学习，主动求教，另一方面在工作中不断摸索总结，终于掌握了这些口诀在琉璃烧制过程中如何应用。

蒋建国对于北京官式琉璃烧制技艺这一传统文化的认识，也是在工作中逐步加深的。刚接触琉璃瓦构件烧制的时候，只是简单地认为琉璃瓦就是盖房子用的瓦，没有什么神奇的。经过在工作中不断地向老师傅请教学习，才懂得了官式琉璃构件在古代建筑上的作用和丰富的文化内涵。新中国成立初期，为迎接中华人民共和国成立十周年，首都北京“十大建筑”几乎都使用了琉璃作为装饰。有些需要更新。1977年琉璃渠琉璃瓦厂接受了为毛主席纪念堂烧制琉璃瓦构件的任务，对于当时工厂工人来说，能为首都北京“十大建筑”生产琉璃瓦，能为毛主席纪念堂的兴建贡献自己的一份力量，是多么的自豪和光荣啊，尽管那时蒋建国刚参加工作不久，还没有完全掌握琉璃烧制生产技能，但是他起早贪黑，废寝忘食地工作，每天都要超额完成生产任务。从此他对琉璃瓦有了更深刻的认识，琉璃瓦作为一种古老的建筑材料，不但装饰性很强，而且还是高贵的象征。

1980年，北京市琉璃瓦厂接受了为日本生产一套琉璃九龙壁的生产任务。日方要求这座九龙壁尺寸大小、形状纹饰以及原材料、烧制程序都要求与北京北海公园里面的九龙壁一模一样。可以说，技术难度是非常大的。厂里抽调了全部技术骨干，组成了一个制作班组。为了更好地完成任务，对九龙壁有一个更加全面地了解，厂里安排制作九龙壁的成员到北海公园参观学习。那天，蒋建国随师傅们来到北海公园九龙壁跟前一起观看，虽说来过北海无数次，但从来没有好好注意过这座自己厂子生产的九龙壁。现在带着任务来，他被眼前的景象震撼了。只见高大的壁芯上雕塑着九条形态各异的巨龙，它们腾云驾雾穿梭于崇山峻岭之间。他认真地听老师傅讲，琉璃渠官窑参与建造的这座建于乾隆年间的九龙壁是琉璃烧制技艺最高的代表作之一。当年的“琉璃窑赵”为北京皇家烧制的九龙壁不仅仅是一个琉璃建筑，而且还是一个珍贵的琉璃艺术品。蒋建国原来对美术是一窍不通，对造型的比例关系也不懂。在九龙壁制作过程中，眼睛看着师傅是如何操作的，先干哪儿，后干哪儿，心中把这些一一记住，还要动手经常画画。经过近两个月制作九龙壁的锻炼和学习，蒋建国的技术水平有了很大的提高，初步掌握了一些捏活技艺的要领，同时对官式琉璃制作又有了新的认识。他认识到，北京官式琉璃瓦构件不仅仅是一种建筑材料，而且还能作为一种艺术品存在于世。

20世纪80年代初期，社会上流行“接班风”，就是子女顶替父母的原单位工作，叫做接班。就是父母提前退休由子女接班。北京市琉璃瓦厂也与社会上一样，老师傅们为了子女接班，纷纷提前退休或者退职。厂里一线老工人几乎都全部走光，技术力量损失惨重，有些老技艺师傅们受聘于其他企业。厂里生产工人都是一些刚参加工作不久的年轻人。这时，厂里领导找蒋建国谈话，让他出任半成品件一组班长。就这样，肩上挑起了半成品件一组班长的重任，不但自己要独立挑起大梁，还带领全班职工完成上级领导下达的多项任务。

随着社会的发展，职工流动变得非常灵活简便。在这样的历史背景下，很多职工纷纷调离本企业，与蒋建国同时分配来厂的19名知青也都调离了厂子。看到他们不断地调离，蒋建国也产生了要离开企业的想法，并且也找好了接收单位。为了使蒋建国安心工作，解决后顾之忧，厂里把蒋建国爱人从远郊调到了北京琉璃瓦厂，找了间临时住房，解决了孩子小无人照顾的困难。蒋建国也就再没有提出调走的申请。就这样，蒋建国被留了下来。既然不走了，就好好干吧。于是白天上班工作，晚上回家以后把自己掌握的东西记录下来，常用的琉璃瓦规格尺寸经常背诵，加强记忆。这些东西都深深地在脑海扎下了根。

蒋建国的家住在海淀区双榆树，上班的工厂在门头沟区琉璃渠，两者相距比较远。每天上班要坐两个小时左右的车，不论严寒酷暑、刮风下雨，从参加工作一直到现在将近40年的时间。期间的辛苦是可想而知的，尽管中间出现过波折，可是一想到琉璃文化的传承，自己与琉璃一起相处了近40年，在感情上是难以割舍的，它成为蒋建国生命中不可缺少的组成部分。蒋建国用一句话概括自己对琉璃瓦烧制的全部感情；“我为琉璃而来。”

蒋建国从事琉璃烧制几十年，历经风雨，克服了许多困难。蒋建国对此深有体会。北京琉璃瓦厂生产的琉璃瓦主要用于文物古建的修缮，全国各地范围很广，需要经常出差，有时候出差时间达一个多月，家里的很多事情都是蒋建国爱人承担的，为了让他安心工作，他爱人做出了很多努力，付出了很多艰辛。

蒋建国从一名普通工人开始，先后担任过班长、车间统计员、厂技术质量科副科长、科长职务。从一名普通职工逐步成长为一名管理人员，先后参与和承担了许多国家重点工程的建设以及文物古建的修缮工作，如北京的毛主席纪念堂、北京西客站、紫檀博物馆、国家博物馆和北京火车站的修建及故宫博物院的百年大修。还有南京阅江楼、武汉黄鹤楼、武当山玉虚宫、五台山菩萨顶、五台山狮子窝琉璃塔、宁夏青铜峡黄河楼、山西鹳雀楼等工程。

蒋建国所在的琉璃瓦厂改制后，现在已是北京明珠琉璃制品有限公司。该公司于2007年入选北京市级非物质文化遗产项目单位。2008年入选国家级非物质文化遗产项目单位。蒋建国也非常荣幸地当选北京市级非物质文化遗产代表性传承人和国家级非物质文化遗产代表性传承人。

蒋建国拿着“非遗”代表性传承人证书，给早已年迈的师傅看，师傅看后非常高兴，感慨地说道：“你们赶上好时候了。”蒋建国也很感动，是啊，师傅们干了一辈子北京琉璃烧制事业，除了奉献以外并没有得到什么荣誉，而自己这代人，正像师傅说的那样，赶上了美好时代。过去，师傅们只是凭手中的技艺混口饭吃，在社会上并没有什么地位。而如今改革开放，党的政策给予了北京琉璃烧制手艺人很高的地位，享受到了党和政府的关怀。

蒋建国经常对自己的徒弟们说，自己虽已进入花甲之年，但你们一定要把老祖宗传下来的北京官式琉璃烧制技艺传承下去，绝不能把称之为“中华国粹”

的北京琉璃烧制技艺在我们这代人的手里遗失掉。要承前启后，是你们责无旁贷的责任，这是历史赋予你们这代人的不可推卸的神圣使命。

蒋建国现在已经成为国家级与北京市级非物质文化遗产的传承人，他表示：自己虽然取得了一些成绩，组织上也给予了充分的肯定，但是，在他心里始终忘不掉那些在工作和生活中给予自己支持和关怀的多位领导，对于琉璃瓦厂的师傅们的教诲始终心怀感激之情，没齿难忘。

尤其是那些手把手地传授给自己技艺的老师傅们，诸如，王文元、赵恒金、赵恒才、赵恒泉、周天孝、郭占华、臧志刚、高文英、姜言桥等老一辈师傅们。他们中很多人都已先后故去了，人虽然走了，可琉璃手艺却被自己传承下来。师傅们在九泉之下也可以得到安息了。蒋建国说，大恩不言谢，自己只有加倍地努力工作，把师傅们的手艺通过自己的努力传承下去，以告慰老一辈琉璃渠官窑琉璃人的在天之灵。

（二）明珠琉璃厂——赵长安

赵长安，生于20世纪60年代，现为门头沟区民间艺术家协会副秘书长。大专文化，从事琉璃烧制业已经有20多年。在继承北京官式琉璃烧制传统技艺方面，是目前北京琉璃烧制从业者中的佼佼者，现在是北京市级非物质文化遗产传承人。

赵长安现受聘于北京明珠制品有限公司（原皇家官窑），担任技术科副科长，依然饱含热情地为北京琉璃烧制事业奔波忙碌。

工厂技术科职责相当重要。由于琉璃制作工艺复杂，从选料到出成品须经数十道工序。每道工序不可出任何疏漏，否则前功尽弃。赵长安大专学历在工厂也算是高学历了，过去琉璃渠官窑工艺传男不传女，由家庭单传。这种传承关系对于现代工业管理就显得落后，特别是技术上的要求更难做到统一。在这种情况下，赵长安这个有学历的文化人，就把图纸变成图样，按图样检查工人操作流程，下车间手把手教工人操作，如果造型不生动精美，就要求反复修改，绝不能把技术不过关或造型有问题的“活件”转到下道工序。他经常跟工人们讲，琉璃渠琉璃窑是官窑，明清时期琉璃官窑为皇家专用，因此也就决定了琉璃制品的精准要求，否则就有欺君之嫌，次品出炉有可能招来杀身之祸。现在琉璃渠琉璃窑是为国家级别建筑生产琉璃瓦构件，是我们的光荣，也是巨大的责任，所以对产品各个环节的技术要求，来不得半点马虎。

赵长安自幼酷爱造型艺术，在琉璃渠村附近长大，经常看到一些琉璃产品，耳濡目染地对琉璃烧造工艺有一种莫名的冲动和向往。长大后，学习美术，上了环境艺术的大专，毕业后分配了工作，但他坚决要求从别的单位调到琉璃渠瓦厂，如愿以偿地当上了北京琉璃烧制工人，后来又当上了技术科长。他的那份琉璃情结得以充分地展示和发挥。青年时期，他了解和学习琉璃渠官窑的历史，参观北京著名的“十大建筑”，深深地为琉璃渠村窑厂前辈们的功绩而感动。因为北京的“十大建筑”使用的琉璃瓦都出自琉璃渠人之手，他对琉璃渠的老艺人充满了敬佩和虔诚。在琉璃瓦厂虚心向老师傅学习，拜他们为师，经过刻苦努力，得到了北京官式琉璃烧制技艺的真传。而且他不保守，尊重科学，冲破封建落后的家族技艺单传的制作方式。大胆实践，勇于创新，得到老师傅的喜爱，厂领导的重用，在重大任务中表现优秀，人到中年成为北京明珠琉璃制品公司的技术英年才俊。

1998 年，当时的中国革命博物馆及历史博物馆要进行大修，北京明珠琉璃瓦厂接受琉璃瓦构件的烧制任务。赵长安领衔参加琉璃瓦安装的重任。此项工程是为了迎接新中国成立 50 周年大庆，因此，中国革命博物馆、历史博物馆维修时间相当的紧，任务非常的重。赵长安不惧困难，勇挑重担，施工的脚手架刚刚搭起，每层之间的脚手板还没有铺上，为了抓紧时间，他就用手抓着冰冷的架子，脚踩着一根根钢管爬了上去。那时正值冬季，寒风凛冽。站在 29 米高的钢管架上，只能一手抓着横管，一手掏出卷尺，用牙齿咬着尺子，一点点测量。经过艰苦的工作，终于在新中国成立 50 周年大庆前圆满完成了中国革命博物馆、历史博物馆琉璃大修的任务，受到了有关部门的表彰。

2000 年，赵长安设计的琉璃装饰工艺品《老北京抱鼓石》《故宫太和殿瑞兽》获得北京市第三届旅游商品设计大赛优秀奖。

2002 年，美籍华人林钧堂老先生深谙祖国传统文化，准备在芝加哥唐人街建一座琉璃九龙壁。几经周折，找到了北京明珠琉璃制品有限公司。他提出的建筑用地，当地政府只批了 10 平方米，但要建一座宏大的有中国传统特色的琉璃九龙壁，其设计安装难度非常大。北京明珠琉璃制品有限公司把这个任务交给了赵长安。接到任务，赵长安翻阅了大量资料，多次到故宫、北海等地的九龙壁参观、考察，指导工人烧制，终于设计制作出了一座精美的七彩琉璃九龙壁。并且，到美国芝加哥指导安装了这座七彩琉璃九龙壁。

2003 年，这座七彩琉璃九龙壁受到当地华人及芝加哥市长的一致好评。落成当日，芝加哥市长亲自到场讲话。之后，这座七彩琉璃九龙壁成为当地旅游景点，为中美文化交流起到了积极作用。

2004 年，国家级历史文化名村——琉璃渠村举办第一届琉璃文化节。赵长安为琉璃渠村精心设计了一尊九龙鼎，内刻李毅华先生为琉璃渠村第一届琉璃文化艺术节撰写的铭文。整个作品精美大气，既体现了中华民族传统文化，又表现了北京官式琉璃工艺的磅礴之气，成为琉璃烧制中的精品，被珍藏在琉璃博物馆正中位置陈列。

2005年，琉璃渠村筹建一座百米琉璃文化墙。村委会决定与明珠琉璃制品有限公司协商合作。设计任务落在了赵长安的身上。在村支书和明珠公司领导的精心指导下，赵长安历经几个月的设计，图纸几经修改，设计方案终获通过。最后，一座长达百米、代表琉璃烧制技艺最高水准的琉璃文化墙完美地矗立起来。成为琉璃渠村“全国历史文化名村”的标志性建筑。为北京官式琉璃文化的传承与发展留下了精彩的一笔。以后的历届文化节他又设计了一些琉璃纪念品，精彩之作如为琉璃渠村琉璃文化广场设计的《吉星高照》等琉璃建筑。

北京官式琉璃行有句老话：“琉璃没有全活儿人。”说的是琉璃行业分工很细，每道工序都有专门的人负责。这样琉璃烧制技艺就产生了“上三作”“下三作”。所谓“上三作”就是指“吻作、釉作、窑作”三道技术工序的三个部门。“下三作”指其他无技术含量的壮工工序。“吻作”负责吻、兽等复杂构件的制作，可以说是琉璃制作中最难的一道工序。釉作负责釉料的配制，在整个生产中也起着关键的作用。“窑作”包括装窑、烧窑，如果由于装窑、烧窑没有把握好，整个工作就会前功尽弃。所以整个琉璃制作要每个部门协调工作，才能把琉璃制品完美地生产出来。

赵长安身为技术科长，既要做好自己本身“设计行”的技术过硬，还要了解整个琉璃烧制的各个工序技术环节和要点。否则，这个技术科长就当不好。为了更好地掌握和了解琉璃烧制技艺中的所有技术，他拜李朝元、范淑英夫妇为师，精心学艺，技艺得到很大提高。李朝元、范淑英是北京官式琉璃行业著名的技师。李朝元配琉璃釉色技艺超群，这一绝活儿师承于朱禧禄老师傅，后来的琉璃瓦厂配釉师傅都是李朝元的门下。李朝元师傅在装窑、烧窑这“两作”中，也是行里的高手，因此，名师出高徒，李朝元带出的徒弟赵长安也就成了高手。范淑英师承武文志师傅，是琉璃行业唯一被故宫博物院评为技师的人，她对赵长安成为琉璃烧制技艺传承人影响很大。

2006年，琉璃渠村历史古迹关帝庙准备修复。由于历史原因，关帝庙里的关帝像已经不复存在了。村委会把村里年长的老人找来，经他们的回忆，通过他们口述，赵长安复原了关帝像的图纸。制作琉璃关帝像仍由他来完成。赵长安设计的小稿反复修改，又请专家指导。最后，设计方案得到厂领导和村委会的认可，批准实施。由于关帝像体量巨大，制作和烧制都有很大困难。村支书请来了琉璃行业的老艺人一起商量关帝像的制作技术问题。琉璃制作大的构件或产品非常困难，以至于大的产品都分成小块制作。烧完后再拼成整体。这样整个作品就有了很多接缝。比如，宫殿顶上的吻兽很大，烧制时分成小块，安装时再组合。吻兽身上的接缝，放在高处也就看不到了。但是关公是人们崇敬的、神化了的英雄。关公琉璃像身上若有很多接缝，就多显不敬了。但为了烧制顺利，大家仍认为分块制作较为保险。这时，为了保证关公像的完美，赵长安精心地设计了一个完美的方案，解决了烧制过程中的技术问题。最终，关帝像成功制作成了一个整体，琉璃关帝像得以完美地展现在人们面前。

2006年，故宫太和殿大修，“官式”琉璃窑的琉璃渠村承担了太和殿琉璃复制的任务。赵长安承担了太和殿主要琉璃构件“仙人骑凤”（一仙十兽）等吉祥兽的复制工作。这次制作，故宫指出太和殿上的琉璃构件属市二级文物，制作要按仿制文物的要求制作，所有构件上的纹饰要完全一样。具体到琉璃走兽，要求每一根羽毛都不能少，所有尺寸包括头到嘴、嘴到尾等，要完全与清代工部督造的垂兽和“一仙十兽”造型和釉色保持一致。赵长安经过两个多月的精心设计，亲手制作泥坯，并在琉璃渠窑厂监督烧制，作品出炉后，终于通过了故宫专家的验收。由于复制准确，烧制完美精良，获得故宫博物院专家的好评。

2007年起赵长安开始潜心开发设计琉璃装饰工艺品。他所创作的自在观音、关帝像、微缩九龙壁、养心门影壁、祥龙鼎、京都瑞兽等作品深受专家的称颂及群众喜爱。微缩九龙壁壁挂、太和殿瑞兽等多件作品分别被北京市非物质文化遗产博物馆、永定河文化博物馆、琉璃渠博物馆收藏。

2008年11月，文化部《中外文化交流》刊登了赵长安琉璃烧制方面的事迹，从而进一步向国际推广中国传统北京官式琉璃文化。

近20年来，赵长安参与的北京站、南京明孝陵、阅江楼、五台山、齐齐哈尔等琉璃产品遍及大江南北及世界各地。并受人之托曾为著名书法家刘炳森先生制作琉璃印章一枚。

2011年，赵长安被评为北京市非物质文化遗产琉璃渠琉璃烧制技艺传承人。

2012年，明珠琉璃制品有限公司竞标宁夏黄河楼工程，赵长安设计的琉璃构件部分在六家竞标企业中脱颖而出，一举中标。为明珠琉璃制品有限公司赢得400多万元的合同。

最近，赵长安又与明珠琉璃制品有限公司王双来经理合作，准备以琉璃从业者的身份把琉璃历史及生产工艺原原本本的记录下来，配以100余幅图片，详细地注明各部分尺寸，出版一本新书。这是作为北京官式琉璃烧制技艺传承人的具体行动。赵长安出书的初衷是，使阅读者详细阅读这本书书之后，就能建一座琉璃制品厂，把中国琉璃烧制技艺这一传统文化发扬光大。

煤餅燒石成灰
燒蠣房法

第六章

北京老城官式建筑材料生产加工产业发展

在本章中，课题组通过实地采访调研所获取的资料，整理了关于北京地区老城官式建筑材料生产加工现状和问题，并在此基础上，结合北京地区的相关政策，提出今后在建筑材料生产加工和传承过程中的相关建议和对策。课题组在对相应的厂家调研完毕之后，在北京市文物局的委托下，组织了厂家负责人、相关行业专家、政策研究人员、相关政府人员召开了多次讨论会，最终结合实际情况，提出了相应的策略。一方面，课题组希望通过此次研究能够了解清楚建筑材料在生产加工方面的现状和遇到的困难。另一方面，也希望通过多方协商之后，能够给予一个较为宏观的策略，助力于今后建筑材料的生产、相关建筑技艺的传承和保护。

第一节　建材现状和问题

经过调研，我们发现传统建材主要存在的问题主要集中在原材料供应、生产加工过程和传统工艺传承三个方面。并且这几种材料在这三方面的问题具有一定的共性。在原材料供应方面，砖瓦、琉璃、石灰、石雕厂均由于各种原因存在着一定的取料困难的问题；在生产加工方面，很多北京周边地区的厂家受环保政策的影响，缺少生产加工的场地；在工艺传承方面，很多生产技术在传承方面遇到了很大的阻力，很难融入社会的新鲜血液，传承遇到了困难。除此之外，受市场化、机械化一定的影响，很多精湛的工艺没有很好的传承和延续下来。

一、砖瓦的生产现状

在调研中，砖瓦厂在原材料方面面临着取料困难和存料困难的问题，在取料方面，烧制各类砖瓦的土是好的农田土，北京地区取土以房山土质较好，现在北京及周边地区不允许取土，较远的山东、山西、江苏等地也慢慢限制取土。而在存料方面，因为存放的土只能短时间内保证供应，厂子的生产面临了问题。

在生产加工方面，北京周边地区的砖瓦厂面临了场地、质量和现代科技冲击的问题。在场地方面，由于传统生产方式会对当地产生一定的扬尘污染，且造成安全隐患，北京地区已经不允许建造污染程度较高的砖瓦厂，缺少了生产的场地，大都在经济不发达地区设厂加工；在质量方面，由于工期限制，加工砖瓦的土没有得到充分晾熟，去掉酸碱物质，导致砖瓦返碱，生产的砖瓦质量远不如前；在现代科技的冲击方面，现代化生产技术缩短了砖瓦的制作时间，但是机制砖瓦与传统的手工砖瓦有较大的区别，不能完全满足文物古建筑修缮工程的要求。

在工艺传承方面，砖瓦的生产在资金和传承方面面临着问题。在资金方面，存在一定的资金限制，由于工程定额限制，厂家为保证成本，不得已部分使用机器制作砖瓦，导致传统手工制作工艺传承陷入困境；在技艺传承方面，目前很少有年轻人愿意从事相关行业，老一辈工匠师傅普遍年龄偏大，无法继续材料生产和加工。

除了上述问题之外，很多砖瓦厂家都属于小微企业，产能落后，缺少政策支持，经营难以维系。

二、琉璃的生产现状

北京地区的琉璃生产主要还是以门头沟琉璃渠村的相关厂家为主，在调研中，课题组发现，在琉璃的原材料方面同样面临了取料和存料方面的问题。在取料方面，传统琉璃制品的烧制需要用到西山的煤矸土，才能烧制出北京地区古建筑使用的琉璃。现在西山煤矿禁止开采，煤矸土失去来源；而目前厂家对于原材料的库存也比较有限，大部分厂里的存料，按照巅峰时期的用量，还可以用 15 年，如果不进行补充，将面临无料可用的情况。

在生产加工方面，面临了成本和环保方面的问题。在成本方面，传统工艺制作琉璃构件如果只是供应文物修缮，用量太少，工厂生产成本高。而在环保方面，过去传统工艺制作琉璃需要烧煤，现在可以通过煤改气达到环保要求，环评通过后才可以恢复生产。

在技艺的传承方面，在传承人和技艺方面都面临着问题。在传承人方面，现在有许多学者进行琉璃的研究，但会传统工艺的工匠大多年龄较大，缺少年轻的传承人。在生产技艺方面，制坯还可以进行，工艺还可以延续，但是不允许烧窑将会导致烧窑的技术失传。

三、石材的生产现状

关于石材厂家，课题组着重调研了大石窝和石景山的相关厂家，这些厂家在原材料方面面临了取料和存料以及石材价格上涨的问题。在取料方面，北京建材加工选用的小青石主要产自石景山地区，官式建筑用到的汉白玉、青白石大都产自房山大石窝，现在两处矿脉还有足够的石料，但不允许开山，导致原材料供应不足；在存料方面，现在工厂的存料还可以保证小规模的修缮，大规模的修缮用料则难以供应，在价格方面，长期的原材料短缺造成了原材料价格上涨，难以符合定额要求。

在生产加工方面，存在场地缺少和质量的问题。在场地方面，由于环保要求，拆除大锯等生产工具，无法继续生产。缺少了生产加工的场地。在质量方面，工人没有经过长期系统的行业培训，对传统手工工艺掌握不够，导致生产质量下降。个别厂家对传统工艺缺乏认识，使用大型加工机械加工石材，生产的产品质量下降，达不到文物古建筑修缮工程要求。

在工艺传承方面，琉璃的生产随着市场的变化，对石工没有那么大的需求，不需要那么多工匠，所以以前的石匠纷纷转行，流失了很多优秀的工匠。在传承方面，石材加工十分辛苦，年轻人不愿意从事这份工作，现在40岁以下的工匠师傅没有了，传统工艺面临失传的危机。

除上述问题之外，石材普遍体积大，重量大，运往外地加工困难，会对修缮工程成本造成影响。

四、木材的生产现状

木材厂在经营方面目前存在的问题较少。在原材料方面，北京官式建筑和民间建筑使用多种木料，如榆木、柳木、松木、杉木、楠木等，材料大都来自外地。材料供应基本没有问题。在生产加工方面，木材厂也是存在场地问题，一方面缺少生产加工的场地，由于木材大规模加工会产生一定的噪声污染、扬尘污染，现在没有稳定的加工场地，生产常常中断。另外一方面还存在木材干燥的场地，因为木材在使用之前，需要进行干燥，缺少自然干燥的环境场地。在生产工艺方面，目前木材厂还有可以进行传统工艺生产的师傅，但是工艺同样面临传承问题。

五、石灰的生产现状

石灰厂在原材料方面，主要也是面临了取料和存料的问题。在取料方面，北京地区制备石灰用到的矿石大都产自门头沟潭柘寺地区和房山多地，随着煤窑按照环保要求关闭后，渐渐失去了材料来源；而在存料方面，尽管现在还有部分石灰，可以进行小范围的石灰泼制，但是无法供应大规模的文物古建筑修缮。

在生产加工方面，存在着加工场地缺少的问题，并且石灰储备比较困难。场地方面，现在北京不允许烧制石灰，石灰无法加工，面临材料短缺；不允许现场泼制泼灰，场外泼灰不能保证制作时间，难以保证质量；在原料储存方面，不允许现场制作石灰材料，但是石灰的半成品材料在空气中容易变质，无法长时间存放。

在石灰的工艺传承方面，现在工厂还有掌握传统手工生产方式的师傅，但是缺少年轻的传承人。

六、地仗材料的生产现状

地仗材料的生产涉及多种原材料，主要包括血料、桐油、麻等材料，目前这些材料还基本能够供应，没有什么特别大的问题。制备血料用的猪血多由本地的屠宰场提供；砖灰来自建筑使用的旧砖（青砖）；桐油来自南方的贵州、广西、四川等地；使用的布和麻布现在还可以进行传统工艺的生产，供应基本没有问题。大红门的屠宰场关闭后，新鲜猪血的采购出现困难，但还可以供应，由于好的青砖越来越少，砖灰质量有所下降，其他材料供应基本没有问题。

而在生产加工方面，地仗材料的生产同样面临着场地问题。针对地仗生产过程中的发血料、熬桐油等过程，都需要一定的场地，但是就目前北京的环保政策，血料场没有了生产场地，外地生产的材料也缺少存放场地。桐油的熬制也都是在河北地区进行。

在工艺传承方面，尽管现代技术对传统的生产环节有改进，也还有老的工匠师傅可以传授技艺，工艺传承基本可以得到保证。

七、彩画颜料的生产现状

历史上传统建筑彩画颜料大都使用天然的矿物颜料，清代开始使用国外的化工颜料，后来慢慢转向使用国内生产的化工颜料。所以在原材料方面，彩画使用化工颜料基本可以满足需要，材料供应基本没有问题。生产加工方面，国内地区的化工颜料生产，目前可以基本满足文物古建筑修缮工程的需要。工艺传承方面，有许多专家和学者目前从事着彩画和绘画方面的学术研究，但是工人缺乏职业培训，采用传统工艺进行制作，质量难以保证。

第二节　北京地区传统材料生产加工对策

经过一系列的专家采访、企业调研和部门座谈，我们总结发现北京地区古建筑修缮工程中主要建材主要存在两方面的问题，一是文化遗产的保护传承问题，二是传统文化产业创新发展问题。处理好这两者关系的重点是要找到两者的契合点，从而找到利于传统建材企业创新可持续发展的有效途径。据此，我们拟提出以下四个方面的建议和对策。

一、进行技术创新的企业转型升级

采用手工制造是传统建筑材料行业的一大特点，过去全部生产流程都依赖手工，容易造成原材料浪费、产品成品率不高、生产质量不稳定等问题。随着社会现代化的不断提高，依靠科技企业的帮助，对传统建筑材料行业进行技术创新，鼓励发展循环经济产业，走高精尖的企业发展道路。

（1）转变企业发展道路。传统建筑材料行业依托现代科技产业，运用节能环保技术改造升级传统建材产品，通过清洁生产、能量梯次利用、使用低碳能源等手段发展低能耗、低排放、无污染产业，鼓励发展循环经济产业，走高精尖的企业发展道路。在使用传统原材料的基础上，开始逐步探索新材料，采用绿色建筑材料，解决原材料供应不足的问题。优化生产加工环节，对生产、经营过程中产生污染物和对环境造成明显影响的加工环节进行改进，改用环保达标的生产设备，采取污染防治措施，并对产生的污染物进行有效处理，达到相应的排放标准。

（2）鼓励传统工艺科学化。传统建筑材料行业往往依赖于工匠的口传心授，难以形成固定的行业标准。为了达到标准化的生产经营，对从事传统建筑材料行业的企业和工匠进行标准信息采集，内容涵盖传统建筑材料的历史和生产工艺各个环节。配合政府部门制定一系列行业标准，为企业现代化改造和生产提供参考。按照现代化的管理体系进行生产加工管理，转变企业原始的生产状况。提高企业的核心竞争力，进一步占据市场，获取更多的经济价值。

二、构建发展可持续的产业化开发模式

传统建筑材料行业的创新探索应建立在可持续利用的基础上，产业发展应坚持保护与开发并重，营造健康、稳定、平衡的经营环境，建设以传统建筑材料经营为核心的综合产业园区。

（1）探索合作经营。积极与政府、国企和央企合作，创新合作经营的业务模式，探索合作经营、合资经营、参股经营等多种形式的合作模式，保证传统工艺生产加工的基础上，严格执行环保标准，确保产业化开发与生态化保护协同发展、优势互补。

（2）形成产业联盟。联合优质的传统建材企业形成产业联盟，组建机构进行经营管理，在以传统生产工艺为核心的产业园区中统一经营，集中解决道路交通、用水用电、环境保护等共同设施建设问题，减少资源浪费，优化资源配置，降低园区企业投资、生产、经营成本，突出园区产业特色，构建传统建材产业发展共同体。

三、形成科学合理的保护传承机制

传统建筑材料手工艺的传承不仅是通过传习而获得技艺，更深层次的传承还应该是对传统建筑材料手工艺的创新和运用，即在前辈匠人所传授的技能的基础上，应有所创新，使传统建筑材料加工工艺的传承在现代新材料、机械化的冲击下获得很好的保护，同时结合时代特点有所创新。传统建筑材料手工艺的工匠把式是非遗重要的承载和传递，是活的博物馆，是传统建筑行业的巨大宝藏，工匠是传统建筑材料产业化开发的关键人物。

（1）保证传统建筑材料手工艺的技艺传承。鼓励现有的传统建筑材料厂家积极吸纳掌握传统生产工艺的工匠，对从事传统建材生产的工人进行培训，提高整体从业人员专业水平。积极努力恢复师徒制传承，保证传统技艺不流失。行业内部也可以打破地域与行业限制，与高校、科研院所联合设立传统建筑材料研究基地，将土生土长的传统建材加工工艺传承人和具有一定理论高度的专家紧密结合。一方面，有利于专家学者对传统建筑材料生产加工工艺做系统的研究归类和探索，另一方面，有助于培养既掌握传统生产加工工艺，又懂得传统建筑行业理论知识的复合型人才。

（2）给予传统建筑材料手工匠人和传承人资助和相关政策保障。工匠和传承人，一方面，需要实实在在的经费资助和保障；另一方面，也需要文化生态环境的支撑。提高对传统建材传承人和工匠的待遇有“实”和“虚”两个方面。“实”主要指物质待遇，比如工资、福利等，相应地改变各项福利在政府和企业预算中的比例，给传统建筑材料手工艺从业者较高待遇，吸引人才加入这个行当。“虚”主要指精神待遇，比如该职业的社会声誉，可以根据实际情况给从业者划分职称等级，一旦他们的技艺得到行业的认可，其行业声誉便会陡增，他们也会获得更多的经济回报，从而更好地实现自我价值。

（3）为传统建筑材料传承人和工匠建立现代化档案库。传统建筑材料行业的产业化开发需要翔实、方便、随时可查的资料库，因此，对传统建筑材料的手工艺匠人和传承人的普查和认定，是数据库建设的基础和重要前提。对传统建材生产工艺传承人和掌握技术的工匠进行摸排普查，不仅仅限定于他们的手工艺特点、传承方式，还应该结合实地调研，采用文字、音像等多媒体记录方式，实现资料系统化、科学化、数据化。在可能的情况下，还可以对传承路线、传承谱系做一些基础性、探索性工作。不仅关注原汁原味的传统建筑材料，还可以在现代化高科技语境下对这些手工艺传承过程做一些创新性的传承，有利于完善产业化的发展模式。

四、建立多元有序的研究体系

除了传统建筑材料手工艺匠人的理论探讨和实践外，建立以传统建筑材料为核心的研究平台也不可或缺。

目前，在传统建筑材料行业，人才培养与现实需要脱节，难以成为培养传承优秀传统手工艺者的摇篮。合理利用科研院所的科研优势，对传统建筑材料进行全面、系统、科学的普查、挖掘和研究，在此基础上，对材料进行进一步的创新研发。与高等院校建立合作，围绕传统建筑材料的生产流程、加工工艺展开教学和研究活动，吸引高校学生参与到传统建材的学术研究和产业开发中，为传统建筑行业的发展提供技术支撑和人才保障，形成产学研一体化的研究体系。

五、打造独树一帜的文化模式

传统建筑材料构成的文物古建筑是北京传统文化的厚重名片，是反映大众生产方式、生活习俗、文化内涵最具代表性的载体之一。当前，文化产业是朝阳产业和绿色产业。所以，在这一背景下，传统建筑材料行业也要保持清晰的产业开发思路，对生产模式进行探索和创新，始终遵循文化发展和经济规律。在传统建筑材料行业的创新发展中，需要更加落实推动文化旅游产业建设，以新的经营理念，打造文化品牌，形成独特的文化产业模式。促进优质的、适宜市场化运作的文化遗产实现自我转化和价值延伸，衍生出不同的物的形态，演变成更多富有内涵意义的创新型文化遗产。

（1）发挥非遗对传统技艺传承的促进作用。传统建筑材料的生产加工工艺是传统手工艺的表现，是与生活密不可分的文化表现形式，具有历史价值和社会价值。扩大对非遗项目的认定范围，积极吸纳掌握传统建材加工工艺的工匠成为非遗的传承人，完成对非遗的活态保护和发展创新，以优质的生产加工工艺适应社会主义现代化的发展进程。

（2）建立传统技艺传承工坊和建材生产体验工坊。传统建材的生产加工工艺的传承离不开生产实践，除此以外还要注意在生产过程中的传播。鼓励掌握传统技艺的工匠投身文化传播事业，开设工坊实现对传统建材生产加工工艺的展示，吸引各方学者和游客。开发可供参与互动的传统建材非遗体验项目，增加游客的文化体验。

（3）建立以传统建筑材料为核心的非遗博物馆。北京地区的传统建筑材料类非遗存量大、品种多，与民风民俗紧密相连，具有历史价值和社会价值，是人民社会生活和习俗风尚的载体之一。作为征集、收藏、研究、展示传统建筑材料的重要载体，是区域文化产业发展的触媒，通过各种文字、图谱、音像资料以及高科技电子手段，保存和展示传统建筑材料的起源、特征、甚至是未来发展趋势。并融入现代因素，既体现历史原貌，又反映当代特征。

参考文献

[1] 刘志松 . 清“冒破物料”律与工程管理制度 [D]. 天津：南开大学，2010.

[2] 刘生雨 . 颐和园后山遗址保护与展示研究 [D]. 天津：天津大学，2020.

[3] 孙雪，李爽，李莉 . 明清时期北京地区皇木厂初探 [J]. 北京林业大学学报（社会科学版），2019.

[4] 方晨 . 琉璃渠琉璃烧造技艺和大石窝石作工艺生产性保护研究 [J].2012 北京文化论坛——首都非物质文化遗产保护文集 .

[5] 本刊通讯员 . 国营大型建材企业西六砖瓦厂恢复生产传统砖瓦 [J]. 古建园林技术，1992（01）.

[6] 常清华 . 清代官式建筑研究史初探 [D]. 天津：天津大学，2012.

[7] 落常明 . 探析清代官式建筑研究史 [J]. 城市开发，2015（16）.

[8] 程小武 . 刀走龙蛇天地情——徽州传统建筑三雕工艺研究 [D]. 南京：东南大学 .

[9] 颢霖 . 中国传统营造技艺保护体系研究 [D]. 北京：中国艺术研究院，2021.

[10] 朱钢 . 泰山关帝庙建筑空间及环境研究 [D]. 济南：山东农业大学，2018.

[11] 段牛斗 . 清代官式建筑油漆彩画技艺传承研究 [D]. 北京：中央美术学院，2010.

[12] 李雪艳 .《天工开物》的明代工艺变化——造物的历史人类学研究 [D]. 南京：南京艺术学院，2012.

[13] 李雪艳 . 窑与窑祭的社会功能——以江苏昆山锦溪祝家甸村土窑与窑神祭拜仪式为例 [J]. 内蒙古大学艺术学院学报，2014.

[14] 苑焕乔 .“北京石作文化研究”[M]. 北京：中国地图出版社，2013.

[15] 张娟娟，陈杰 . 莆田欲借“海峡西岸经济区”实现后发 [J]. 中国经济周刊，2005（47）.

[16] 李浈 . 关于传统建筑工艺遗产保护的应用体系的思考 [J]. 同济大学学报（社会科学版），2008.

[17] 贾立勇，章瑜华，郑学伟 . 浅谈木材的特性及其在装修工程中的应用 [J].

中国高新技术企业，2008.
[18] 赫世超 . 赣东北传统戏场建筑木作技艺研究 [D]. 武汉：华中科技大学，2017.
[19] 黄翔 . 湖北大冶殷祖镇大木匠技艺体系研究 [D]. 武汉：武汉理工大学，2012.
[20] 黄伟 . 中国传统平木工具设计研究 [D]. 汕头：汕头大学，2010.
[21] 高斐 . 望城都熬"木工厂"主题园景观设计 [D]. 长沙：中南林业科技大学，2018.
[22] 杨鸣 . 鄂东南民间营造工艺研究 [D]. 武汉：华中科技大学，2006.
[23] 贺琛 . 水密隔舱海船文化遗产研究 [D]. 北京：中央民族大学，2012.
[24] 范久江 . 嵊州民间大木作做法与营造法式的比照研究 [D]. 中国美术学院 .2010.
[25] 吴婷婷 . 闽南沿海地区传统建筑大木作研究 [D]. 泉州：华侨大学，2018.
[26] 高斐 . 望城都熬"木工厂"主题园景观设计 [D]. 长沙：中南林业科技大学，2018.
[27] 安鹏 . 中国传统建筑工艺技能等级评定模式初探 [D]. 上海：同济大学，2008.
[28] 邓文鑫，袁进东，夏岚 . 平推刨的设计视角探析 [J]. 家具与室内装饰，2017.
[29] 潘伟 . 鄂西南土家族大木作建造特征与民间营造技术研究——以宣恩县龙潭河流域传统民居为例 [D]. 武汉：华中科技大学，2012.
[30] 邓文鑫 . 传统小木作刨类工具演变研究 [D]. 长沙：中南林业科技大学，2017.
[31] 万啸波，袁进东 . 平推刨在传统小木作中的应用研究 [J]. 家具与室内装饰，2019（12）.
[32] 顾效 . 明代官式建筑石作范式研究 [D]. 南京：东南大学，2006.
[33] 崔岩 . 开封山陕甘会馆建筑中的雕刻艺术研究 [D]. 开封：河南大学，2013.
[34] 傅立 . 北京四合院的石雕 [J]. 古建园林技术，2004（02）.
[35] 邱勇哲 . 石牌坊：斑驳岁月见悠悠——中国古典建筑系列之石雕篇 [J]. 广西城镇建设，2014（09）.
[36] 李浈 . 中国传统建筑工具及相关工艺研究——石、木加工工具及相关技术 [J]. 上海：同济大学，2000.
[37] 汤慧芳 . 赣东北宗祠戏场砖瓦石作营造技艺研究 [D]. 武汉：华中科技大学，2017.

[38] 高蔚 . 中国传统建造术的现代应用——砖石篇 [D]. 杭州：浙江大学理工学院，2008.
[39] 刘思佳 . 高句丽石材砌筑方式研究 [D]. 沈阳：沈阳建筑大学，2016.
[40] 金蕾 . 云南传统民居墙体营造意匠 [D]. 昆明：昆明理工大学，2004.
[41] 关赵森 . 山东沿海卫所建筑传统营造技艺研究——以雄崖所为例 [D]. 济南：山东建筑大学，2017.
[42] 余军 . 关于西夏陵区 3 号陵园西碑亭遗址的几个问题 [J]. 宁夏社会科学，2000（05）.
[43] 刘嘉琦 . 呼和浩特市慈灯寺金刚宝座佛塔建筑艺术研究 [D]. 呼和浩特：内蒙古大学，2019.
[44] 赵明 . 建筑设计中的材料维度：砖 [D]. 南京：东南大学，2015.
[45] 陈越 . 砖砌体——以材料自然属性为分析基础的建构形式研究 [D]. 南京：东南大学，2006.
[46] 赵鹏 . 荷载与环境作用下青砖及其砌体结构的损伤劣化规律与机理 [D]. 南京：东南大学，2015.
[47] 许岩 . 关中传统民居建筑的形制研究 [D]. 西安：西安理工大学 .
[48] 张光玮 . 关于传统制砖的几个话题 [J]. 世界建筑，2016（09）.
[49] 范雪峰 . 云南地方传统民居屋顶的体系构成及其特征 [D]. 昆明：昆明理工大学，2005.
[50] 董睿 . 汉代空心砖的制作工艺研究 [J]. 华夏考古，2014（02）.
[51] 王新征 . 传统砖窑产业遗产的再利用路径探析 [J]. 工业建筑，2019，49（01）.
[52] 刘高风 . 景德镇当代陶瓷雕塑多元化特征研究 [D]. 景德镇：景德镇陶瓷大学，2019.
[53] 李玉姣 . 明清琉璃脊饰的装饰特征研究 [D]. 景德镇：景德镇陶瓷大学，2020.
[54] 王捷 . 山西明代建筑琉璃探析 [D]. 大连：辽宁师范大学，2020.
[55] 乔迅翔 . 宋代建筑营造技术基础研究 [D]. 南京：东南大学，2005.
[56] 郑林伟 . 福建传统建筑工艺抢救性研究——砖作、灰作、土作 [D]. 南京：东南大学，2005.
[57] 杨君谊 . 明代龙纹琉璃窑生产工艺及管理制度考略 [J]. 文物鉴定与鉴赏，2018（11）.
[58] 杨桂美 . 凤阳明中都遗址出土琉璃瓦制作工艺信息与原料来源的研究 [D]. 北京：中国科学技术大学，2018.

[59] 翟志强．明代皇家营建的运作与管理研究 [D]. 北京：中国人民大学，2010.
[60] 王铁男．清代产业技术标准化研究——以砖木作匠作则例为中心 [D]. 苏州：苏州大学，2020.
[61] 王毓蔺．明北京营建烧造丛考之一——烧办过程的考察 [J]. 首都师范大学学报（社会科学版），2013（01）.
[62] 何伟．明清官式建筑技术标准化及其经济影响——以 17-19 世纪木作石作为案例 [D]. 苏州：苏州大学，2010.
[63] 孙科科．晋阳古城出土瓦件的制作工艺研究 [D]. 太原：山西大学，2020.
[64] 邹玉祥．川西民居瓦石构造技术研究 [D]. 成都：西南交通大学，2017.
[65] 李宁．重庆近代砖木建筑营造技术与保护研究 [D]. 重庆：重庆大学，2013.
[66] 惠任．洛阳山陕会馆古建琉璃构件腐蚀及保护研究 [D]. 西安：西北大学，2006.
[67] 吴燕春．鄱阳明代淮王府遗址出土琉璃构件制作工艺探析 [D]. 景德镇：景德镇陶瓷学院，2016.
[68] 楚辉．琉璃在建筑环境中的装饰应用性研究 [D]. 西安：西安建筑科技大学，2013.
[69] 李合，段鸿莺，丁银忠，等．北京故宫和辽宁黄瓦窑清代建筑琉璃构件的比较研究 [J]. 文物保护与考古科学，2010，21（04）.
[70] 樊烨．苏氏琉璃传统工艺研究 [D]. 太原：山西大学，2019.
[71] 宋暖．博山琉璃及其产业化保护研究 [D]. 济南：山东大学，2011.
[72] 王涛，纪皓东．战国—汉琉璃珠赏析 [J]. 文物鉴定与鉴赏，2010（08）.
[73] 祁海宁，周保华．南京大报恩寺遗址塔基时代、性质及相关问题研究 [J]. 文物，2015（05）.
[74] 李晓，戴仕炳，朱晓敏．“灰作六艺” ——中国传统建筑石灰研究框架初探 [J]. 建筑遗产，2015（02）.
[75] 周文晖．古建油饰彩画制作技术及地仗材料材质分析研究 [D]. 西安：西北大学，2009.
[76] 张正刚．中国古建筑油漆彩画技术 [J]. 建材发展导向（上），2020.
[77] 冯东升．谈谈北京老城区历史建筑的恢复性修建 [J]. 古建园林技术，2019（02）.
[78] 王正昌．传统木结构典型构件火灾性能试验研究 [D]. 南京：东南大学，2018.
[79] 李卫俊．仿古建筑油漆彩绘地仗工程施工工艺 [J]. 山西建筑，2015，41（35）.
[80] 刘馨，汤大友，王欢．浅谈中国木结构古建筑的油漆彩画工艺 [J]. 中国涂料，

2015，30（05）.
[81] 何秋菊．中国古代建筑油饰彩画风化原因及机理研究 [D]. 西安：西北大学，2008.
[82] 李红权，孙英男，林立中，等．仿古建筑彩绘修缮保养浅议 [J]. 工程质量A版，2011，29（4）.
[83] 由懿行．青海撒拉族传统民居门窗研究 [D]. 西安：西安建筑科技大学，2018.
[84] 张俊杰，殷涛，毛宝江，等．古建筑椽子的现代表现技术 [J]. 科技与企业，2015（21）.
[85] 卢朗．彩衣堂建筑彩画记录方法探析 [D]. 苏州：苏州大学，2007.
[86] 蒋广全．历代帝王庙保护修缮工程的油饰彩画设计 [J]. 古建园林技术，2004（03）.
[87] 涂潇潇．明清官式建筑彩画颜料保护与修复技术研究 [D]. 北京：北京化工大学，2017.
[88] 张俊宏．谈彩画的施工 [J]. 商品与质量·学术观察，2011.
[89] 蒋广全．清式旋子彩画金线大点金龙方心异兽活盒子绘制的基本工艺流程及术语解释 [J]. 古建园林技术，2001（03）.
[90] 苑焕乔．文化生态视野的北京非物质文化遗产的传承与保护——以京西非物质文化遗产为例 [J]. 地方文化研究辑刊，2011（03）.
[91] 张帆．汉白玉传奇 [J]. 绿色环保建材，2014（07）.
[92] 周轲婧．北京琉璃渠村公共空间研究 [D]. 北京建筑工程学院，2011.
[93] 王文涛．关于紫禁城琉璃瓦款识的调查 [J]. 故宫博物院院刊，2013（04）.
[94] 王宇倩．琉璃渠村琉璃烧造工艺与其建筑环境的保护与利用研究 [D]. 西安：西安建筑科技大学，2018.

后记

2019年，为深入调研北京文物建筑修缮中传统建筑材料供应难题，受陈吉宁市长委托，北京市文物局立项开展了“北京文物古建筑修缮工程中主要传统建材的生产加工调研”工作。随后，北京市古代建筑研究所（现北京市考古研究院）和北京建筑大学建筑学院历史建筑保护系、建筑遗产保护技术实验室联合组成课题组，奔赴北京及周边地区，对北京地区古建筑修缮工程的传统建材生产与加工厂家进行实地走访，对古建专家进行采访，以便深入了解传统建筑材料的生产加工及经营情况，记录传统建筑材料生产加工工艺以及技艺传承的历史与现状。

项目组主要调研了文物建筑修缮中八类主要建筑材料的生产加工情况和各个厂家的生产情况，以期对北京地区文物古建筑修缮工程中主要传统建材的生产加工现状进行全面的摸排，为进一步开展北京地区古建筑修缮建材的研究和制定相关政策提供基础资料。在实地走访调研工作中，得到了北京市文物局、各修缮设计和施工单位的大力支持，以及各传统建筑材料生产加工企业的积极配合。万彩林、马炳坚、刘大可、刘瑗、李永革、汤崇平、张克贵、张秀芬、高成良、薛玉宝等多位文物古建专家在课题进行中给予了耐心帮助和悉心指导，并与项目组一起深入各传统建材生产厂家实地调研，现场指导工作，在此深表谢忱。另，本书受北京建筑大学基本科研业务费“北京传统官式建筑遗产保护与利用研究”项目资助，并致谢。

在本次课题的开展过程中，还存在一些遗憾。由于时间紧张，经验不足，在访谈中对口述内容的记录、编辑、整理都有所欠缺，如有疏漏或不当之处，还望受访专家及各界学者海涵并批评指正。

“北京是世界著名古都，丰富的历史文化遗产是一张金名片，传承保护好这份宝贵的历史文化遗产是首都的职责。”我们将不忘初心，牢记使命，砥砺向前。

课题组及本书编委会

2022年8月

图书在版编目（CIP）数据

北京老城官式建筑材料的技艺与记忆 / 马全宝等著；北京市文物局，北京市考古研究院，北京建筑大学建筑学院课题组编．—北京：中国建筑工业出版社，2022.9
ISBN 978-7-112-27742-1

Ⅰ.①北… Ⅱ.①马… ②北… ③北… ④北… Ⅲ.①古建筑—建筑材料—研究—北京 Ⅳ.① TU5

中国版本图书馆 CIP 数据核字（2022）第 142895 号

责任编辑：兰丽婷
责任校对：李辰馨

北京老城官式建筑材料的技艺与记忆

北京市文物局　北京市考古研究院
北京建筑大学建筑学院课题组　编
马全宝　赵　星　陈玉龙　等著

*

中国建筑工业出版社出版、发行（北京海淀三里河路 9 号）
各地新华书店、建筑书店经销
北京海视强森文化传媒有限公司制版
河北鹏润印刷有限公司印刷

*

开本：787 毫米 × 1092 毫米　1/16　印张：16¾　字数：291 千字
2022 年 8 月第一版　2022 年 8 月第一次印刷
定价：**75.00** 元
ISBN 978-7-112-27742-1
（39782）